PSpice와 Excel을 활용한

기초회로실험

이기원 지음

이 책은 실험에 대한 흥미를 유발하면서도 실험 결과 분석이 용이하도록 PSpice와 Excel을 활용한 **기초회로실험** 교재로서, 전기·전자공학 분야에서 기본이 되는 회로이론의 중요한 이론들을 회로 시뮬레이션과 실험 데이터 분석을 통해 쉽게 이해할 수 있도록 구성하였다.

■ 책의 특징

필자는 수년간 기초회로 실험 강의를 진행하면서 다음과 같은 세 가지를 느꼈다.
첫째, 학생들은 글과 수식 위주의 수업보다는 직접 측정한 파형을 관찰하고 그림 등을 활용하여 **시각화**하였을 때 이론을 더욱 쉽게 이해하고 흥미를 가진다.
둘째, 많은 학생들이 실험 이론을 충분히 **이해**하지 못한 상태로 실험을 진행함으로써 측정이 제대로 되었는지 여부를 모르고 실험을 종료하는 경우가 많다.
셋째, 측정 데이터를 표에 기입하는 것은 쉽게 하지만 표 데이터를 그래프로 시각화하는 방법이 서툴고 **데이터 분석**을 통해 그 결과가 가지고 있는 의미를 찾는데 어려움을 겪는다.

필자는 학생들이 실험에 더욱 흥미를 가지면서도 데이터 분석을 통해 실험의 의미를 이해할 수 있도록 다음을 고려하였다.

(1) 생생한 그림 활용

기초회로 실험에서는 디지털 멀티미터, 전원공급기, 오실로스코프, 함수발생기, LCR 미터 등 다양한 실험 장비 및 계측기를 사용한다. 이 책에서는 다양한 실험 장비 및 계측기를 **시각화된 그림**으로 표현하고 번호를 매기는 방법을 사용하여 직관적이면서도 상세한 정보를 제공함으로써 학생들이 쉽게 파악할 수 있도록 하였다. 또한, 긴 글과 수식 위주보다는 예시를 들어 설명하였다.

(2) PSpice 활용

실험에 대한 이론 수업 시, 실험할 회로에 대한 PSpice 시뮬레이션을 먼저 수행함으로써 **실험에 대한 이해**를 높였다. 학생들은 실험과 동일한 회로를 시뮬레이션한 그래프를 보면서 측정을 수행하고 실시간으로 비교함으로써 제대로 실험하고 있는지 확인할 수 있다. 그동안 많은 PSpice 이용 실험 교재가 출간되었지만 설명이 간단하고 결과 파형 위주여서 초급자가 자유롭게 활용하기 어려운 측면이 있었다. 이 책에서는, PSpice 회로 구성 및 시뮬레이션 과정을 상세히 제시함으로써 초급자도 언제든지 쉽게 따라 할 수 있도록 하였다.

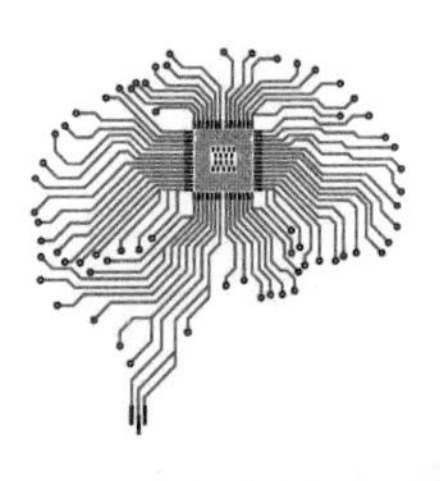

(3) Excel 활용

Excel(엑셀)은 다른 어떤 프로그램보다 사용계층이 광범위하며 단순 계산에서부터 많은 양의 실험 **데이터 분석**까지 응용할 수 있어 활용범위가 매우 넓다. 특히, 엑셀 그래프는 데이터를 쉽게 볼 수 있도록 시각화하여 데이터 분석을 용이하게 한다. 이 책에서는 첫째, PSpice 시뮬레이션 결과를 추출하여 엑셀 그래프로 변환하는 과정을 상세히 설명하여 누구나 쉽게 가독성 높은 그래프를 확보할 수 있도록 하였다. 둘째, 측정 데이터를 엑셀 그래프로 편집함으로써 실험 결과 분석에 도움이 되도록 하였다. 이때, 표 데이터를 그래프로 변환하는 과정을 상세히 보임으로써 초급자도 쉽게 따라할 수 있도록 하였다.

■ 책의 구성

이 책은 두 학기를 강의할 수 있도록 구성하였으나 각 실험들이 독립적이므로 교수자의 상황에 따라 목차를 재구성하여 한 학기 강의로 진행할 수 있다. 이 책은 크게 (1) 저항 소자를 이용한 '직류회로 실험'과 (2) 커패시터와 인덕터를 이용한 '교류회로 실험'의 두 부분으로 구성하였다. 이때, 1장 '실험을 위한 기초'는 두 학기 모두 공통으로 사용할 수 있다.

(1) '직류회로 실험'에서는 디지털 멀티미터와 전원 공급기의 사용법을 익히고 옴의 법칙, 키르히호프의 법칙과 같은 기본 회로 법칙에 대해 이해하며 이를 활용한 노드 해석법, 메시 해석법, 테브냉의 정리 등을 실험하도록 구성하였다.

(2) '교류회로 실험'에서는 오실로스코프, 함수발생기, LCR 미터의 사용법을 익히고 커패시터와 인덕터의 특성에 대해 이해하며 이를 활용한 리액턴스, 임피던스, 주파수 응답, 저역 및 고역통과 필터 등을 실험하도록 구성하였다. 각 실험의 마지막에는 실험 내용에 대한 이해도를 높이기 위하여 '실험 이해도 점검' 문제를 수록하였다.

■ 감사의 글

이 책은 전라북도에서 지원하는 전문인력양성사업(스마트ICT)의 지원으로 제작되었다. 이 책을 출판하는데 기여해주신 여러분들에게 감사드린다. 이 책이 나오기까지 수고를 아끼지 않은 제자 이용준, 최민지에게 고마움을 표하며, 특히 마지막까지 완성도를 높이기 위해 고생해 준 제자 정영권에게 감사의 마음을 표한다. 이 책의 출간을 위해 노력해주신 도서출판 21세기사 관계자분들께 진심으로 감사드린다. 끝으로 존재 자체로 큰 힘이 되는 아내 윤주와 두 딸 민서, 은서에게 감사한다.

■ 두 학기용 강의 계획서

〈1학기 강의 계획서〉

주	목차
1	실험 01. 실험을 위한 기초
2	실험 02. 저항 색 코드이용 저항값 읽기
3	실험 03. 디지털 멀티미터의 내부저항
4	실험 04. PSpice 및 Excel 활용법
5	실험 05. 옴의 법칙
6	실험 06. 직렬회로의 저항 및 전압분배
7	실험 07. 병렬회로의 저항 및 전류분배
8	중간고사
9	실험 08. 키르히호프의 법칙
10	실험 09. 최대 전력 전달
11	실험 10. 노드 해석법
12	실험 11. 메시 해석법
13	실험 12. 중첩의 원리
14	실험 13. 테브냉의 정리
15	기말고사

〈2학기 강의 계획서〉

주	목차
1	실험 01. 실험을 위한 기초
2	실험 14. 오실로스코프 및 함수발생기
3	실험 15. 교류신호의 최댓값, 평균값, 실횻값
4	실험 16. 용량성 리액턴스
5	실험 17. 커패시터의 직렬 및 병렬 연결
6	실험 18. 유도성 리액턴스
7	실험 19. 인덕터의 직렬 및 병렬 연결
8	중간고사
9	실험 20. RC 시정수
10	실험 21. RC 직렬회로
11	실험 22. RL 직렬회로
12	실험 23. RLC 직렬회로의 임피던스
13	실험 24. RLC 직렬회로의 주파수 응답과 공진 주파수
14	실험 25. 저역통과 및 고역통과 필터
15	기말고사

목차

PART 2 교류회로 실험

APPENDIX 부 록

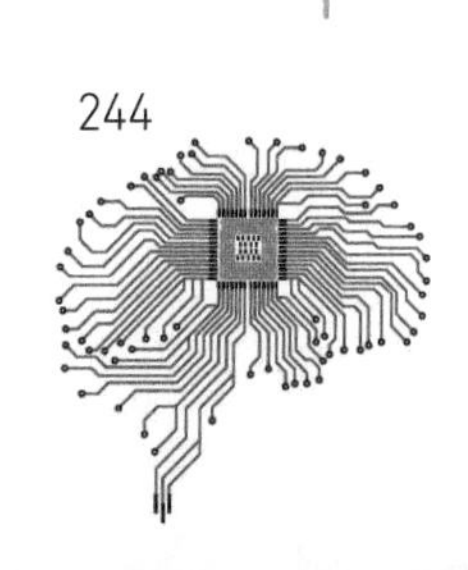

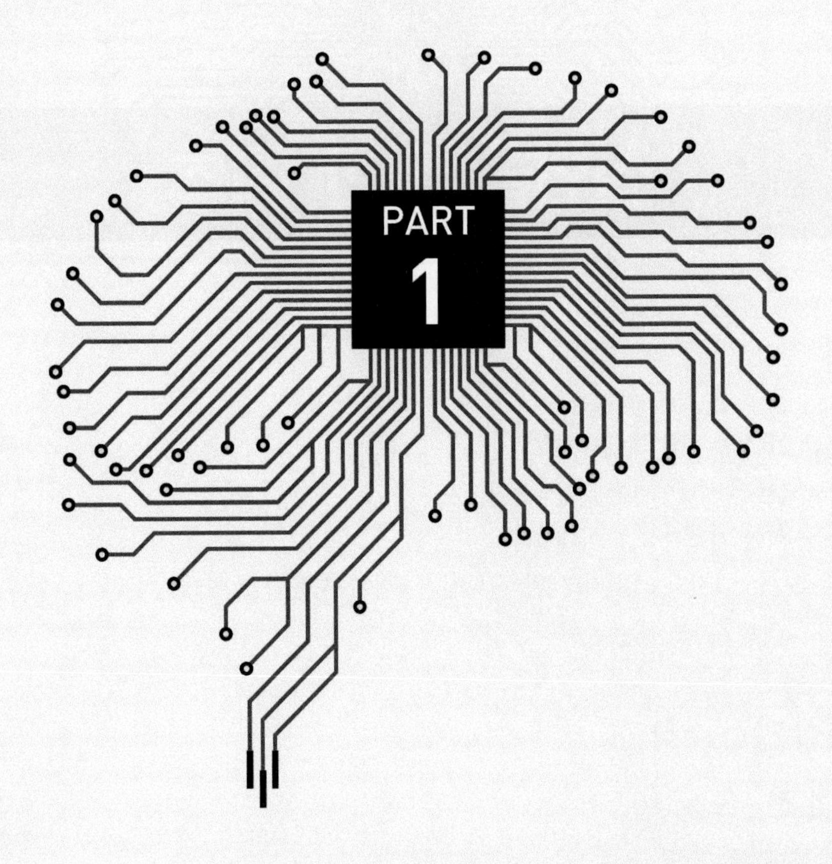

직류회로 실험

실험을 위한 기초

1. 목적

- 실험실 안전 수칙에 대해 이해한다.
- 실험보고서 작성법에 대해 이해한다.
- 실험을 위한 기초지식을 이해한다.
- 브레드보드, 디지털 멀티미터 및 직류전원공급기 사용법을 이해한다.

2. 실험실 안전 수칙

2-1. 실험 전

1) 실험실 내에서는 담당 교수 또는 조교의 허락과 지시에 따라야 한다.
2) 각종 실험 장비의 사용법 및 부품의 특성에 대해 정확하게 익힌다.
3) 실험실 내에서는 음식 및 음료의 반입 및 섭취를 금지한다.
4) 소화기 등 안전설비와 비상구의 위치를 알아둔다.

2-2. 실험 중

1) 실험 장비에 과부하가 걸리지 않게 하며 젖은 손으로 전기 기구를 만지지 않는다.
2) 실험 장비 및 부품에 대해 정확히 알지 못한 경우는 반드시 질문하여 확인한다.
3) 실험 회로는 반드시 전원을 차단한 상태에서 구성하고 다시 확인 후 전원을 인가한다.
4) 실험 중 자리를 비우지 않으며 실험에 적극적으로 임한다.
5) 필요한 경우 사진을 찍을 수 있으며 실험 결과는 노트에 잘 정리한다.

2-3. 실험 후

1) 실험 장비에 이상이 없는지 반드시 확인하고 다음 실험을 위해 원래 상태로 정리한다.
2) 사용한 부품 및 연결선은 정해진 장소에 폐기하여 실험 책상을 깨끗이 정리한다.

3. 실험보고서 작성

실험보고서는 실험 결과를 정리하여 분석하는 것으로서 단순히 결과를 나열하는 것이 아니라 실험을 통해 이야기하고자 하는 바를 가독성 높게 작성하여야 한다. 실험보고서에는 다음과 같은 내용을 포함하도록 한다.

1) 보고서 표지

보고서 표지에는 실험 제목, 학과, 학번, 이름, 공동 실험자(또는 팀), 제출 일을 포함한다.

2) 실험 목적 및 원리

실험을 통해 얻고자 하는 목적이 무엇인지 간략히 서술하고 실험에 사용된 원리나 사용 수식을 정리한다.

3) 실험 도구 및 방법

실험에 사용된 장비, 부품 및 이를 이용한 회로 구성에 대해 설명한다.

4) 실험 결과 정리

측정값 또는 이론값을 구하기 위해 사용한 수식이 있다면 모든 값에 대한 계산을 포함하지는 않더라도 중요한 계산 과정은 예시로 포함한다. 실험에서 측정된 결과는 표로 정리하며 높은 가독성 및 분석을 위해 그래프를 적극 활용한다. 이때, 각 표와 그래프에는 무엇에 대한 것인지 아래 표와 그래프처럼 각각의 일련번호(〈표 1〉 또는 〈그림 1〉 등) 및 제목을 표기하며 그래프의 경우, x축과 y축의 의미와 단위를 반드시 포함한다.

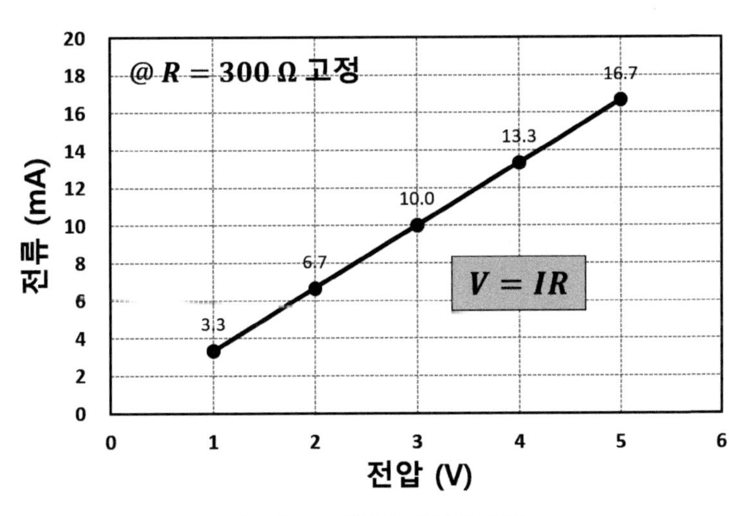

〈그림 1〉 전압과 전류의 관계

〈표 1〉 **전압과 전류의 관계**

전압 (V)	1	2	3	4	5
전류 (mA)	3.3	6.7	10	13.3	16.7

5) 결과 분석(고찰)

실험 결과 값을 이론값과 비교해보고 오차가 발생했다면 그 원인이 무엇인지 분석한다. 이때 '실험 장비가 낡아서 오차가 발생한 것 같다'와 같은 근거 없는 추측이나 '실험을 통해 많은 것을 배웠다'와 같은 감정표현은 자제한다.

6) 결론 및 참고문헌

결론에서는 실험의 목적을 언급하고 실험 결과 분석과 연관 지어 간략하게 정리하여 마무리한다. 실험 보고서를 작성하면서 참고한 문헌이 있다면 저자명, 참고문헌 제목, 출간연도 및 페이지 등을 상세하게 적어주는 것이 좋다.

4. 기초지식

4-1. 유효숫자

실험을 통해 데이터를 얻게 된 경우, 소수점 이하 자리수가 서로 다른 경우가 많이 발생한다. 유효숫자(significant figures)는 수의 정확도에 영향을 주는 숫자로서 오차의 범위를 정확하게 표기하기 위하여 사용하는 의미 있는 수를 의미한다. 유효 숫자의 기본 규칙은 다음과 같다.

- 1보다 큰 숫자의 경우, 모든 숫자는 유효숫자이다.

  예시 12045의 유효숫자는 5개이며 1.2045의 유효숫자도 5개이다.

- 1보다 작은 숫자의 경우, 자릿수를 나타내는 왼쪽의 0은 유효숫자가 아니다.

  예시 0.12의 유효숫자는 2개이며 0.0012의 유효숫자도 2개이다.

- 0이 아닌 숫자 이후의 0은 유효숫자이다.

  예시 0.120의 유효숫자는 3개이며 1.00의 유효숫자도 3개이다.

이러한 유효숫자의 계산은 사칙연산에 있어 차이를 보인다.

- 덧셈, 뺄셈: 소수점 이하 자리수가 가장 적은 쪽으로 맞추어 반올림한다.

  예시 12.3(소수점 이하 유효숫자 1개) + 2.468(소수점 이하 유효숫자 3개) = 14.768이지만, 최종 계산 값은 소수점 이하 유효숫자를 1개로 맞춘 '14.8'이 된다.

• 곱셈, 나눗셈: 가장 적은 유효숫자 개수에 맞추어 반올림한다.

예시 12.34(유효숫자 4개) x 4.56(유효숫자 3개) = 56.2704이지만, 최종 계산 값은 유효숫자 3개로 맞춘 '56.3'이 된다.

4-2. 오차

실험 시, 예상했던 이론값과 측정값의 차이가 발생하며 측정값이 허용 가능한 범위에 있는지 확인하는 과정이 요구된다. 오차(E, error)란 참값(T, 이론값)과 측정값(M, 실험값)의 차이로 절대오차 또는 간단히 오차라 하며 다음과 같이 구할 수 있다.

$$E = |M - T| \qquad \text{(식 1)}$$

백분율 오차(% 오차)는 절대오차와 참값의 비를 백분율로 나타낸 것으로 단위가 존재하지 않으며 다음과 같이 구할 수 있다.

$$\text{백분율 오차} = \left(\frac{|M - T|}{T}\right) \times 100\% \qquad \text{(식 2)}$$

앞에서 설명한 두 가지 오차에 대해 예를 들면 다음과 같다. 우리가 이론적으로 10 V인 전압을 공급하였을 때 실제로 측정해보니 9.5 V였다면,

$$\text{절대 오차 } E = |\,9.5 - 10\,| = 0.5\ V$$

$$\text{백분율 오차} = \left(\frac{|\,9.5 - 10\,|}{10}\right) \times 100\% = 5\%$$

가 된다.

반면, 이론적으로 100 V인 전압을 공급하였을 때 측정값이 99.5 V였다면,

$$\text{절대 오차 } E = |\,99.5 - 100\,| = 0.5\ V$$

$$\text{백분율 오차} = \left(\frac{|\,99.5 - 100\,|}{100}\right) \times 100\% = 0.5\%$$

가 된다. 이는, 동일하게 0.5 V의 절대오차가 발생했지만 백분율 오차에서는 10배의 차이가 발생함을 보여준다. 백분율 오차는 측정값이 이론값에 얼마나 가까운지 보여주는 것으로 어떤 이론 또는 가설을 검증하는 실험에서는 백분율 오차를 주로 사용한다.

4-3. 전기적인 양의 단위 및 단위 접두어

실험 시, 물리량의 표시는 단위를 포함하며, MKS 단위계(meter, kilogram, second)를 기본 단위로 한다. 이때 사용하는 전기적인 양의 단위는 아래 〈표 2〉와 같다.

〈표 2〉 **전기적인 양의 단위계**

물리량	명칭	단위	물리량	명칭	단위
전하량(q)	Coulomb	C	커패시턴스(C)	Farad	F
전류(i)	Ampere	A	인덕턴스(L)	Henry	H
전압(v)	Volt	V	주파수(f)	Hertz	Hz
저항(R)	Ohm	Ω	전력(p)	Watt	W
컨덕턴스(G)	Mho	℧	에너지(w)	Joule	J

또한, 단위의 접두어는 숫자의 크기를 표시하기 위해 사용하며 다음 〈표 3〉과 같다.

〈표 3〉 **단위의 접두어**

큰 수의 단위			작은 수의 단위		
기호	명칭	지수값	기호	명칭	지수값
k	킬로(kilo)	10^{3}	m	밀리(milli)	10^{-3}
M	메가(mega)	10^{6}	μ	마이크로(micro)	10^{-6}
G	기가(giga)	10^{9}	n	나노(nano)	10^{-9}
T	테라(tera)	10^{12}	p	피코(pico)	10^{-12}
P	페타(peta)	10^{15}	f	펨토(femto)	10^{-15}

이때, 킬로(kilo)를 나타내는 기호인 k는 소문자로 쓰며 메가(mega)이상의 단위는 대문자로 표기한다.

저항 색 코드이용 저항값 읽기

1. 목적

- 색 코드로 표시된 저항 값을 읽는다.
- 여러 저항기 및 단락회로의 저항 값을 측정한다.
- 디지털 멀티미터의 사용법을 이해한다.

2. 이론

전기회로 구성에 필수적인 부품 중 하나는 바로 저항이다. 저항은 전류의 흐름을 방해하는 전기적 수동 소자로서 국제단위계 단위는 옴(ohm)이며 Ω로 표시한다. 저항은 신호의 크기를 줄이거나 전압을 분배하는 역할을 하며 회로에 사용하는 저항의 기호는 다음과 같다.

〈그림 1〉 **(a) 고정 저항기 및 (b) 가변 저항기 기호**

기능 및 소재에 따른 저항기 분류는 다음과 같다.

〈표 1〉 **저항기 분류**

기능에 따른 분류	소재에 따른 분류		비고
고정 저항기	탄소피막 저항기		고정밀도나 대전력이 필요하지 않은 경우에 가장 널리 사용
	금속피막 저항기		정밀한 저항이 필요한 경우에 많이 사용되며 고주파 특성 우수
	권선형 저항기		정밀한 저항 값을 갖는 저항기를 만들기에 용이하며 고온과 습도에 우수한 특성
	시멘트 저항기		내전압 및 고온이 특성 우수하여 대전력을 다루는 부분에 사용
	후막칩 저항기		소형, 박형으로 고밀도 실장이 가능하며 고주파 특성 우수
	어레이 저항기		같은 저항 값을 가진 여러 개의 저항을 묶어 일체형으로 제작
가변 저항기	볼륨형 가변 저항기		기기의 외부에 손잡이를 장착하여 항상 조절 가능한 형태
	반고정 가변 저항기		회로 기판에 직접 장착되며 회로의 동작점 미세조정에 사용

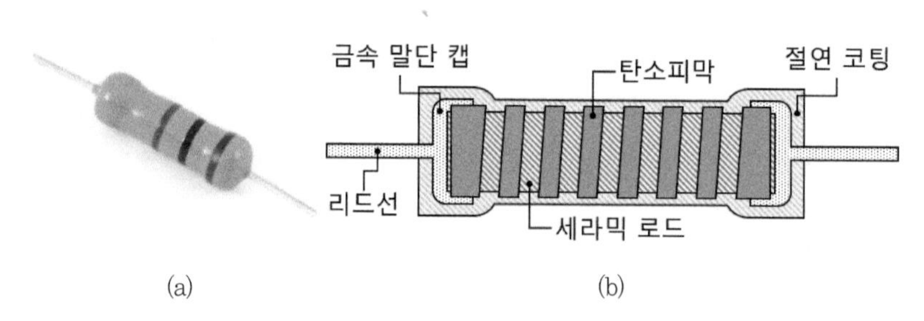

(a) (b)

〈그림 2〉 **(a) 탄소피막 저항기 및 (b) 탄소피막 저항기의 구조**

〈그림 2〉 (a)는 기초회로실험에서 널리 사용되는 탄소피막 저항기(carbon film resistor)이다. 탄소피막 저항기는 〈그림 2〉 (b)처럼 세라믹 로드(ceramic rod)에 탄소분말을 피막 형태로 입힌 후 나선형으로 홈을 파서 저항 값을 조절하는 방법으로 만든다. 이 저항기는 가격이 저렴하지만 오차범위가 5% 수준으로 크기 때문에 고정밀도나 대전력이 필요하지 않은 경우에 주로 사용되며 다음과 같은 특징을 가진다.

*저항범위: 1.0 ~ 100 MΩ

*정격전력: $\frac{1}{8}W$, $\frac{1}{4}W$, $\frac{1}{2}W$

*오차범위: 보통 ±5%

저항 값은 표준 색 코드로 나타내며, 저항기의 몸체에 색 띠(color band) 형태로 표시한다. 〈그림 3〉은 저항기 색 코드에 사용되는 색과 각 색에 대한 정보를 나타낸다.

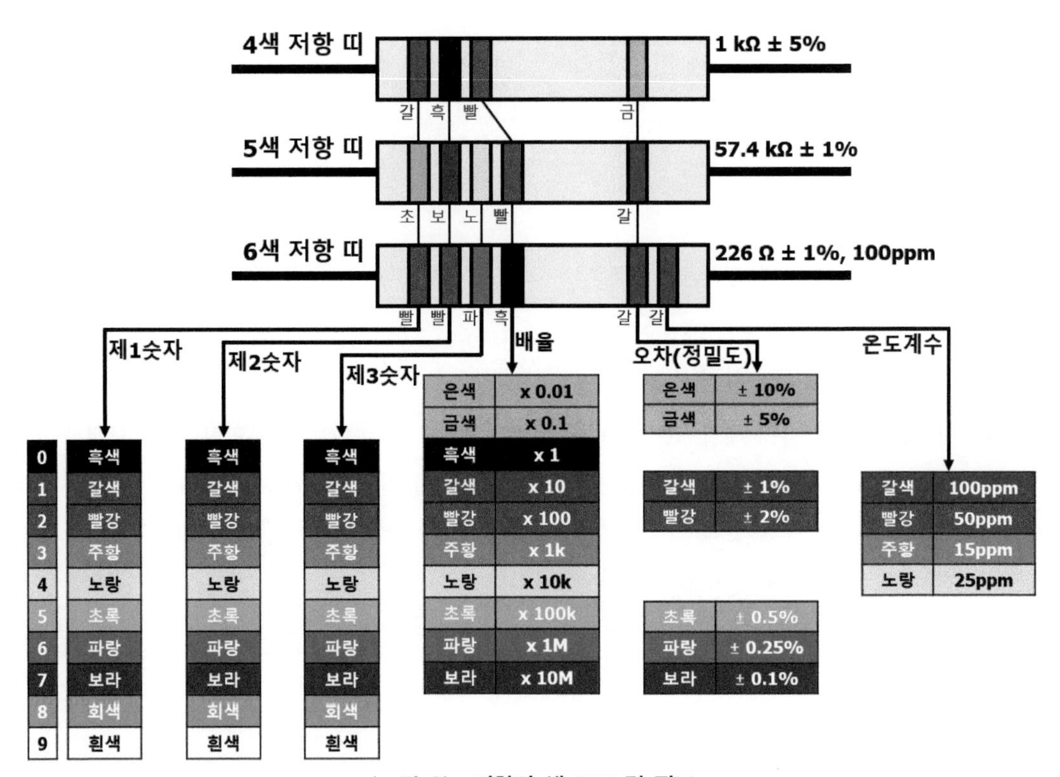

〈그림 3〉 **저항기 색 코드 및 정보**

2-1. 4자리 색상 코드 읽기

4자리 색상 코드는 탄소피막 저항기에서 가장 일반적인 표현이다. 〈그림 3〉에서 보듯이, 색상 코드의 첫 번째 띠와 두 번째 띠는 저항 값의 처음 두 자리 숫자를 나타내고, 세 번째 띠는 배율, 네 번째 띠는 오차를 나타낸다. 보통 앞뒤 구별을 통해 읽기 방향을 알 수 있도록 첫 번째에서 세 번째 띠까지는 간격이 좁고 네 번째 띠는 간격이 넓다. 4자리 색상 코드가 '갈/흑/빨/금'으로 되어있는 경우의 저항 값은 다음과 같이 계산된다.

첫째: 갈색	둘째: 흑색	셋째: 빨강	넷째: 금색
1	0	×100	±5%
10×100 ±5% → 1 kΩ ±5%			

2-2. 5자리 색상 코드 읽기

5자리 색상 코드를 가진 탄소피막 저항기는 허용오차가 작은 고정밀 저항기이다. 색상 코드의 첫 번째에서 세 번째 띠는 저항 값의 처음 세 자리 숫자를 나타내고, 네 번째 띠는 배율, 다섯 번째 띠는 오차를 나타낸다. 보통 앞뒤 구별을 통해 읽기 방향을 알 수 있도록 첫 번째에서 네 번째 띠까지는 간격이 좁고 다섯 번째 띠는 간격이 넓다. 5자리 색상 코드가 '초/보/노/빨/갈' 으로 되어있는 경우의 저항 값은 다음과 같이 계산된다.

첫째: 초록	둘째: 보라	셋째: 노랑	넷째: 빨강	다섯째: 갈색
5	7	4	×100	±1%
574×100±1% → 57.4 kΩ ±1%				

2-3. 6자리 색상 코드 읽기

6자리 색상 코드는 5자리 색상 코드와 다섯 번째 띠까지 읽는 방법은 동일하며 여섯 번째 띠는 온도계수를 나타낸다. 보통 앞뒤 구별을 통해 읽기 방향을 알 수 있도록 첫 번째에서 네 번째 띠까지는 간격이 좁고 다섯 번째 띠는 간격이 넓다. 6자리 색상 코드가 '빨/빨/파/흑/갈/갈' 으로 되어있는 경우의 저항 값은 다음과 같이 계산된다.

첫째: 빨강	둘째: 빨강	셋째: 파랑	넷째: 흑색	다섯째: 갈색	여섯째: 갈색
2	2	6	×1	±1%	100ppm
226×1 ±1%, 100ppm → 226 Ω ±1%, 100ppm					

3. 장비 사용법

3-1. 브레드보드(Breadboard)

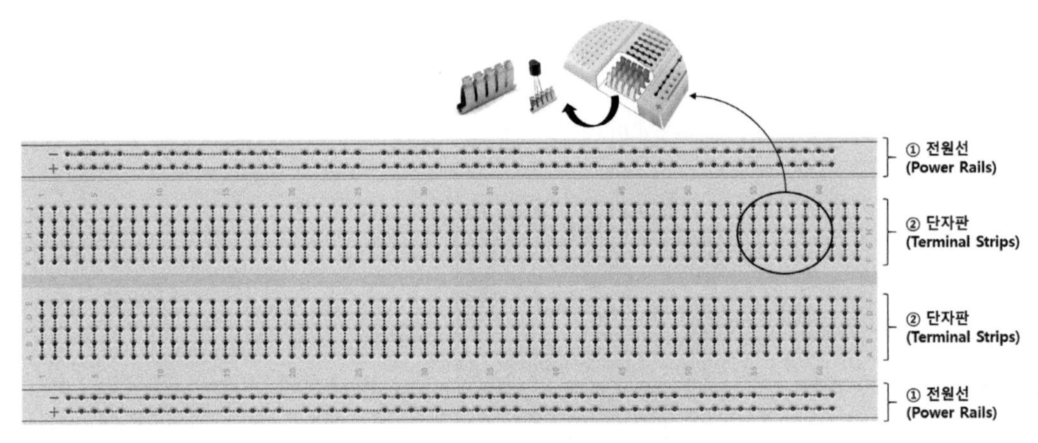

〈그림 4〉 **브레드보드 구성**

〈그림 4〉는 다양한 부품들을 연결하여 회로를 구성할 수 있도록 만든 기판인 브레드보드 이다. 브레드보드는 빵판 또는 빵틀이라고도 하며 부품을 새로 추가하거나 제거하기 쉬우며 재사용 할 수 있는 무납땜 장치이다. 브레드보드는 납 도금된 스프링 클립이 있는 플라스틱 구멍들로 이루진 전원선과 단자판 으로 구성되어 있다.

①전원 선은 같은 선상에 위치한 모든 구멍들이 서로 연결되어 있고 일반적으로 빨간색은 (+)전원, 파란색은 (–)전원으로 사용한다. ②단자판은 각 줄이 5개의 구멍으로 되어 있으며 5개의 구멍은 내부에서 서로 연결되어 있고 단자판과 단자판 사이는 절연되어 있어 전기가 통하지 않으며 이 단자판은 부품을 꼽는 부품영역이라고도 한다.

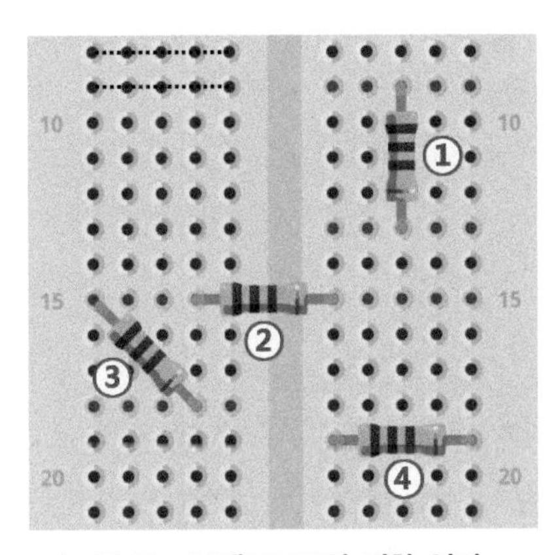

〈그림 5〉 **브레드보드의 저항 연결**

〈그림 5〉는 브레드보드의 단자판에 다양하게 저항을 연결한 모습으로서 이를 통해 브레드보드의 사용법을 살펴볼 수 있다. 저항 ①~③은 각 저항의 단자들이 서로 연결되지 않게 제대로 꽂아

넣었지만 저항 ④는 내부가 서로 연결되어 있는 줄에 꽂아 넣어 단자가 서로 연결되어 잘 못 꽂아 넣었다. 이렇게 연결할 경우 단자끼리 단락(short)되어 원래의 저항 값이 아닌 0 Ω을 보이게 된다. 또한, 저항 ②와 저항 ③은 내부가 서로 연결되어 있는 줄에 같이 꽂혀있기 때문에 직렬 연결되어 있게 된다.

3-2. 디지털 멀티미터(Digital Multimeter, DMM)

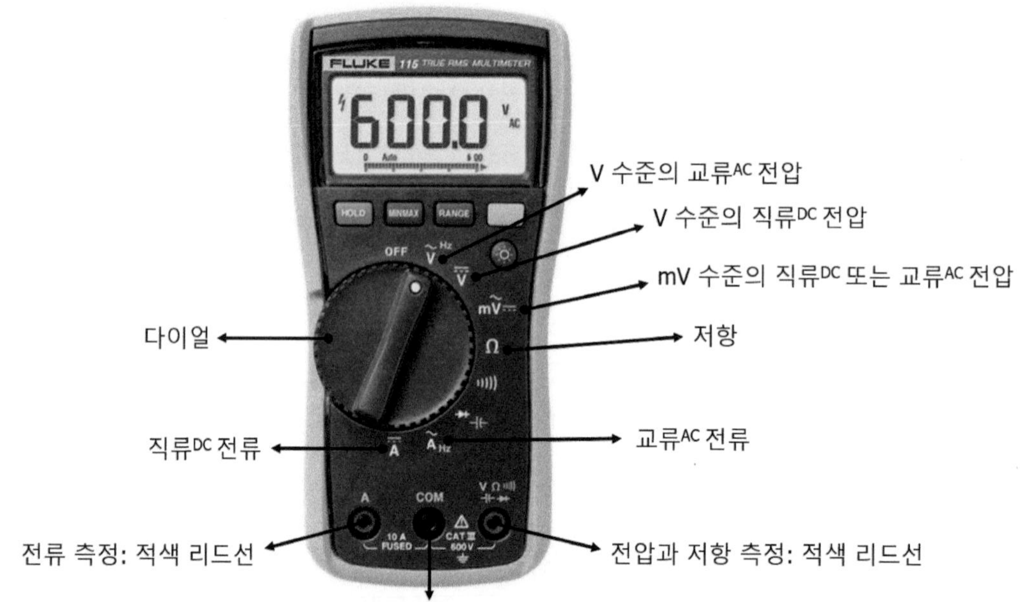

〈그림 6〉 **디지털 멀티미터**

〈그림 6〉은 실제 실험에서 가장 많이 사용하는 계측기인 디지털 멀티미터로서 전압, 전류, 저항 등의 전기적인 물리량을 측정하는데 사용한다. 디지털 멀티미터는 종종 DMM(Digital Multimeter)이라고 간략화 하여 부르며 전압, 전류, 저항 등의 각종 아날로그 값을 10진수로 변환하여 디지털로 표시한다. 이때, V는 전압, A는 전류를 의미하며 V 또는 A의 위에 표시된 직선은 직류를 말하며 물결무늬는 교류를 표시한다.

디지털 멀티미터는 측정하고자 하는 대상에 맞게 다이얼을 위치시키고 리드선의 삽입 위치도 대상에 맞게 변경해야 한다. 이때, 보통 리드선은 적색과 흑색으로 되어있으며 흑색 리드선은 전압, 전류, 저항 측정시 공통 접지 단자에 삽입하여 사용하며 적색 리드선은 전압, 저항, 전류의 측정 대상에 따라 삽입 단자가 달라 측정 대상을 반드시 확인하고 삽입해야 한다. 계측기 사용에 익숙하지 않은 경우 전압과 전류를 측정할 때 리드선을 바꾸지 않고 측정하는 경우가 발생하여 주의가 필요하다.

주의 전류 측정 시, 멀티미터 내부의 퓨즈가 끊어지는 경우가 많아 측정 전 확인이 필요하다.

4. 장비 및 부품

1) 디지털 멀티미터
2) 서로 다른 저항 값을 갖는 탄소피막 저항기 5개
3) 저항기의 길이와 비슷한 길이의 도선 1개

5. 실험 진행

1) 실험에서 주어진 저항기 5개의 띠 색상과 저항기 색 코드 및 정보를 이용하여 각 저항기의 저항값 및 오차를 계산하여 〈표 2〉에 기록한다.
2) 디지털 멀티미터를 이용하여 주어진 저항기 5개와 도선 1개의 저항 값을 각각 측정하고 〈표 2〉에 기록한다.
3) 저항기 5개 중 하나를 선택하여 〈그림 7〉 같이 도선과 병렬로 연결한 후 저항 값을 측정하고 〈표 2〉에 기록한다.

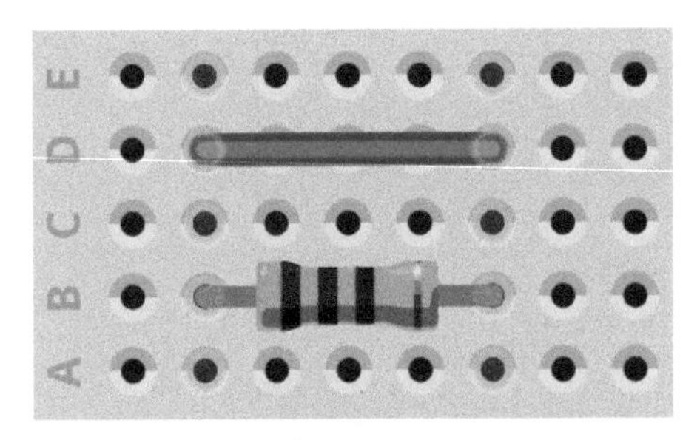

〈그림 7〉 **저항기와 도선의 병렬연결**

4) 이론값과 측정값의 백분율 오차를 확인하여 저항기의 정상 여부를 판단한다.

〈표 2〉 **저항기의 이론값과 측정값**

	저항기 색상					이론값 [Ω]	측정값 [Ω]
	첫째	둘째	셋째	넷째	다섯째		
저항 1							
저항 2							
저항 3							
저항 4							
저항 5							
도선	–	–	–	–	–		
병렬 연결							

6. 실험 고찰

1) 저항기와 도선을 병렬로 연결한 후 저항을 측정하였을 때의 결과를 저항의 정의를 고려하여 설명하라.

실험 이해도 점검

1) 저항은 (   )의 흐름을 방해하는 전기적 수동 소자이다.
2) (   ) 저항기는 고정밀도나 대전력이 요구되지 않는 곳에 매우 적합하다.
3) 5자리 색상 코드를 가진 저항기의 다섯 번째 띠는 (   )를 나타낸다.
4) 4자리 색상 코드 저항기가 '빨/흑/빨/금'일 때 저항 값과 허용오차는 각각 얼마인가?
   ____________Ω, ±________%
5) 5자리 색상 코드 저항기가 '노/보/초/빨/금'일 때 저항 값과 허용오차는 각각 얼마인가?
   ____________Ω, ±________%

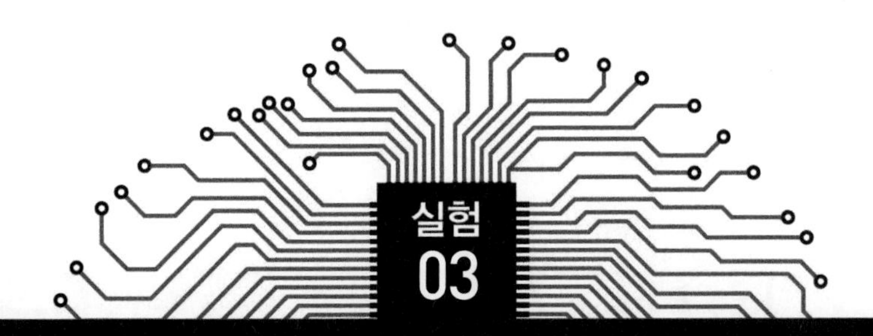

디지털 멀티미터의 내부저항

1. 목적

- 전원 공급기 및 디지털 멀티미터의 사용법을 익힌다.
- 전압과 전류 측정 모드에서 디지털 멀티미터(DMM)의 내부 저항을 각각 확인한다.
- 전압계에서 내부 저항의 영향을 확인한다.

2. 이론

전압은 도체 내에 있는 두 점 사이의 전기적인 위치에너지 차이를 말하며 전위차라고도 한다. 전압의 크기를 나타내는 단위는 V(볼트)이며 1 V는 1 C의 전하가 두 점 사이에서 이동할 때 하는 일이 1 J일 때의 전위차이다. 전류는 주어진 한 점에서 흐르는 전하량의 시변화율이다. 전류의 크기를 나타내는 단위는 A(암페어)이고 1 A는 1 C/s이다. 전류의 흐름은 전통적으로 양전하의 흐름(즉, 전자의 흐름과 반대)을 기준으로 한다. 기초회로실험에서 전압과 전류를 측정하기 위해 보통 휴대용 디지털 멀티미터를 사용한다. 전압과 전류를 측정하기 위해서 프로브(probe)를 이용하며 이 프로브는 측정할 변수의 기준 방향(극성)을 표현하기 위해 빨간색과 검은색으로 구분되어 있다.

일반적으로 빨간색은 양(+)의 단자이고 검은색은 음(-)의 단자이다. 이상적인 전압계는 내부저항이 무한대의 값을 가져 개방(open) 회로처럼 동작한다. 반면, 이상적인 전류계는 내부저항이 0 Ω의 값을 가져 단락(short) 회로처럼 동작한다. 하지만, 실제 디지털 멀티미터의 전압계와 전류계는 유한한 값을 가져 측정 시 오차를 야기할 수 있음을 인지해야 한다.

2-1. 전압계의 내부저항 측정

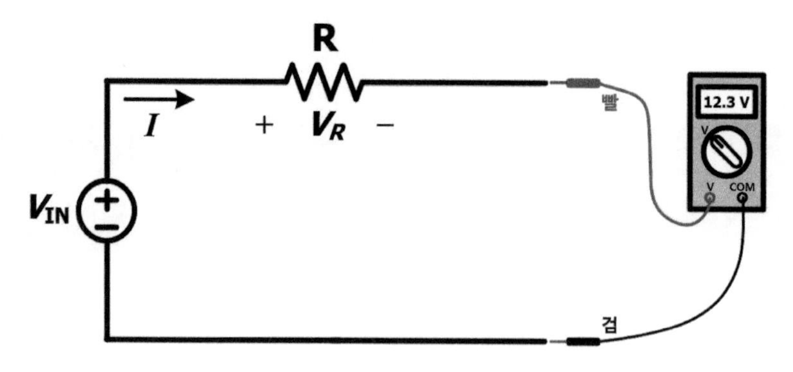

〈그림 1〉 **전압계 내부저항을 측정하기 위한 회로**

전압계의 내부저항을 측정하기 위해 〈그림 1〉처럼 전압원과 수~수십 MΩ 수준의 저항 R로 회로를 구성한다. 이때, 전압계 내부저항(R_{DMM})은 다음 수식을 이용하여 구할 수 있다.

$$V_{DMM} = V_{IN} \times \frac{R_{DMM}}{R + R_{DMM}} \qquad \text{(식 1)}$$

이때, V_{DMM}은 전압계로 측정된 전압이다. 보통 전압계 내부저항은 약 10 MΩ의 값을 가지며 회로 저항 R이 내부저항에 가까울수록 측정 전압의 오차를 크게 한다.

2-2. 전류계의 내부저항 측정

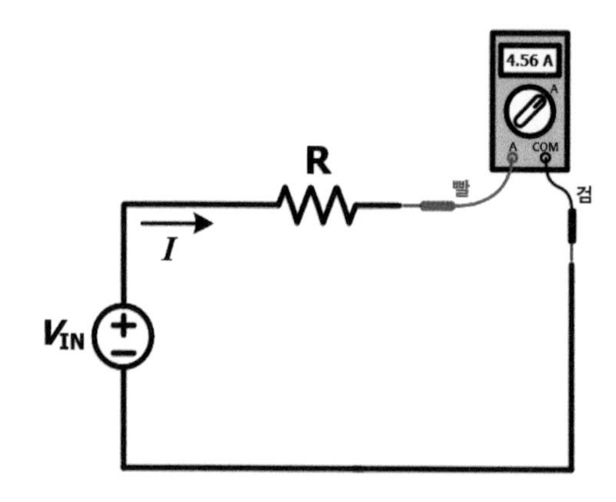

〈그림 2〉 **전류계 내부저항을 측정하기 위한 회로**

전류계의 내부저항을 측정하기 위해 〈그림 2〉처럼 전압원과 수 Ω~수십 Ω 수준의 저항 R로 회로를 구성한다. 이때, 전류계 내부저항(R_{DMM})은 다음 수식을 이용하여 구할 수 있다.

$$I = \frac{V_{IN}}{R + R_{DMM}} \qquad \text{(식 2)}$$

2-3. 전압 측정

전압을 측정하기 위해 디지털 멀티미터의 빨간색 리드선은 '+' 단자(빨간색 V 단자)에 연결하고 검은색 리드선은 '-' 단자(검은색 COM 단자)에 연결한다. 또한, 다이얼을 측정하고자 하는 전압의 종류(직류 또는 교류)에 맞춘다.

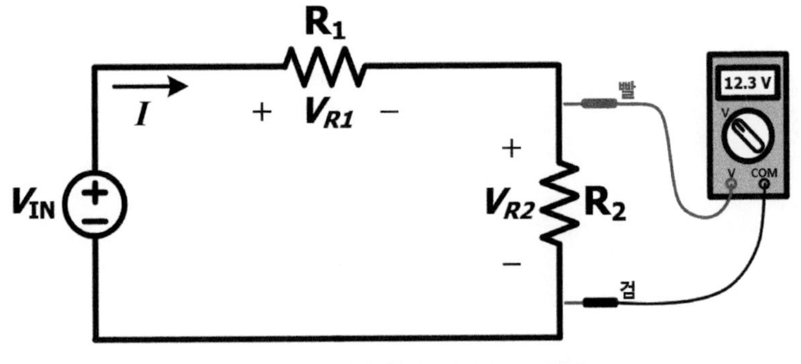

〈그림 3〉 **전압 측정 시 프로브 연결**

위 그림은 전압 측정 시 프로브의 연결을 보여준다. 이때, 디지털 멀티미터에 연결된 빨간색과 검은색 리드선은 전압계의 멀티미터 내부저항이 이상적으로 무한대이기 때문에 〈그림 3〉과 같이 측정하려는 소자(저항, 전압원 등)와 "병렬"로 연결하여 측정한다.

2-4. 전류 측정

전류를 측정하기 위해 디지털 멀티미터의 빨간색 리드선은 '+' 단자(빨간색 A 단자)에 연결하고 검은색 리드선은 '-' 단자(검은색 COM 단자)에 연결한다. 또한, 다이얼을 측정하고자 하는 전류의 종류(직류 또는 교류)에 맞춘다.

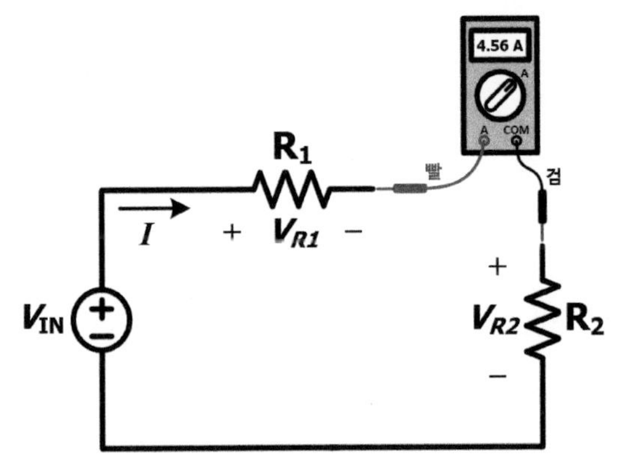

〈그림 4〉 **전류 측정 시 프로브 연결**

〈그림 4〉는 전류 측정 시 프로브의 연결을 보여준다. 이때, 디지털 멀티미터에 연결된 빨간색과 검은색 리드선은 전류계의 내부저항이 이상적으로 0 Ω이기 때문에 극성을 맞추어 〈그림 4〉와 같이 측정하려는 소자 사이의 연결을 끊고 "직렬"로 연결하여 측정한다.

3. 직류전원공급기(DC Power Supply)

직류전원공급기는 실험회로에 직류전원을 공급하기 위하여 사용하며 범용 장비의 경우 아래 〈그림 5〉와 같이 구성되어 있다.

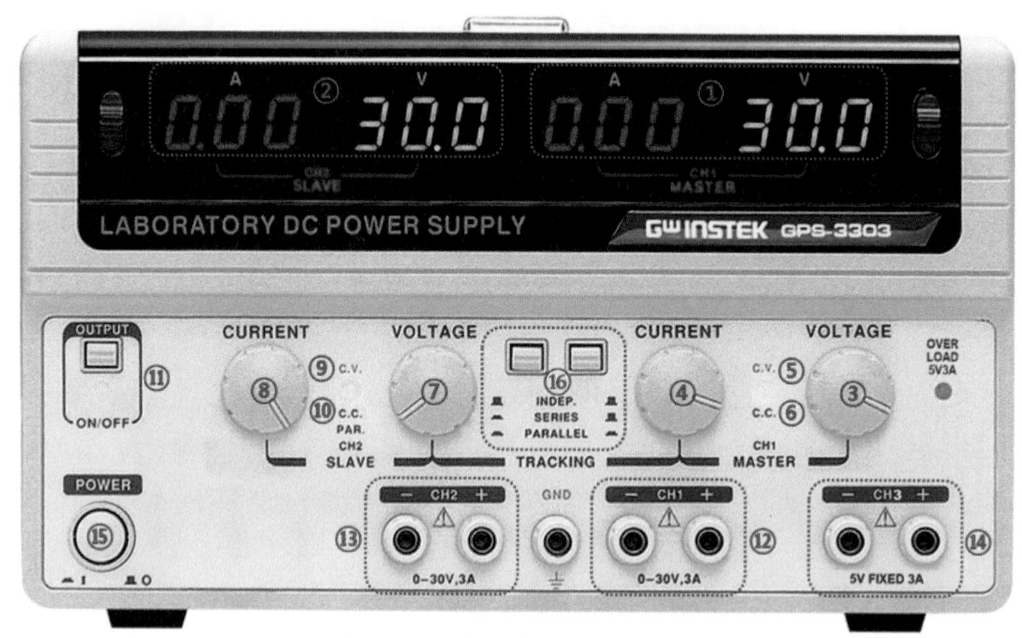

〈그림 5〉 **직류전원공급기 전면 구성**

① (CH1) 출력 전압, 전류 표시(MASTER)
② (CH2) 출력 전압, 전류 표시(SLAVE)
③ (CH1) 전압 조정
④ (CH1) 전류 조정
⑤ (CH1) 정 전압 표시(C.V.)
⑥ (CH1) 정 전류 표시(C.C.)
⑦ (CH2) 전압 조정
⑧ (CH2) 전류 조정
⑨ (CH2) 정 전압 표시(C.V.)
⑩ (CH2) 정 전류 표시(C.C.)
⑪ 출력 ON/OFF 스위치
⑫ (CH1) −/+ 출력 단자
⑬ (CH2) −/+ 출력 단자
⑭ 5V 고정 −/+ 출력 단자
⑮ 직류전원공급기 전원 스위치
⑯ 트래킹(TRACKING) 모드 버튼

[Limit 설정 기능]

전압과 전류의 제한 값 설정을 통해 출력을 제어할 수 있으며 C.V.(정 전압, Constant Voltage) 또는 C.C.(정 전류, Constant Current) 모드를 자유롭게 사용 할 수 있다. 설정된 전류 제한 값 이내의 부하에서는 C.V. 모드로 동작하게 된다. C.V. 모드에서는 필요한 출력 전압을 자유롭게 조정하여 사용할 수 있으며 이때 설정된 전류 값이 허용 한계치가 된다. 마찬가지로, 부하의 크기가 설정한 전류 값에 도달하면 C.C. 모드로 동작하게 된다. C.C. 모드에서는 필요한 출력 전류를 자유롭게 조정하여 전류를 제한함으로써 과도 전류 발생 시 회로의 보호 역할로 사용하며 이때 설정된 전압 값은 허용 한계치가 된다.

[TRACKING 모드 설정 기능]

직류전원공급기는 세 종류의 동작 모드를 가지고 있으며 측정 목적에 맞게 'TRACKING' 모드의 버튼 조절 하여 "INDEPENDENT", "SERIES", "PARALLEL" 모드 중 하나를 선택하여 사용한다.

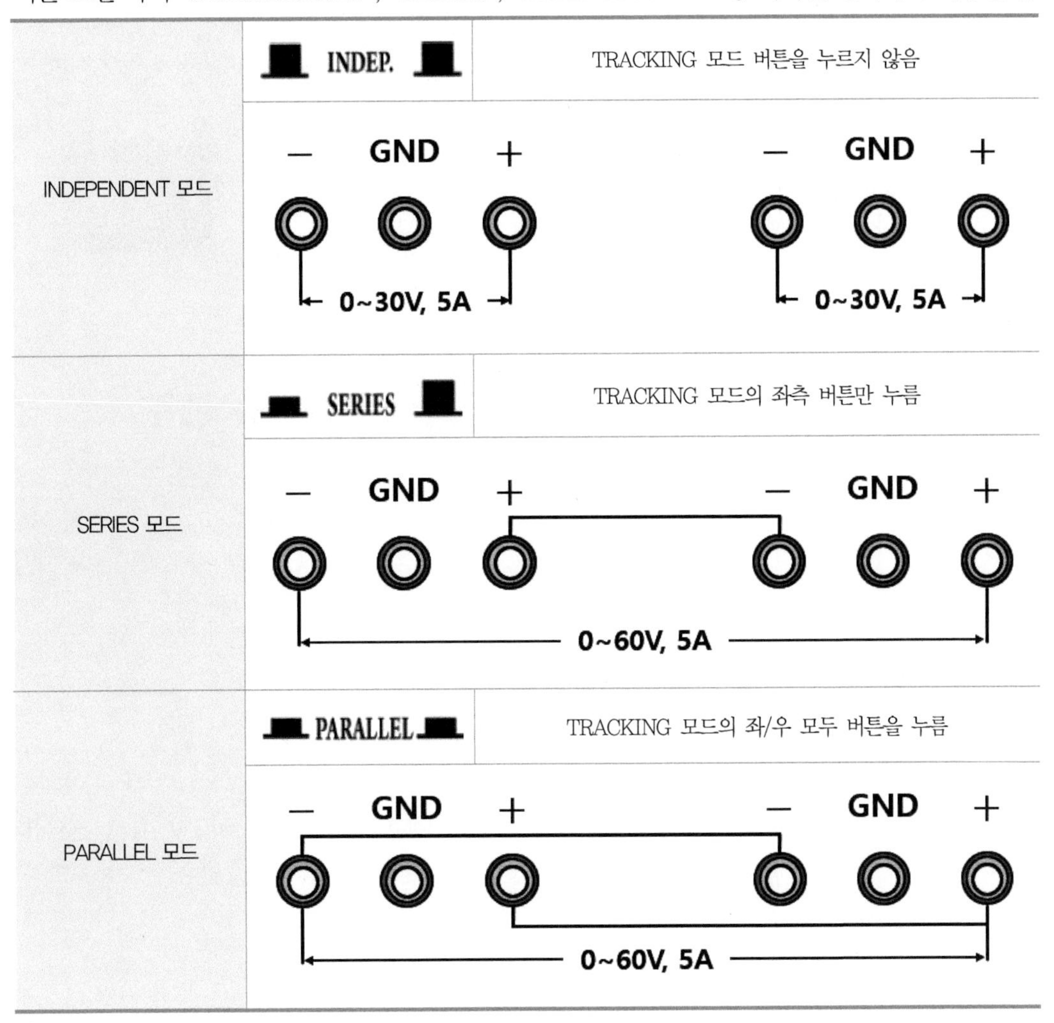

〈그림 6〉 TRACKING 버튼에 따른 동작 모드

〈그림 6〉은 TRACKING 버튼의 상태에 따른 동작 모드와 직류전원공급기 내부의 연결을 나타낸다. INDEPENDENT 모드에서는 MASTER(CH1)와 SLAVE(CH2)가 각각 독립적으로 출력한다. SERIES 모드는 기기 내부적으로 MASTER의 '−' 출력 단과 SLAVE의 '+' 출력 단이 연결된다. PARALLEL 모드는 기기 내부적으로 MASTER의 '+' 출력 단과 SLAVE의 '+' 출력 단이 연결, MASTER의 '−' 출력 단과 SLAVE의 '−' 출력 단이 연결된다. 본 실험에서는, 전원을 독립적으로 공급하기 위해 INDEPENDENT 모드로 사용한다.

4. 장비 및 부품

1) 디지털 멀티미터
2) 직류 전원 공급기
3) 저항기 1 kΩ, 10 MΩ, 5 W 10 Ω 시멘트 저항 각 1개

5. 실험과정

1) 실험에서 주어진 저항기 3개의 저항 값을 아래 표에 기록한다.

	저항기 색상					이론값	측정값
	첫째	둘째	셋째	넷째	다섯째		
저항 1							
저항 2							
저항 3							

2) 〈그림 1〉과 같이 회로를 꾸민 후, 전압을 측정하여 기록한다. 이때, V_{IN}=10 V, R=1 kΩ이다.

V_{DMM} (이론값)	V_{DMM} (측정값)

3) R=1 MΩ으로 바꾸고 전압을 측정하여 기록한다.

V_{DMM} (이론값)	V_{DMM} (측정값)

4) 〈그림 2〉와 같이 회로를 꾸민 후, 입력 전압(V_{IN}) 및 전류(I)를 측정하여 기록한다. 이때, V_{IN}=10 V, R=10 Ω이다.

V_{IN} (측정값)	I (측정값)

6. 실험 고찰

1) 실험 3)을 통해 얻은 전압계 내부저항 R_{DMM}은 얼마인가?
2) 실험 2)와 실험 3)에 대한 V_{DMM} 이론값과 측정값을 비교하라. 또, 왜 그런지 설명하라.
3) 실험 4)를 통해 얻은 전류계 내부저항 R_{DMM}은 얼마인가?

실험 이해도 점검

1) 전압은 도체 내에 있는 두 점 사이의 전기적인 (　　) 차이를 말하며 (　　)라고도 한다.
2) 이상적인 전압계는 내부저항이 매우 (　　) 때문에 (　　)회로처럼 동작한다.
3) 이상적인 전류계는 내부저항이 매우 (　　) 때문에 (　　)회로처럼 동작한다.
4) 디지털 멀티미터로 측정하려는 소자의 전압을 측정할 때 소자와 (　　)로 연결하여 측정한다.
5) 디지털 멀티미터로 측정하려는 소자의 전류를 측정할 때 소자와 (　　)로 연결하여 측정한다.

실험 04

PSpice 및 Excel 사용법

1. 목적

- PSpice의 메뉴 및 기본 옵션을 이해한다.
- 간단한 회로 시뮬레이션을 통해 PSpice 툴 사용법을 익힌다.
- 엑셀(excel)을 이용하여 그래프 그리는 방법을 익힌다.

2. 이론

OrCAD PSpice는 부록 A를 참고하여 설치한다.

2-1. PSpice의 의미 및 역사?

SPICE(Simulation Program with Integrated Circuit Emphasis)는 1972년 미국 UC Berkeley에서 다양한 아날로그와 디지털 회로의 해석 및 설계를 위해 개발한 프로그램으로 다양한 전기 및 전자회로에 대한 복잡하고 다양한 회로 해석이 가능하게 되었다. PSpice는 Professional Spice를 줄인 것으로 기존 SPICE 프로그램을 개량한 것이다. 1984년 MicroSim사에서 PC에서 사용할 수 있는 PSpice를 개발하였으며 1997년 OrCAD사에서 MicroSim사를 인수합병하여 PSpice를 인수하였다. 1999년에는 Cadence Design Systems가 OrCAD 및 해당 제품군을 인수하여 회로 설계 프로그램(OrCAD Capture)과 PCB 설계 프로그램(OrCAD PCB Editor)를 융합함으로써 완벽하게 확장 가능한 솔루션으로 거듭나게 되었다.

2-2. PSpice에 사용 가능한 부품과 단위

〈표 1〉 PSpice 회로에 사용 가능한 부품

표시 문자	부품 용어	비고
R	Resistor	저항
C	Capacitor	커패시터
L	Inductor	인덕터
K	Mutual Inductor	상호 인덕터
V	Independent Voltage Source	독립 전압원
I	Independent Current Source	독립 전류원
M	MOSFET	전계효과 트랜지스터
D	Diode	다이오드
Q	Bipolar Transistor	양극성 트랜지스터
W	Lossy Transmission Line	손실 전송 선로
E	Voltage-Controlled Voltage Source(VCVS)	전압 제어 전압원(종속)
G	Voltage-Controlled Current Source(VCCS)	전압 제어 전류원(종속)
H	Current-Controlled Voltage Source(CCVS)	전류 제어 전압원(종속)
F	Current-Controlled Current Source(CCCS)	전류 제어 전류원(종속)

〈표 2〉 PSpice 회로에 사용하는 단위

문자	단위	지수값
f	femto	10^{-15}
p	pico	10^{-12}
n	nano	10^{-9}
u	micro	10^{-6}
m	milli	10^{-3}
k	kilo	10^{3}
meg	mega	10^{6}
g	giga	10^{9}

2-3. 아이콘 설명

1) 툴바(Toolbar)

①②③④⑤⑥⑦⑧⑨ ⑩⑪⑫⑬⑭⑮⑯⑰⑱⑲⑳㉑㉒㉓㉔㉕㉖

번호	명칭	설명
①	New	새 프로젝트 생성
②	Open	기존 프로젝트 열기
③	Save	현재 프로젝트 파일이나 작업도면 저장
④	Print	현재 작업도면 출력
⑤	Cut	선택한 개체 잘라내기
⑥	Copy	선택한 개체를 클립보드에 복사
⑦	Paste	클립보드에 저장되어 있는 내용을 붙여넣기
⑧	Undo	가장 최근에 실행한 명령 취소
⑨	Redo	취소된 작업 재실행
⑩	Place Part	최근에 사용했던 부품 목록
⑪	Zoom In	한번 클릭할 때마다 작업도면 2배씩 확대
⑫	Zoom Out	한번 클릭할 때마다 작업도면 1/2배씩 축소
⑬	Zoom to Region	드래그(drag)하여 지정한 작업도면 영역 확대
⑭	Zoom to All	모든 개체가 한 화면에 보이게 함
⑮	Fisheye View	부분 확대
⑯	Annotate	작업도면상에서 부품의 참조(주석) 갱신
⑰	Back Annotate	PCB쪽 수정정보를 작업도면에서 갱신
⑱	Design Rules Check(DCR)	현재 도면의 설계 오류 체크
⑲	Create Netlist	부품과 부품의 연결 상태 정보(netlist) 생성
⑳	Cross Reference Parts	도면에 사용된 부품의 경로 목록 생성
㉑	Bill of Material	부품 목록 생성
㉒	Snap to Grid	부품을 그리드에 맞추어 이동
㉓	Area Select	부품 선택 시 전체 또는 부분 선택에 대한 설정
㉔	Drag Connected Object	부품간 연결방법에 대한 설정
㉕	Project Manager	프로젝트 매니저 창 선택
㉖	Help	도움말

2) 시뮬레이션 툴바(Simulation Toolbar)

① ② ③ ④ ⑤ ⑥ ⑦ ⑧ ⑨ ⑩ ⑪ ⑫ ⑬ ⑭

번호	명칭	설명
①	New Simulation Profile	새로운 시뮬레이션 조건 생성
②	Edit Simulation Settings	존재하는 시뮬레이션 조건 수정
③	Run PSpice	시뮬레이션 실행(단축키: F11)
④	View Simulation Results	시뮬레이션 결과 보기
⑤	Voltage/Level Marker	전압 표시자
⑥	Voltage Differential Marker(s)	두 지점의 상대적인 전위차
⑦	Current Marker	전류 표시자
⑧	Power Dissipation Marker	소비전력 표시자
⑨	Enable Bias Voltage Display	바이어스 전압 표시자
⑩	Toggle Voltages on Selected Net(s)	선택된 Net만 전압 표시 토글
⑪	Enable Bias Current Display	바이어스 전류 표시자
⑫	Toggle Currents on Selected Part(s)/Pin(s)	선택된 부품/핀만 전류 표시 토글
⑬	Enable Bias Power Display	바이어스 전력 표시자
⑭	Toggle Power on Selected Part(s)	선택된 부품만 전력 표시 토글

3) 툴 팔레트(Tool Palette)

① ② ③ ④ ⑤ ⑥ ⑦ ⑧ ⑨ ⑩ ⑪ ⑫ ⑬ ⑭ ⑮ ⑯ ⑰ ⑱

번호	명칭	설명
①	Select	개체 선택
②	Place Part	부품 선택 배치(단축키: p 또는 P)
③	Place Wire	부품 간 연결선(단축키: w 또는 W)
④	Place NetGroup	Net 그룹 배치
⑤	Place Auto Wire Two Points	두 포인트를 자동으로 연결
⑥	Place Auto Wire Multi Points	여러 개의 포인트를 자동으로 연결
⑦	Place Auto Wire Connect to Bus	버스와 자동으로 연결
⑧	Place Net Alias	Net 이름 정의(단축키: n 또는 N)
⑨	Place Bus	버스선 연결(예: Q[0:3] 등)
⑩	Place Junction	Net의 접점 표시
⑪	Place Bus Entry	버스와 Net 연결
⑫	Place Power	전원 기호 배치
⑬	Place Ground	접지 기호 배치(단축키: g 또는 G)
⑭	Place Hierarchical Block	계층 블록 생성
⑮	Place Port	포트 단자 배치
⑯	Place Pin	핀 배치
⑰	Place Off-page Connector	페이지간 연결 기호
⑱	Place No Connect	핀에 연결 없음 표시

2-4. 해석의 종류(Analysis Type)에 따른 구분

PSpice에서는 기본적인 해석으로 Time Domain(Transient), DC Sweep, AC Sweep/Noise, Bias Point가 제공되며 각 해석 형태에 따라 Options의 내용도 바뀌도록 되어있다.

1) Time Domain(Transient)

Time Domain 해석에서는 시간에 따른(즉, x축이 시간) 회로의 전압, 전류 및 디지털 논리회로의 상태 등의 과도상태를 해석한다.

2) DC Sweep

DC Sweep 해석에서는 모든 전원을 직류로 간주하며 직류 전원전압 또는 모델의 파라미터를 변화시키면서 회로의 전압, 전류 및 디지털 논리 회로의 상태 등을 해석한다.

3) AC Sweep/Noise

AC Sweep 해석에서는 먼저 각 소자의 소신호(small-signal) 파라미터를 결정하고 교류해석에 대한 동작점(bias point)을 계산한다. 이후 전원의 주파수 증가에 따른(즉, x축이 주파수) 회로의 전압 및 전류의 크기와 위상 등을 해석한다.

4) Bias Point

동작점 데이터를 계산하고 output 파일에 출력하는 특성 값을 계산하기 위한 시뮬레이션으로서 출력 결과가 그래프로 나타나지는 않는다.

2-5. 전압원 및 전류원에 따른 구분

해석의 종류	명칭	부품		전압원 속성	의미
		전압원	전류원		
DC Sweep	VDC IDC	V1 0Vdc	I1 0Adc	VDC	직류전압
AC Sweep	VAC IAC	V1 1Vac 0Vdc	I1 1Aac 0Adc	DC ACMAG ACPHASE	직류전압 교류진폭 교류위상
Time Domain (Transient)	VSIN ISIN	V1 VOFF = VAMPL = FREQ =	I1 IOFF = IAMPL = FREQ =	VOFF VAMPL FREQ	직류 오프셋 전압 교류전압의 진폭 교류전압의 주파수
	VPULSE IPULSE	V1 V1 = V2 = TD = TR = TF = PW = PER =	I1 I1 = I2 = TD = TR = TF = PW = PER =	V1 V2 TD TR TF PW PER	초기전압(첫 번째) 최대전압(두 번째) 지연시간 상승시간(rising) 하강시간(falling) 구형파의 폭 주기(period)

2-6. 표와 그래프

실험을 진행하면 많은 결과 값들이 확보되고 보통 결과 값을 표로 정리하게 된다. 표 또는 테이블(table)은 데이터의 정렬 양식으로 자료 분석에 널리 쓰이고 있다. 표는 행(가로 방향)과 열(세로 방향)으로 구성되며 행과 열의 교차점은 칸 또는 셀이라 한다. 표는 전체의 합계를 쉽게 볼 수 있으며 각 항목별로 묶거나 원하는 형태로 정렬할 수 있다. 아래는 전압원과 저항 하나로 구성된 회로에서 인가 전압이 3 V일 때 저항 변화에 따른 전류의 변화를 측정한 데이터를 표로 정리한 것이다.

〈표 3〉 **저항 변화에 따른 전류의 변화**

저항(Ω)	전류(mA)
100	30
200	15
300	10
400	7.5
500	6

위와 같이, 표는 실험 결과를 정리하기에 매우 유용하다. 하지만, 표를 이용하여 실험 결과에 대한 비교 및 분석을 한눈에 하기는 어렵다. 따라서, 실험 결과에 대한 분석을 위해 많은 경우 그래프를 이용하게 된다. 그래프는 수치 데이터를 한눈에 보기 쉽게 나타낼 수 있으며 시각적인 효과와 더불어 직관적인 데이터 분석이 가능하다. 아래 〈그림 1〉은 위 표에 대한 꺾은선 그래프이다.

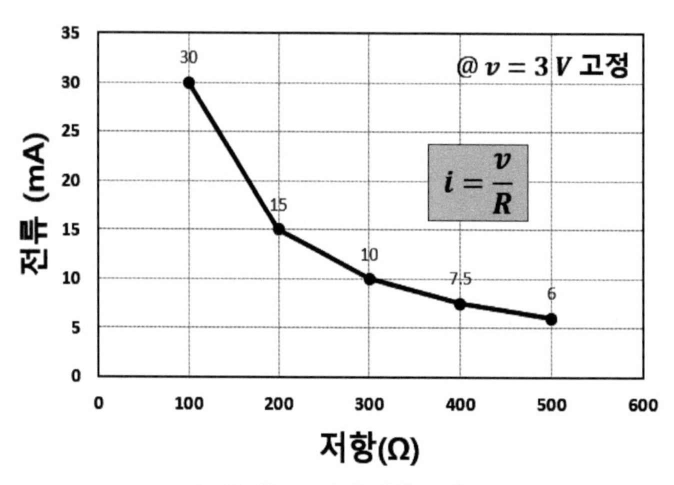

〈그림 1〉 **표 3에 대한 그래프**

〈그림 1〉을 보면, 고정된 전압에서 저항과 전류가 반비례 관계임을 직관적으로 알 수 있어 데이터 분석이 용이하다. 이때, 그래프는 〈그림 1〉처럼 x축과 y축의 이름을 삽입하여야 하며 필요한 경우 30, 15, 10과 같은 데이터 레이블(label)을 추가하여 그래프에서 직접 데이터 값을 볼 수 있다.

3. PSpice 및 Excel 실습

3-1. PSpice 시뮬레이션 및 엑셀이용 데이터 시각화

직류 전압원에 저항이 연결된 회로에서 전압을 구하는 과정을 살펴보자. PSpice에서 회로도를 그리고 시뮬레이션을 수행하기 위해서는 다음과 같은 과정으로 진행한다.

1) PSpice 설치 후, 'Capture CIS Lite'를 실행하고 'New Project'를 클릭하여 project file을 생성한다.

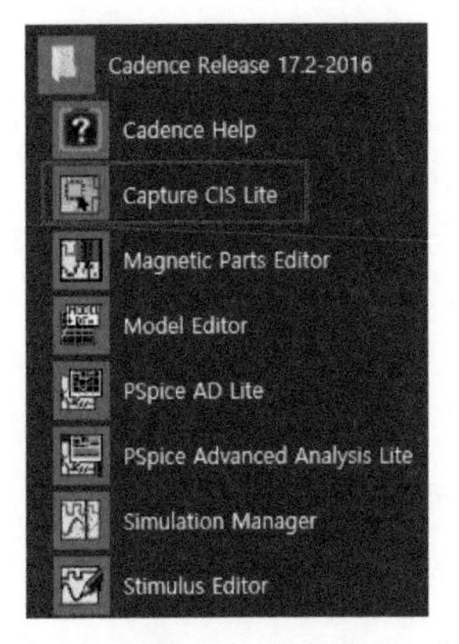

〈그림 2〉 **Capture CIS Lite 실행**

〈그림 3〉 **Project file 생성**

2) 'New Project' 설정창이 나타나면 'Name'에 적절한 이름을 입력하고 사용하고자 하는 목적에 맞게 프로젝트를 선택한다. 기초 실험의 경우 회로 설계를 위해 'PSpice Analog or Mixed A/D'를 선택한다.

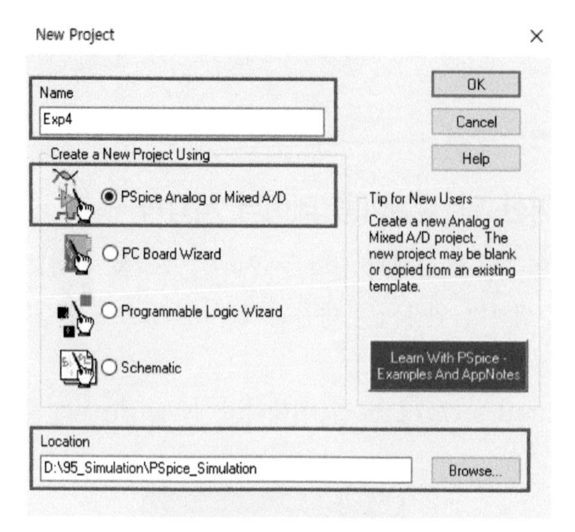

〈그림 4〉 **New Project 설정창**

주의 'Location'이 지정되지 않았다면 프로젝트가 저장될 곳을 'Browse'를 클릭하여 지정해야 한다. 이때, 반드시 주의해야 할 것은 저장위치의 경로에 '한글'이 포함되지 않도록 해야 한다. 만약 '한글'이 포함되면 시뮬레이션 결과 파형이 나오지 않는다.

3) 새로운 프로젝트에서 시작하기 위해 아래와 같이 'Create a blank project'를 선택한다.

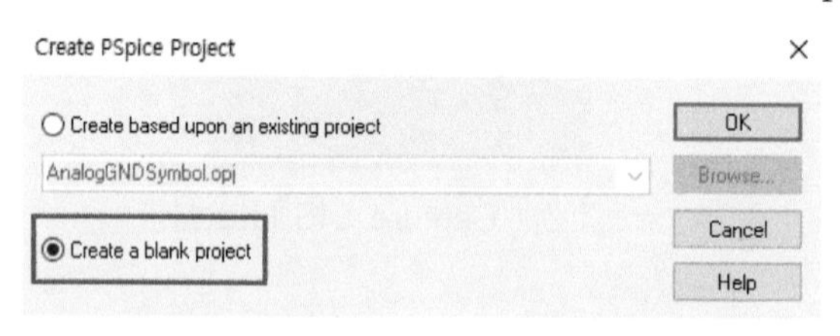

〈그림 5〉 **PSpice 프로젝트 생성**

4) 회로도를 그리고 시뮬레이션을 수행하기 위한 기본 화면은 아래와 같다. 기본 화면에는 툴바, 시뮬레이션 툴바, 툴 팔레트, 회로도면 편집기 등으로 구성되어 있다. 각 아이콘의 역할은 2-3에서 설명하였다.

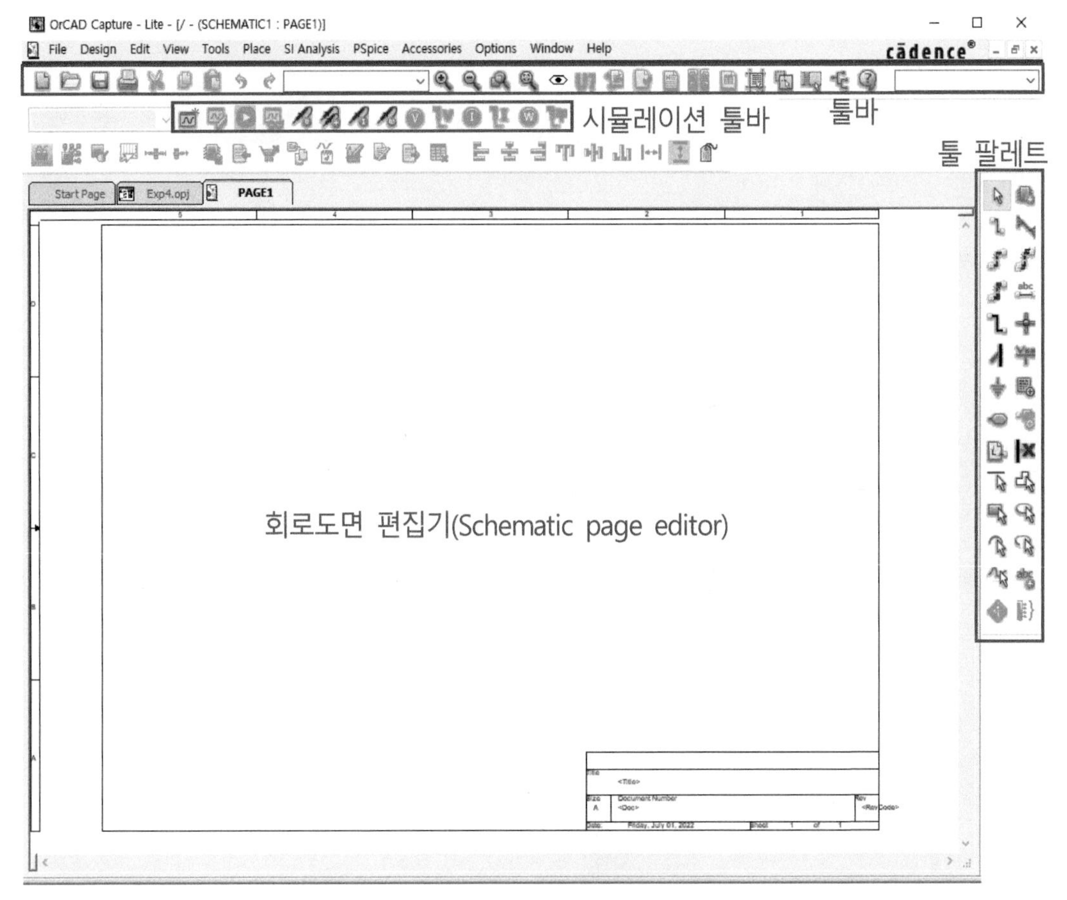

〈그림 6〉 **기본 화면**

[실습] Time Domain(Transient) 해석

1) 시뮬레이션의 목적: Time Domain 해석방법으로 소자의 전위차 확인

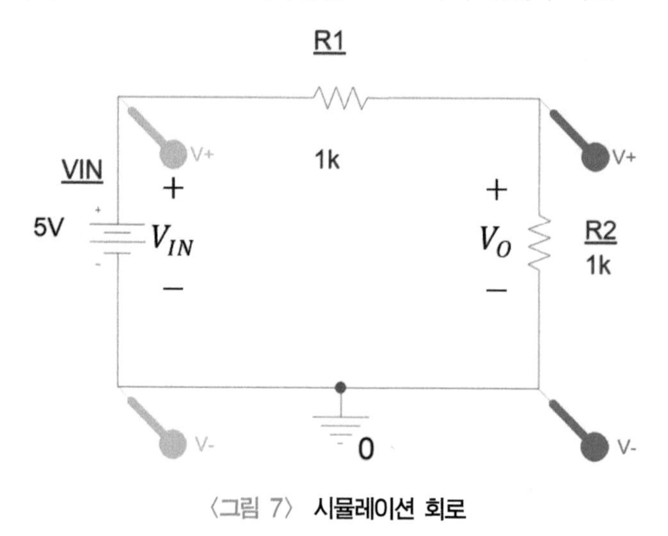

〈그림 7〉 시뮬레이션 회로

2) 기본 화면에서 〈그림 7〉의 회로를 그리기 위해, 툴 팔레트의 'Place Part' (단축키 p)를 선택한다.

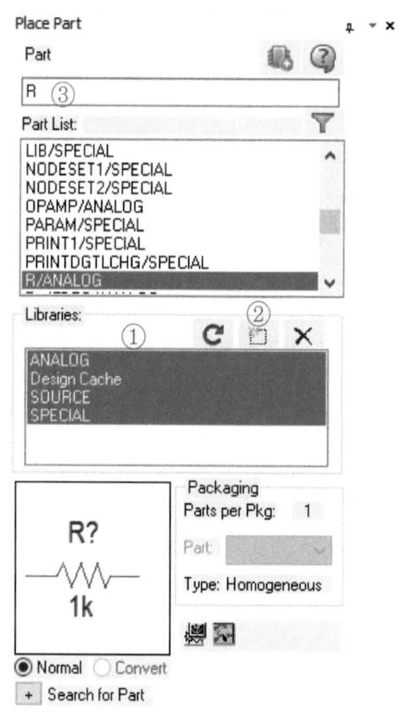

〈그림 8〉 Place Part 설정

3) ‘Place Part’에서 원하는 부품을 가져와 회로도를 구성하기 위해 ①과 같이 Libraries가 설정되어 있어야 한다. 이때, ‘ALALOG’에는 R, L, C와 같은 수동 소자가 포함되어 있으며 ‘SOURCE’에는 VDC, IDC와 같은 전원이 포함되어 있다. 또한, ‘SPECIAL’에는 PARAM이 있어 소자값을 변수로 지정하여 소자값 변화에 따른 회로 특성을 볼 수 있도록 한다. 만약 Libraries에 없는 항목이 있다면 ②를 눌러 ‘C:₩Cadence₩SPB_17.2₩tools₩capture ₩library ₩pspice’의 경로에서 원하는 항목을 설정한다. 이때, ①처럼 원하는 항목을 선택해 활성화시켜야 실제로 부품을 찾을 수 있다.

회로 구성에 사용하고자 하는 부품은 ③에 부품명을 입력하고 더블 클릭하면 기본 화면에 적절히 배치하여 회로를 꾸밀 수 있다. 〈그림 7〉의 회로는, SOURCE에서 VDC를 선택하고 ANALOG에서 R을 선택하여 설계할 수 있다. 만약 저항 R의 회전이 필요한 경우 회전(rotation)의 단축키인 ‘r’을 클릭한다. 이때, 부품과 부품 사이는 ‘Place Wire’ (단축키 w)를 선택하여 연결할 수 있다. 마지막으로 설계된 회로에는 접지 기호를 배치해야 하며 단축키 g 또는 〈그림 9〉처럼 접지 기호를 클릭하여 입력한다.

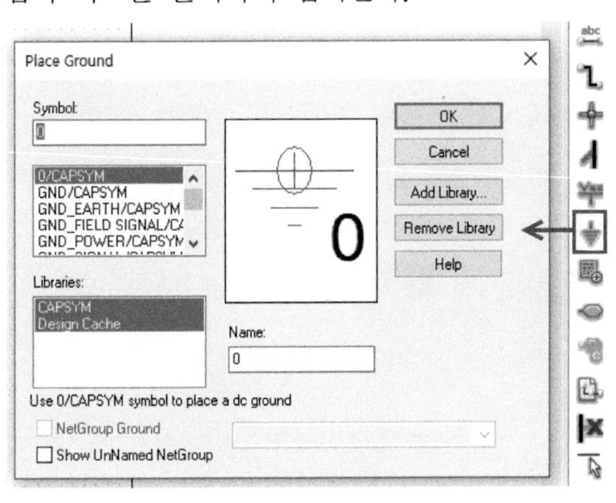

〈그림 9〉 **접지 기호 입력**

4) 각 전원 및 저항소자의 값은 원래 설정되어 있는 각 부품값을 더블클릭하여 변경한다.
5) 꾸며진 회로를 시뮬레이션하기 위해서는 ‘시뮬레이션 툴바’에서 ① ‘New Simulation Profile’을 누르고(〈그림 10〉) 적절한 이름을 입력하여 시뮬레이션 조건 설정을 새로 시작한다.

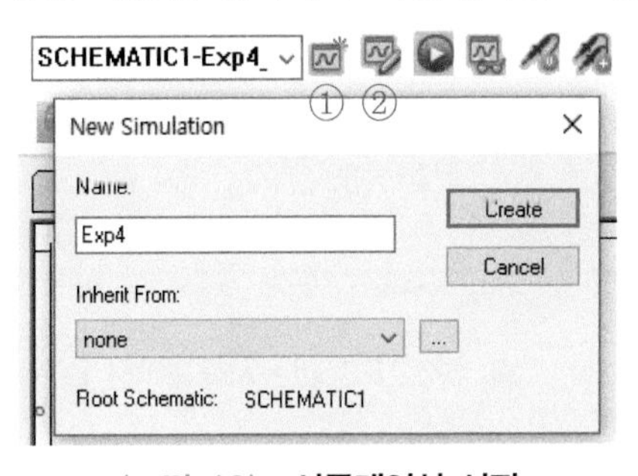

〈그림 10〉 **시뮬레이션 시작**

6) 〈그림 11〉은 시뮬레이션 설정을 보여준다. 여기에서는 해석 방법을 'Time Domain (Transient)'로 한다. 만약 시뮬레이션 중간에 초기에 설정한 시뮬레이션 조건을 수정하고 싶다면 ② 'Edit Simulation Profile'을 눌러(〈그림 10〉) 다른 조건으로 수정할 수 있다.

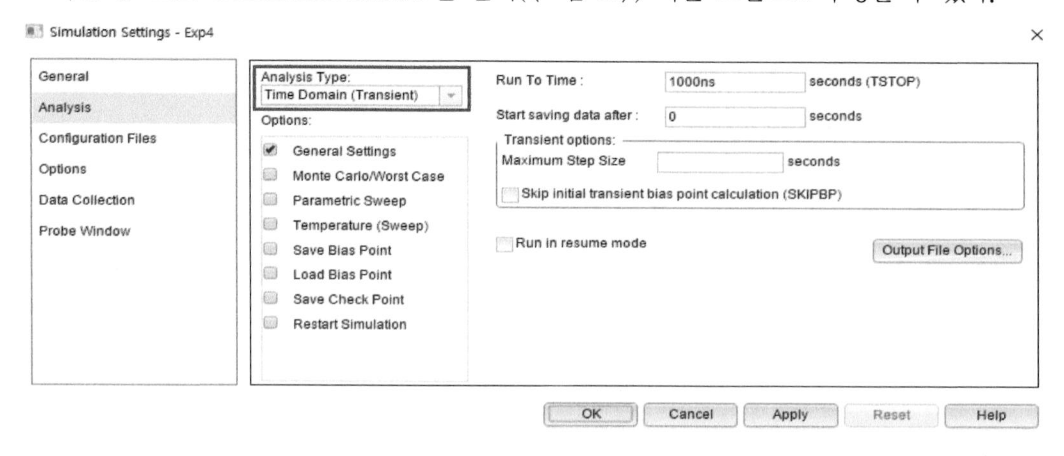

〈그림 11〉 **시뮬레이션 조건**

7) 다음으로 시뮬레이션 툴바에서 부품의 전위차를 측정하는 를 사용하여 〈그림 7〉과 같이 전압 측정용 프로브를 회로에 배치한다.

8) 마지막으로 시뮬레이션 툴바에서 (단축키 F11) 또는 메뉴의 'PSpice' → 'Run'을 선택하여 시뮬레이션을 실행한다.

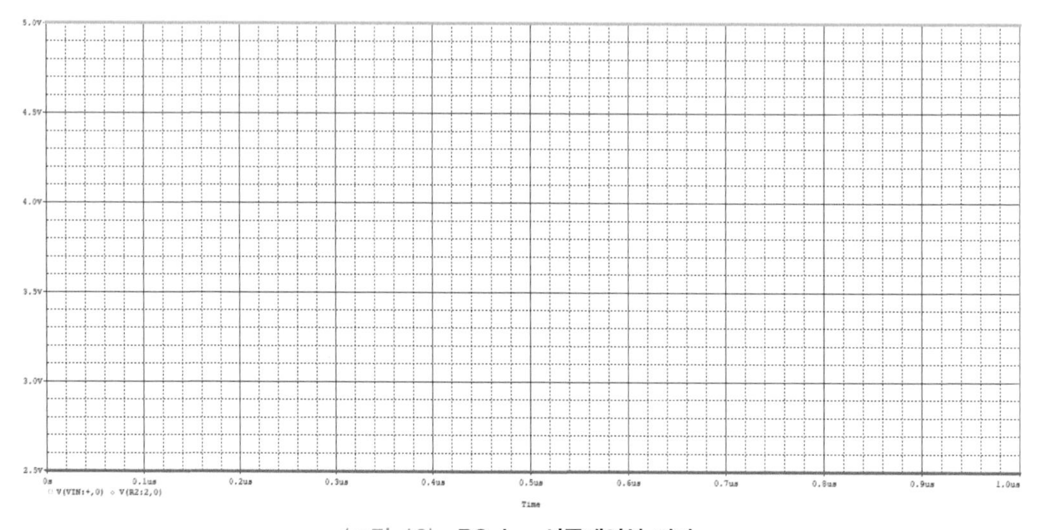

〈그림 12〉 **PSpice 시뮬레이션 결과**

〈그림 12〉는 PSpice 실행 결과이다. 그림에서 보듯이, PSpice 시뮬레이션 결과는 y축 이름이 표시되지 않고 x축과 y축 글씨의 크기도 작아 가독성(알아보기 쉬운 정도)이 낮다. 따라서 보고서 작성 시 그래프 가독성을 높이기 위해 먼저 데이터를 추출하고 추출된 데이터를 엑셀(excel)을 이용하여 가독성 높게 재구성하는 것이 좋다.

9) PSpice 시뮬레이션 결과의 데이터 추출 진행과정은 다음과 같다.

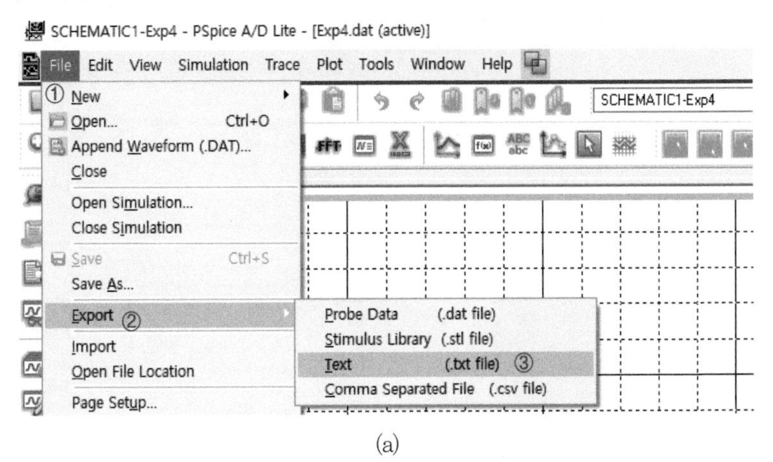

(a)

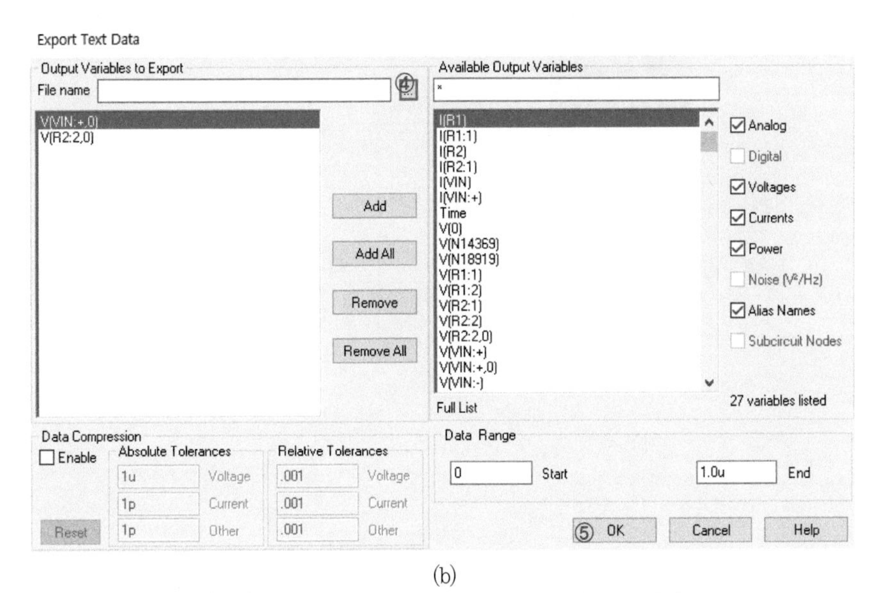

(b)

〈그림 13〉 **PSpice 시뮬레이션 데이터 추출 과정**

우선, "① 시뮬레이션 결과창의 File 클릭 → ② Export 클릭 → ③ Text 선택 → ④ 클릭 후 원하는 저장 위치에 원하는 이름 기입 → ⑤ OK 클릭"순으로 진행한다.

10) 저장된 txt 파일을 엑셀 파일로 변환하는 과정은 다음과 같다.

① 엑셀을 실행 시키고 '파일' 클릭

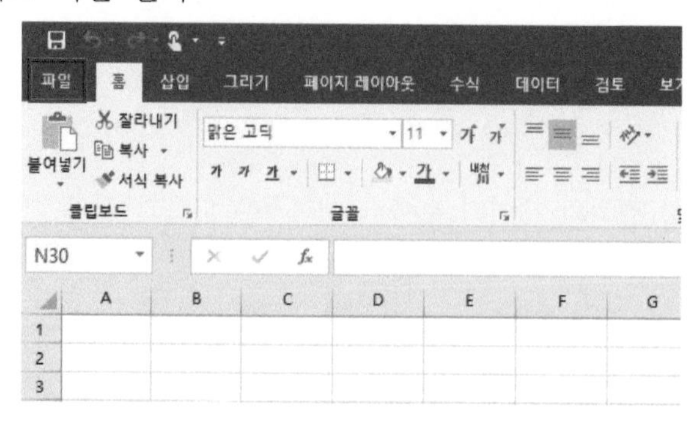

② '열기' → '찾아보기' 클릭

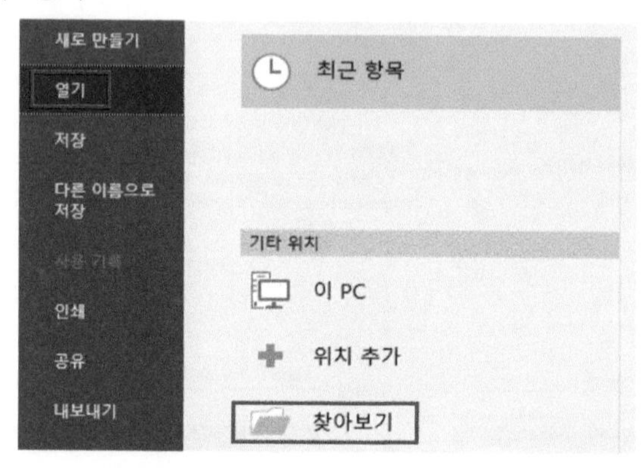

③ '모든 파일'에서 저장된 파일을 찾고 '열기' 클릭

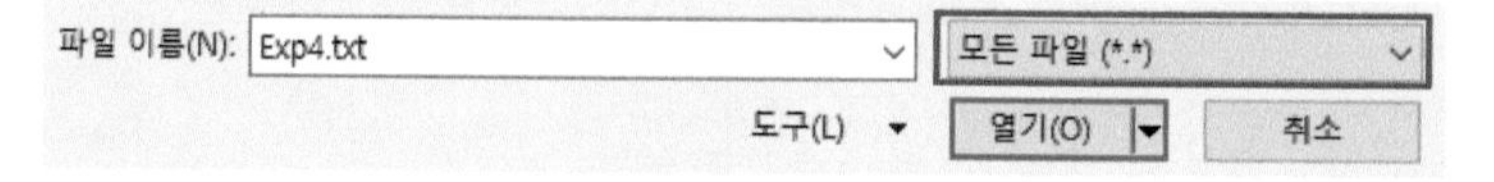

④ 원본 데이터 형식을 '구분 기호로 분리됨' 선택 후 '다음' 클릭

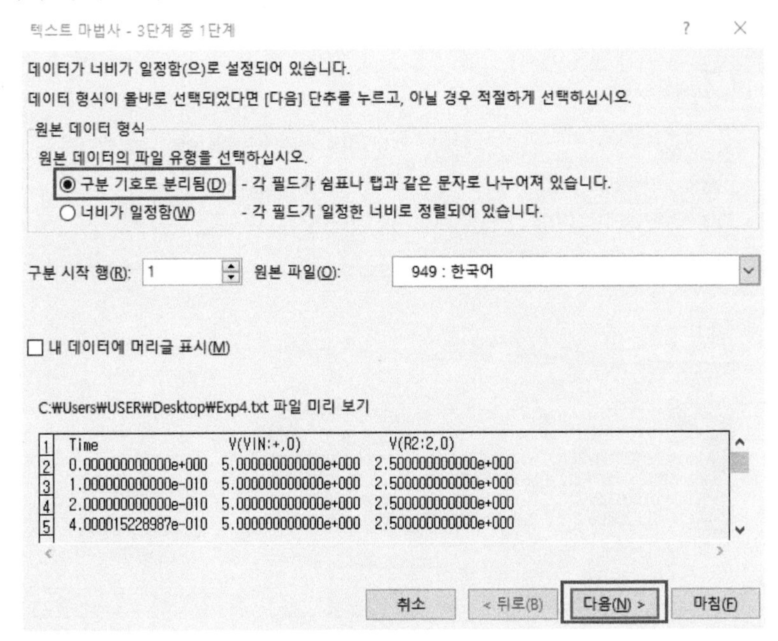

⑤ 추출된 데이터가 공백으로 구분되어 있어 데이터 구분 기호는 '공백' 선택 → '다음' 클릭

텍스트 마법사 - 3단계 중 2단계

데이터의 구분 기호를 설정합니다. 미리 보기 상자에서 적용된 텍스트를 볼 수 있습니다.

구분 기호
- ☑ 탭(T)
- ☐ 세미콜론(M)
- ☐ 쉼표(C)
- ☑ 공백(S)
- ☐ 기타(O):

☑ 연속된 구분 기호를 하나로 처리(R)

텍스트 한정자(Q): "

데이터 미리 보기(P)

Time	V(VIN:+,0)	V(R2:2,0)
0.000000000000e+000	5.000000000000e+000	2.500000000000e+000
1.000000000000e-010	5.000000000000e+000	2.500000000000e+000
2.000000000000e-010	5.000000000000e+000	2.500000000000e+000
4.000015228987e-010	5.000000000000e+000	2.500000000000e+000

취소 < 뒤로(B) 다음(N) > 마침(F)

⑥ 열 데이터 서식을 '일반'으로 선택 → '마침' 클릭

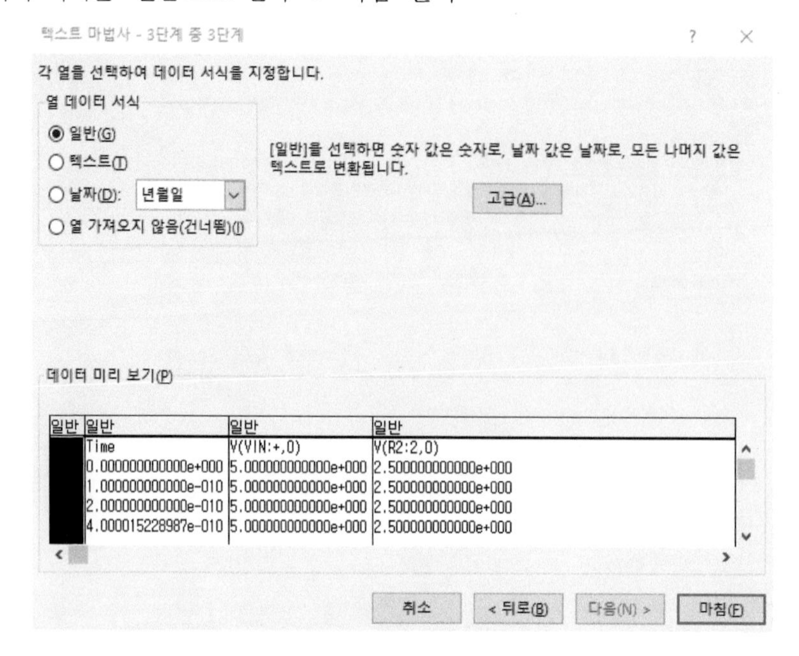

11) 엑셀 파일에서 그래프 그리는 과정은 다음과 같다.

① 엑셀의 B, C, D열에 원본이 생성된다. 이때, B는 Time으로 초(second) 단위로 되어 있다. 이를 μs단위로 바꾸기 위해 F열에서 10^6을 곱하여 새로운 μs단위의 Time축을 생성한다. 이때, 편집하지 않을 C, D열은 G, H열로 그대로 복사하여 옮긴다.

	A	B	C	D	E	F	G	H	I
1		Time	V(VIN:+,0)	V(R2:2,0)		Time	V(VIN:+,0)	V(R2:2,0)	
2		0.00E+00	5.00E+00	2.50E+00		=B2*10^6	5.00E+00	2.50E+00	
3		1.00E-10	5.00E+00	2.50E+00			5.00E+00	2.50E+00	
4		2.00E-10	5.00E+00	2.50E+00	원본		5.00E+00	2.50E+00	편집
5		4.00E-10	5.00E+00	2.50E+00			5.00E+00	2.50E+00	

② 다음으로, F2 셀 선택 시 나타나는 네모 박스의 오른쪽 아래를 더블 클릭하면 이전에 설정한 수식이 세로 방향으로 모두 적용된다.

	A	B	C	D	E	F	G	H	I
1		Time	V(VIN:+,0)	V(R2:2,0)		Time	V(VIN:+,0)	V(R2:2,0)	
2		0.00E+00	5.00E+00	2.50E+00		0.00E+00	5.00E+00	2.50E+00	
3		1.00E-10	5.00E+00	2.50E+00			5.00E+00	2.50E+00	
4		2.00E-10	5.00E+00	2.50E+00	더블 클릭		5.00E+00	2.50E+00	
5		4.00E-10	5.00E+00	2.50E+00			5.00E+00	2.50E+00	

③ 다음으로, 아래 그림과 같이 F, G, H열의 모든 데이터를 마우스 드래그로 선택한다. 이후 '삽입' → '추천차트'를 클릭한다.

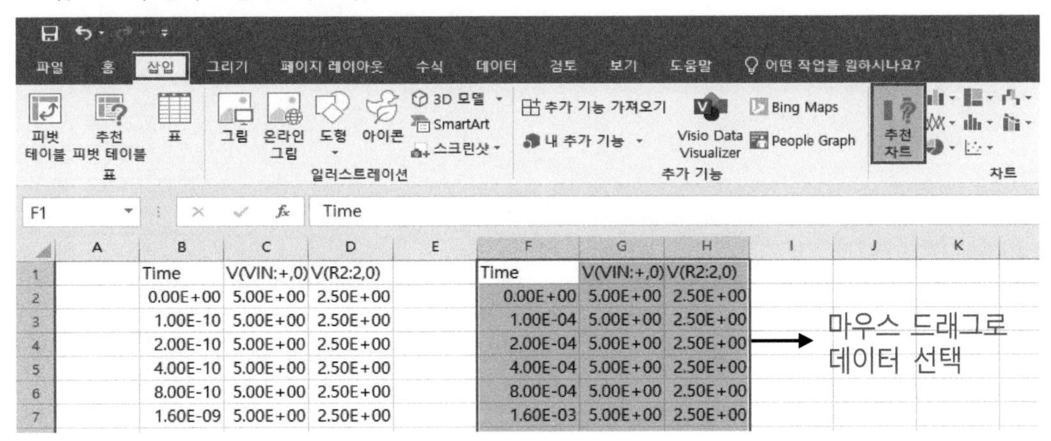

④ 다음으로, 분산형 차트를 선택하여 데이터를 비교하는 그래프를 만든다.

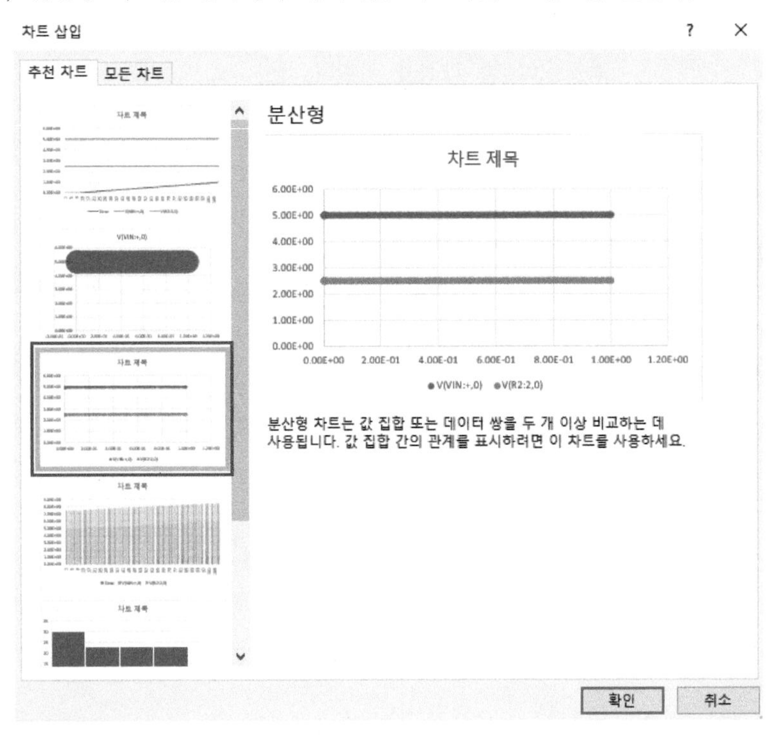

⑤ 다음으로, 차트의 크기를 적절히 선택하고 '차트 요소'에서 '축 제목'을 선택한다. 이후는 작성자가 원하는 대로 편집하면 된다. 이번 예시에서는, '차트 제목'과 '범례'는 비활성화 하였다.

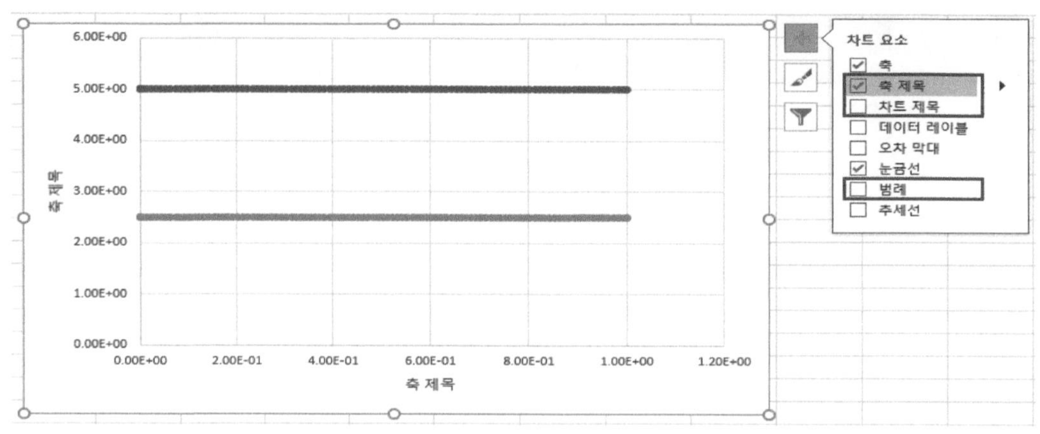

⑥ 다음으로, 적절한 x축, y축 이름을 삽입하고 x축, y축 값을 편집한다. 예를 들어, y축의 값을 더블 클릭하면 y축 서식이 나타나며 원하는 y축 '최소값' 및 '최대값'을 설정하고 표시 형식을 '일반'으로 선택한다. x축도 동일한 과정을 거친다.

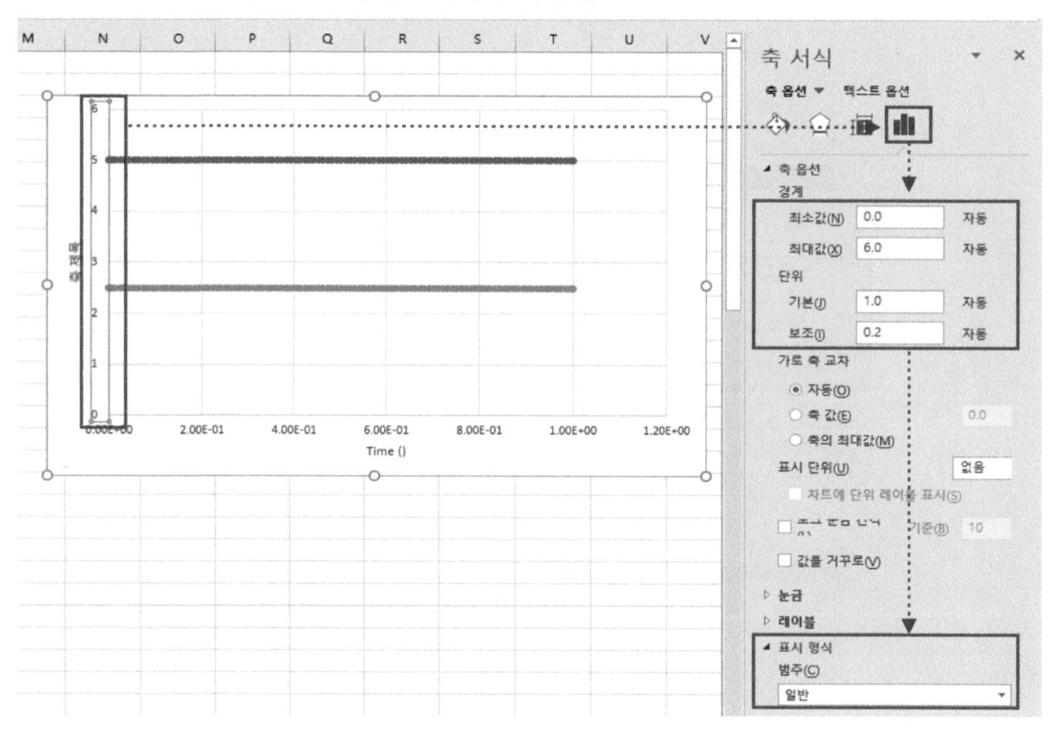

⑦ 만약, 그래프 안에 원하는 글자를 포함시키고자 한다면 '삽입' → '도형'에서 '텍스트 상자'를 선택하여 원하는 곳에 글자를 삽입한다.

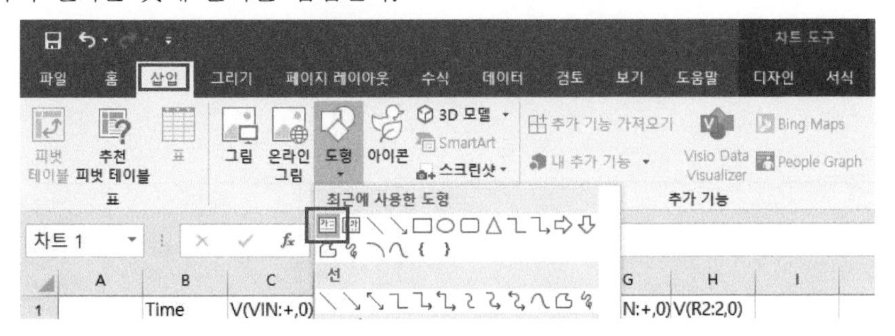

위 과정을 모두 거쳐 최종 편집된 결과는 〈그림 14〉와 같다.

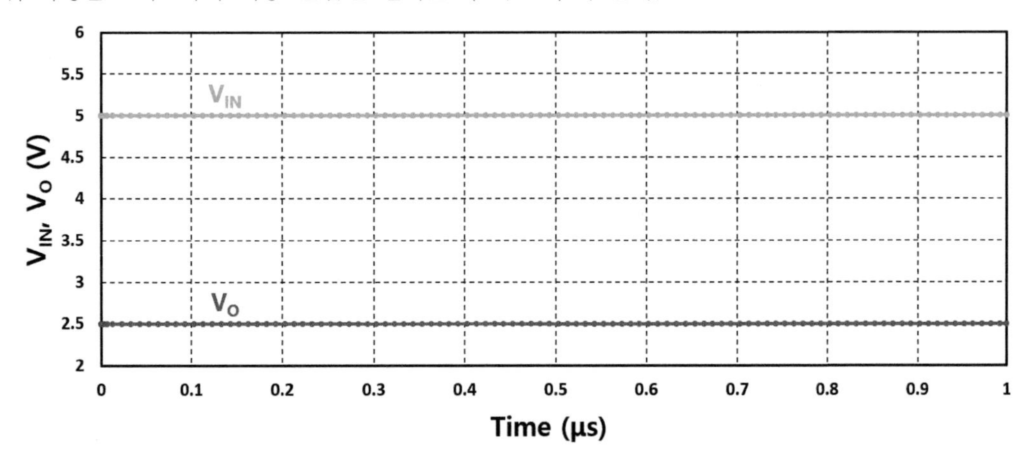

〈그림 14〉 **엑셀로 편집된 PSpice 시뮬레이션 결과**

12) PSpice 시뮬레이션 결과창에서 '마우스 우클릭' → 'Add Plot' → 'Add Trace' 또는 메뉴 'Plot' → 'Add Plot to Window' → 'Add Plot' → 'Add Trace'를 이용하여 V_{IN}과 V_O를 따로 보여줄 수 있다. 이후 앞의 설명대로 PSpice 시뮬레이션 결과를 추출하고 엑셀로 편집하면 〈그림 15〉를 얻을 수 있다.

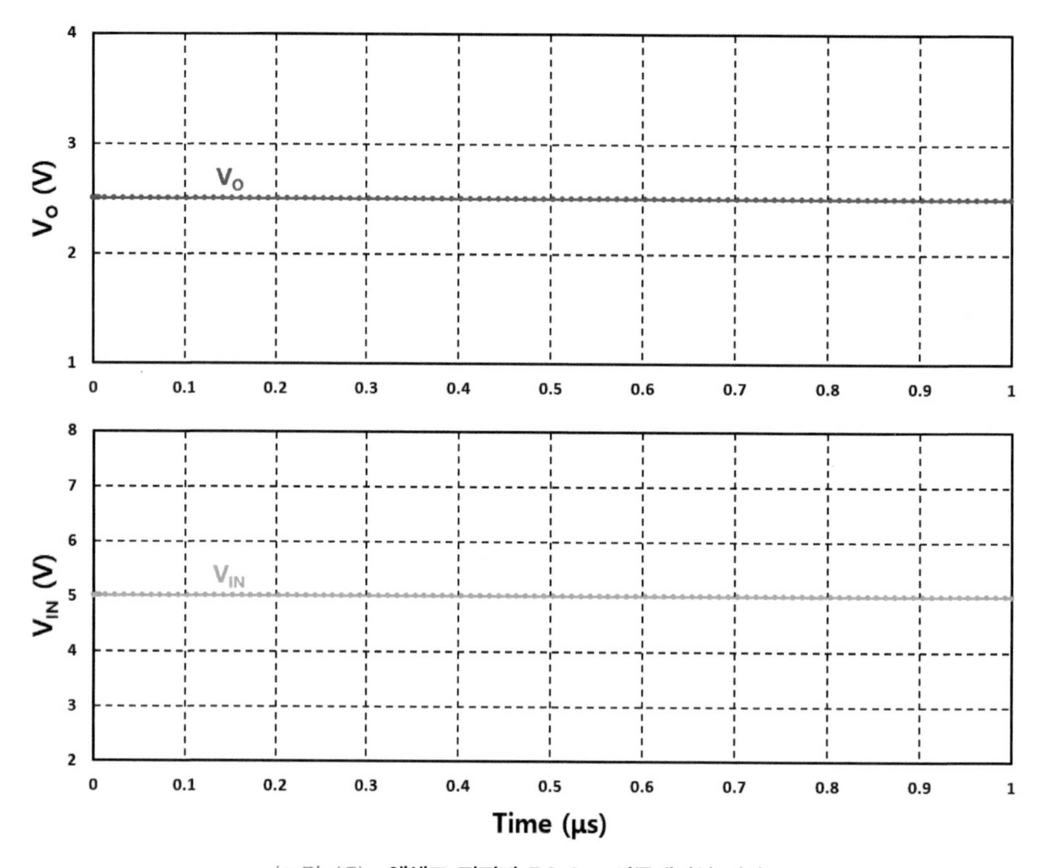

〈그림 15〉 **엑셀로 편집된 PSpice 시뮬레이션 결과**

4. 실험 고찰

1) PSpice 사용법을 확인한다.
2) PSpice 시뮬레이션 결과를 추출하고 엑셀을 이용하여 편집한다.

실험 이해도 점검

1) (　　)는 Professional Spice를 줄인 것으로 기존 SPICE 프로그램을 개량한 것이다.

2) PSpice의 기본적인 해석으로 시간에 따른 과도상태를 해석하는 것은 (　　)이다.

3) PSpice의 기본적인 해석으로 전원의 주파수 증가에 따라 해석하는 것은 (　　)이다.

V1 =
V2 =
TD =
TR =
TF =
PW =
PER =

V1

위 그림은 펄스 형태의 전압원을 나타낸 것이다. 아래 물음에 답하라.

4) TD와 TR은 무엇을 의미하는가?

5) PW와 PER은 무엇을 의미하는가?

6) 표와 비교하여 그래프의 장점을 설명하라.

옴의 법칙

1. 목적

- 옴의 법칙을 확인한다.
- 회로에서 저항, 전류, 전압 사이의 관계를 확인한다.
- 전원 공급기 및 디지털 멀티미터의 사용법을 익힌다.

2. 이론

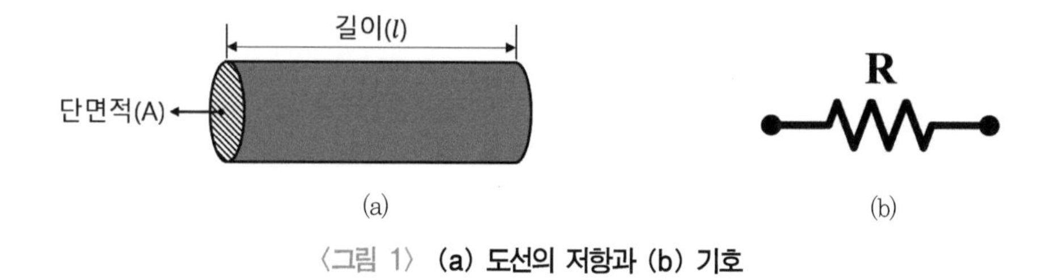

〈그림 1〉 **(a) 도선의 저항과 (b) 기호**

전류의 흐름을 방해하는 성질을 저항(resistance)이라하고 기호와 단위는 각각 R과 Ω로 표시한다. 일정한 단면적(A)를 가지는 어떤 도선의 저항은 위 〈그림 1〉 (a)와 같이 도선의 단면적과 길이에 관련되어 있으며 회로에서 〈그림 1〉 (b)와 같이 나타낸다. 저항 R은 아래 식과 같이 정의된다.

$$R = \rho \frac{l}{A} \quad \text{(식 1)}$$

여기서 ρ는 물질의 비저항(resistivity)이며 고유저항이라고도 한다.

〈표 1〉 **일반적인 물질들의 고유저항**

용도	물질	고유저항(Ω · m)
도체	은	1.64×10^{-8}
	구리	1.72×10^{-8}
	금	2.45×10^{-8}
	알루미늄	2.8×10^{-8}
반도체	탄소	4×10^{-5}
	게르마늄	47×10^{-2}
	실리콘	6.4×10^{2}
절연체	종이	1×10^{10}
	유리	1×10^{12}

독일 물리학자인 Ohm(Georg Simon Ohm, 1787~1854)은 1827년 전압과 전류의 관계 법칙인 옴의 법칙(Ohm's law)을 발표하였으며 저항의 단위인 옴(Ohm)은 그의 명성을 기리기 위해 정해졌다. 옴의 법칙은 **"저항 양단의 전압 v는 저항에 흐르는 전류 i와 비례한다"**는 것으로 다음 식처럼 표현된다.

$$v = i \cdot R \qquad \text{(식 2)}$$

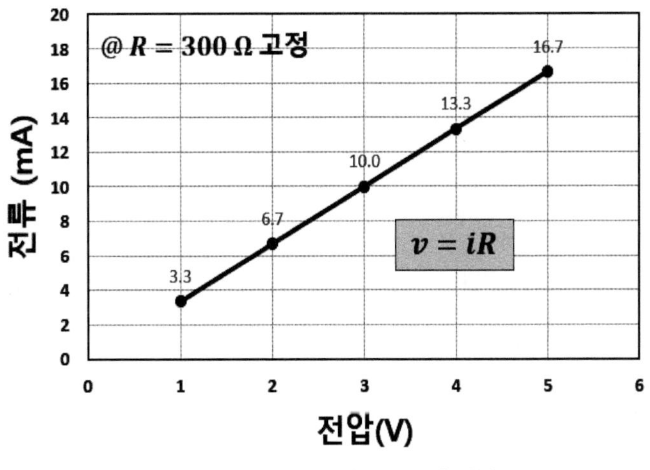

〈그림 2〉 **전압에 따른 전류의 변화**

〈그림 2〉는 저항을 300 Ω으로 고정하고 저항 양단에 인가된 전압을 1 V에서 5 V로 증가시켰을 때 저항에 흐르는 전류를 나타낸 그래프이다. 결과를 살펴보면 전압이 증가할수록 전류가 3.3

mA에서 16.7 mA로 증가하여 전압과 전류가 비례하였다. 이때 그래프의 기울기는 3.35 mA/V이며 저항 R은 기울기의 역수로부터 300 Ω이 된다.

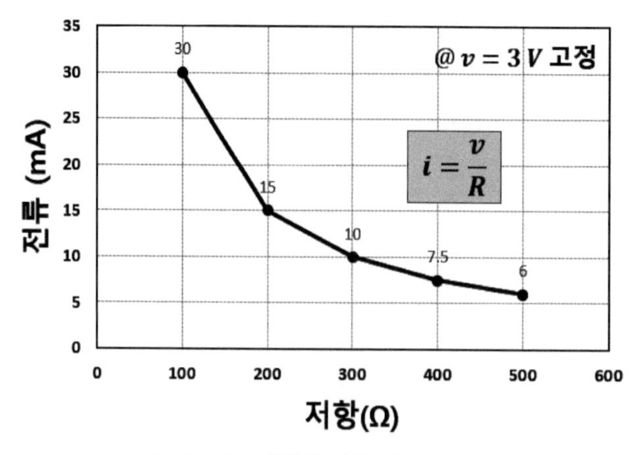

〈그림 3〉 **저항에 따른 전류의 변화**

〈그림 3〉은 전압을 3 V로 고정하고 저항을 100 Ω에서 500 Ω으로 변화하였을 때 저항에 흐르는 전류를 나타낸 그래프이다. 결과를 살펴보면 저항이 증가할수록 전류가 30 mA에서 6 mA로 감소하며 저항과 전류가 반비례하였다. 위 결과로부터 도선에 흐르는 전류가 전압에 비례하고 저항에 반비례함을 확인하였다.

3. PSpice 실습

[실습 1] 입력 전압 변화에 따른 전류 변화 측정, DC Sweep 해석

1) **시뮬레이션의 목적:** DC Sweep 해석법으로 저항 양단 전압 변화에 따른 전류 확인

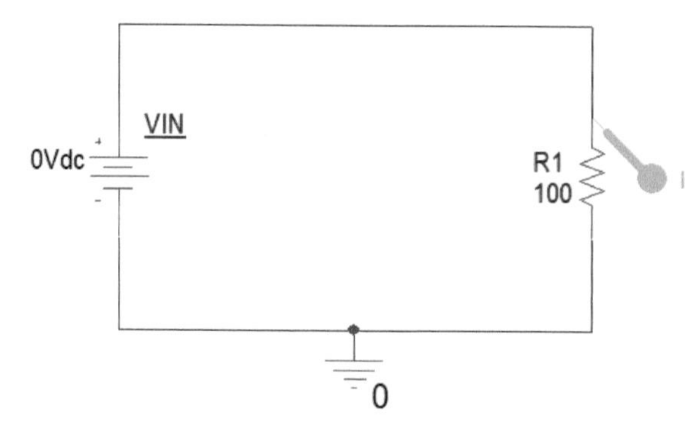

〈그림 4〉 **PSpice 시뮬레이션 회로**

주의 이때, 전류 프로브는 반드시 소자의 핀 끝에 위치시켜야 한다.

2) 〈그림 5〉는 시뮬레이션 설정을 보여준다. 여기에서는 입력 전압 변화에 따른 전류 변화를 확인하기 위해 해석 방법을 'DC Sweep'으로 한다.

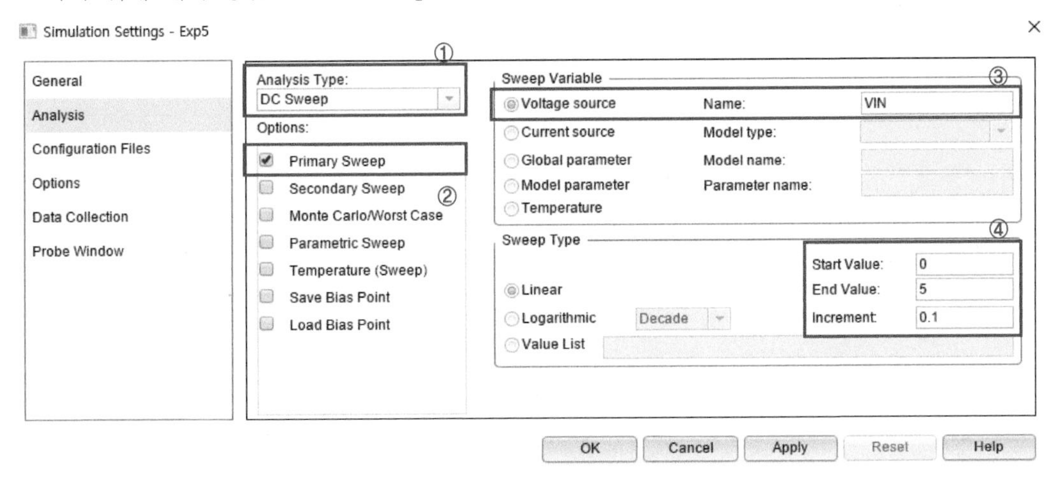

〈그림 5〉 **시뮬레이션 조건**

번호	설명
①	DC Sweep으로 해석 방법 선택
②	Option으로 Primary Sweep 선택
③	Sweep 변수 설정, Voltage source 선택 후 회로내 전압원과 "같은 이름" 기입
④	변수값 설정, 0~5 V까지 0.1 V씩 증가

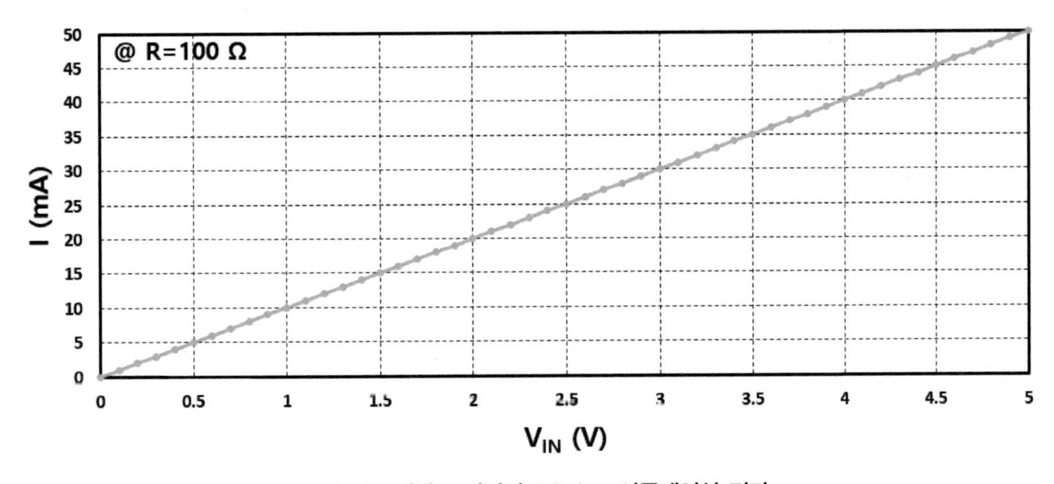

〈그림 6〉 **엑셀로 편집된 PSpice 시뮬레이션 결과**

3) 〈그림 6〉은 입력 전압 변화에 따른 전류 변화를 보여준다. 그림에서 보듯이, 전압이 증가할수록 전류가 선형적으로 증가하여 고정된 저항 값에서 전압과 전류는 비례함을 알 수 있다.

[실습 2] 저항 변화에 따른 전류 변화 측정, DC Sweep 해석

1) **시뮬레이션의 목적:** DC Sweep 해석법으로 저항 변화에 따른 전류 확인

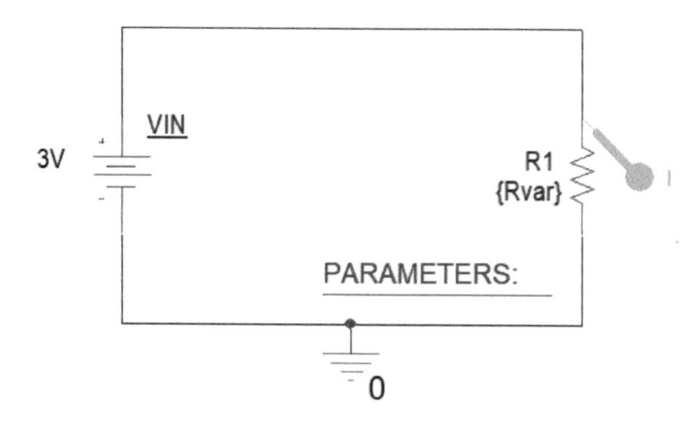

〈그림 7〉 **PSpice 시뮬레이션 회로**

저항을 변수로 설정하기 위해 다음과 같은 과정을 거친다.

(1) 인가전압은 3 V로 고정하며 저항 R1을 변수로 하기 위해 중괄호 { } 안에 원하는 변수를 넣는다. 여기에서는 {Rvar}로 하였다.

(2) Place Part에서 "PARAM/SPECIAL"을 선택하여 회로 내에 위치시키고 '더블 클릭'한다.

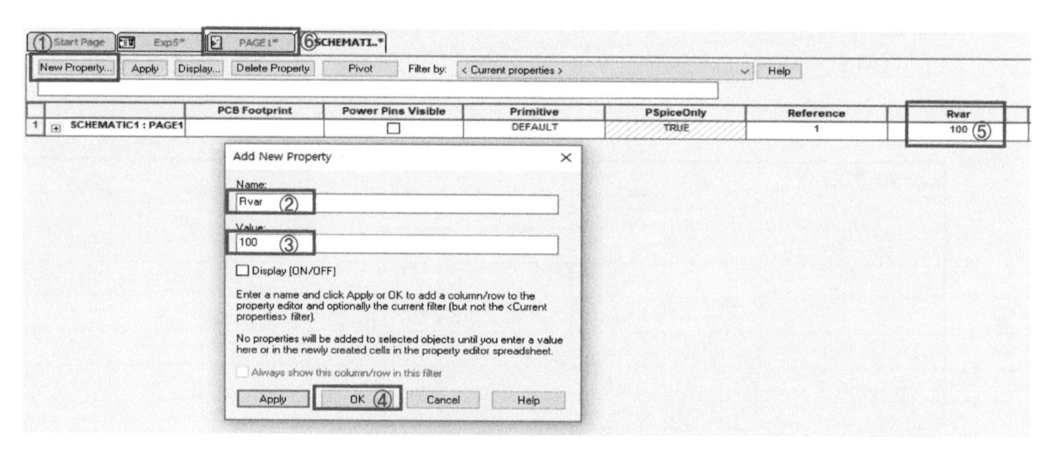

〈그림 8〉 **PSpice내 PARAM/SPECIAL 설정**

(3) "PARAM/SPECIAL" 설정은 〈그림 8〉과 같은 순서로 진행한다.

번호	설명
①	New Property 선택
②	회로내 변수로 지정된 저항과 "같은 이름"을 적는다.
③	초기 저항 값을 적는다. (예: 100~500 Ω으로 저항 변화 시뮬레이션 시 100을 적는다.)
④	OK
⑤	초기 저항 값이 정상적으로 입력되었는지 확인한다.
⑥	PAGE1*을 눌러 회로가 그려진 창으로 이동한다.

2) 〈그림 9〉는 시뮬레이션 설정을 보여준다. 여기에서는 입력 전압 변화에 따른 전류 변화를 확인하기 위해 해석 방법을 'DC Sweep'으로 한다.

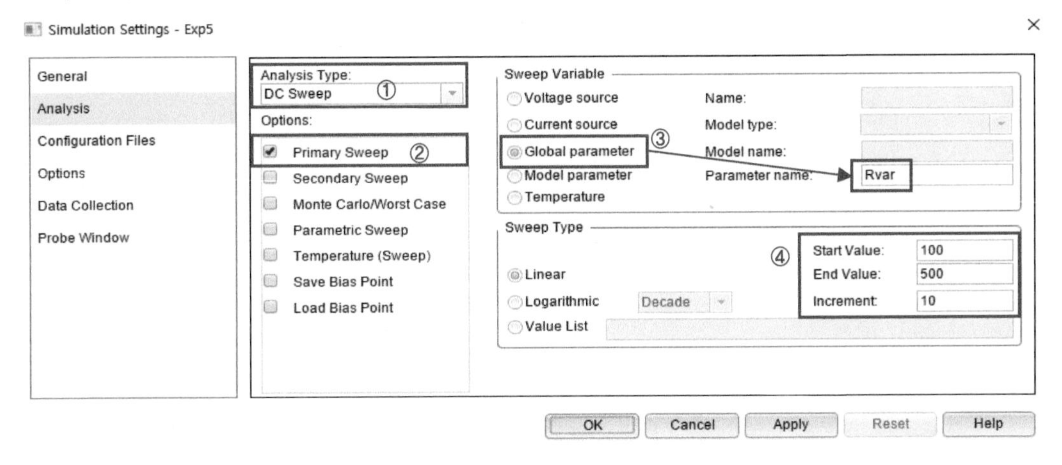

〈그림 9〉 **시뮬레이션 조건**

번호	설명
①	DC Sweep으로 해석 방법 선택
②	Option으로 Primary Sweep 선택
③	Sweep 변수 설정, Global parameter 선택 후 회로 내 저항과 "같은 이름" 기입
④	변수값 설정, 100~500 Ω까지 10 Ω씩 증가

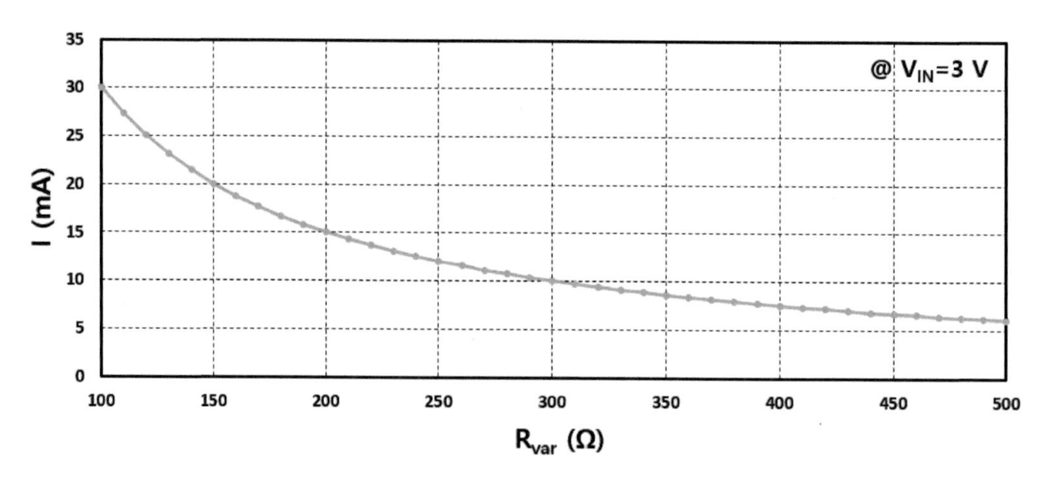

〈그림 10〉 **엑셀로 편집된 PSpice 시뮬레이션 결과**

3) 〈그림 10〉은 저항 변화에 따른 전류 변화를 보여준다. 그림에서 보듯이, 고정된 전압에서 저항과 전류는 반비례함을 알 수 있다.

4. 장비 및 부품

1) 디지털 멀티미터
2) 직류 전원 공급기
3) 저항기 100 Ω, 200 Ω, 300 Ω, 400 Ω, 500 Ω 각 1개

5. 실험과정

1) 실험에서 주어진 저항기 5개의 띠 색상과 저항기 색 코드 및 정보를 이용하여 각 저항기의 저항 값을 아래 표에 기록한다.

	저항기 색상					이론값	측정값
	첫째	둘째	셋째	넷째	다섯째		
저항 1							
저항 2							
저항 3							
저항 4							
저항 5							

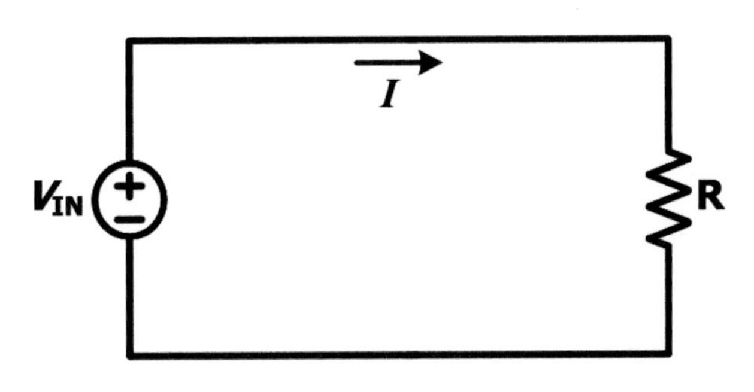

〈그림 11〉 **옴의 법칙을 입증하기 위한 회로**

2) 〈그림 11〉처럼 회로를 꾸미고 전류를 측정하여 아래 표에 기록한다. 이때, V_{IN}=0~5 V까지 1 V씩 증가시키고 R=100 Ω이다.

R=100 Ω	전압, V_{IN}	0 V	1 V	2 V	3 V	4 V	5 V
전류, i	계산값						
	측정값						

3) R을 300 Ω으로 바꾼 후 전류를 측정하여 아래 표에 기록한다.

R=300 Ω	전압, V_{IN}	0 V	1 V	2 V	3 V	4 V	5 V
전류, i	계산값						
	측정값						

4) R을 500 Ω으로 바꾼 후 전류를 측정하여 아래 표에 기록한다.

R=500 Ω	전압, V_{IN}	0 V	1 V	2 V	3 V	4 V	5 V
전류, i	계산값						
	측정값						

5) 〈그림 11〉 회로에서 R=100~500 Ω까지 100 Ω씩 증가할 때, 각각의 전류를 측정하여 아래 표에 기록한다. 이때, V_{IN}=1 V이다.

V_{IN} = 1 V	저항, R	100 Ω	200 Ω	300 Ω	400 Ω	500 Ω
전류, i	계산값					
	측정값					

6) V_{IN}=3 V로 바꾼 후 전류를 측정하여 아래 표에 기록한다.

V_{IN}=3 V	저항, R	100 Ω	200 Ω	300 Ω	400 Ω	500 Ω
전류, i	계산값					
	측정값					

7) V_{IN}=5 V로 바꾼 후 전류를 측정하여 아래 표에 기록한다.

V_{IN}=5 V	저항, R	100 Ω	200 Ω	300 Ω	400 Ω	500 Ω
전류, i	계산값					
	측정값					

8) 엑셀을 이용하여 시뮬레이션 결과 및 실험 결과표를 시각화하라.

6. 실험 고찰

1) 실험 2~4에 대한 그래프를 그리고 전압과 전류의 관계를 설명하라.
2) 실험 5~7에 대한 그래프를 그리고 저항과 전류의 관계를 설명하라.
3) 계산값과 측정값의 오차는 얼마인가?

실험 이해도 점검

1) 전류의 흐름을 방해하는 성질을 (　　)이라하고 기호와 단위는 각각 (　)와 (　)이다.
2) 도선의 길이가 l이고 단면적이 A일 때, 저항은 다음과 같은 식으로 정의된다.
   $R=($　　　$)$
   이때, (　　)는 물질의 비저항이며 고유저항이라고도 한다.
3) 도선에 흐르는 전류는 전압에 (　　)하고 저항에 (　　)한다.
4) 1 kΩ의 저항기에 100 V의 전압이 걸렸을 때, 이 저항기에 흐르는 전류는 (　　) A이다.
5) 저항기의 양단 전압은 10 V이고 흐르는 전류가 5 mA라면 이 저항기의 저항 값은 (　　) Ω 이다.

직렬회로의 저항 및 전압분배

1. 목적

- 전원 공급기 및 디지털 멀티미터의 사용법을 익힌다.
- 저항이 직렬 연결된 회로의 등가저항을 실험적으로 구한다.
- 각 저항에 걸리는 전압을 측정하여 직렬회로의 전압분배를 확인한다.

2. 이론

2-1. 직렬회로의 등가저항

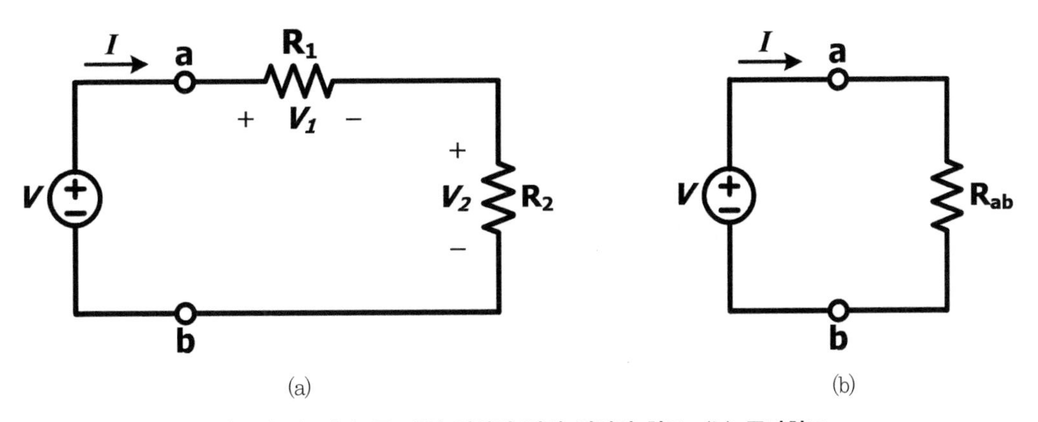

〈그림 1〉 **(a) 두 개의 저항이 직렬 연결된 회로, (b) 등가회로**

전기회로에서는 저항을 직렬로 결합하는 경우가 자주 발생한다. 〈그림 1〉 (a)는 두 개의 저항이 직렬로 연결된 회로이며 〈그림 1〉 (b)는 왼쪽 회로의 등가회로이다. 위 회로는 직렬로 연결되어 있어 키르히호프의 전류법칙을 자동적으로 만족하고 있다. 〈그림 1〉 (a)의 노드 b에서 시계 방향으로 키르히호프의 전압법칙을 적용하면 다음과 같다.

$$-V+V_1+V_2=0 \qquad \text{(식 1)}$$

또는

$$V=V_1+V_2$$

옴의 법칙으로부터 각 저항의 양단 전압을 구하여 (식 1)을 대체하면 다음과 같다.

$$V=I\cdot R_1+I\cdot R_2=I(R_1+R_2) \qquad \text{(식 2)}$$

여기서 전류 I에 대해 풀면 다음을 얻을 수 있다.

$$I=\frac{V}{R_1+R_2} \qquad \text{(식 3)}$$

〈그림 1〉 (b)에서 옴의 법칙을 이용하여 전류 I를 다음과 같이 구할 수 있다.

$$I=\frac{V}{R_{ab}} \qquad \text{(식 4)}$$

동일한 전압원을 가지고 있는 회로에서 전압원에 흐르는 전류가 같다면 (식 3)과 (식 4)로부터 다음을 얻을 수 있다.

$$I=\frac{V}{R_1+R_2}=\frac{V}{R_{ab}} \qquad \text{(식 5)}$$

또는

$$R_{ab}=R_1+R_2$$

이는 직렬 연결된 두 저항의 등가저항은 개별 저항의 합과 같다는 것을 말한다. 위 식을 일반화하여, 직렬로 연결된 n개의 저항들 R_1, R_2, R_3, …, R_n은 다음과 같이 하나의 등가저항 R_{ab}로 표현될 수 있다.

$$R_{ab}=R_1+R_2+R_3+\cdots+R_n \qquad \text{(식 6)}$$

이러한 등가저항은 직렬연결 회로 해석을 단순화하는데 매우 유용하다.

2-2 직렬회로의 전압분배

직렬 연결된 저항들에 걸린 전압은 (식 3)을 (식 2)에 대입함으로써 쉽게 구할 수 있다.

$$V_1 = I \cdot R_1 = (\frac{V}{R_1 + R_2}) \cdot R_1 = \frac{R_1}{R_1 + R_2} V \quad \text{(식 7)}$$

유사하게

$$V_2 = I \cdot R_2 = (\frac{V}{R_1 + R_2}) \cdot R_2 = \frac{R_2}{R_1 + R_2} V \quad \text{(식 8)}$$

이러한 원리를 전압분배(voltage division)라하며 이러한 회로를 전압분배기(voltage divider)라고 부른다. (식 7)과 (식 8)을 이용하여 각 저항에 걸린 전압 사이의 관계가 다음 (식 9)과 같음을 알 수 있다.

$$\frac{V_1}{V_2} = \frac{R_1}{R_2} \quad \text{(식 9)}$$

3. PSpice 실습

[실습 1] 전압 측정, Time Domain(Transient) 해석

1) **시뮬레이션의 목적:** Time Domain 해석법으로 R_1, R_2, R_3 각각의 양단 전압 확인

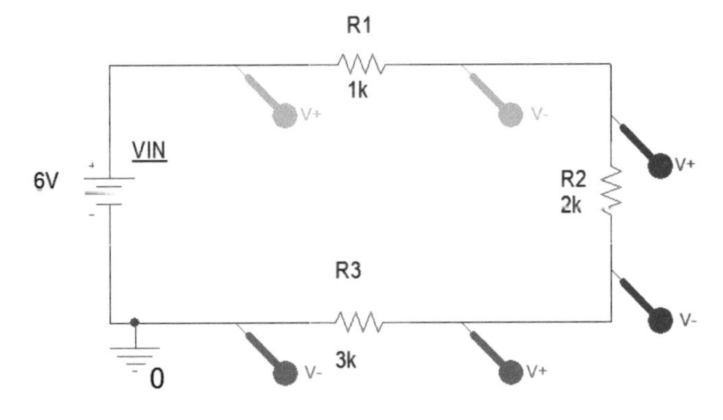

〈그림 2〉 **직렬회로의 전압 측정을 위한 PSpice 회로**

2) 〈그림 3〉은 시뮬레이션 설정을 보여준다. 여기에서는 각 저항 양단의 전압을 측정하기 위해 해석 방법을 'Time Domain (Transient)'로 한다.

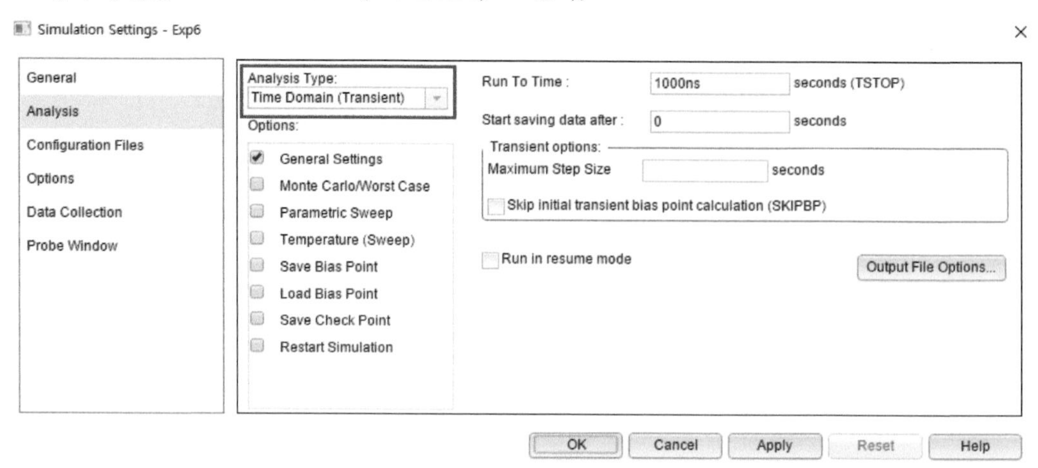

〈그림 3〉 **시뮬레이션 조건 설정**

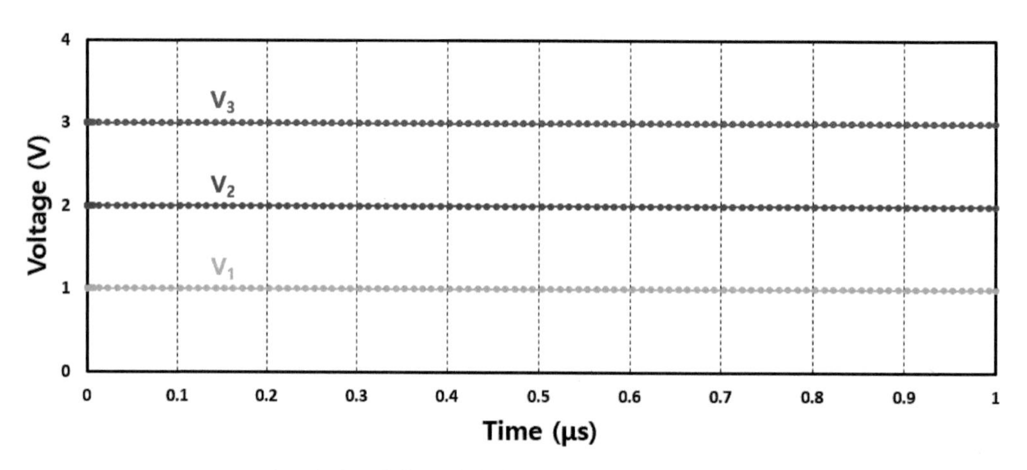

〈그림 4〉 **엑셀로 편집된 PSpice 시뮬레이션 결과**

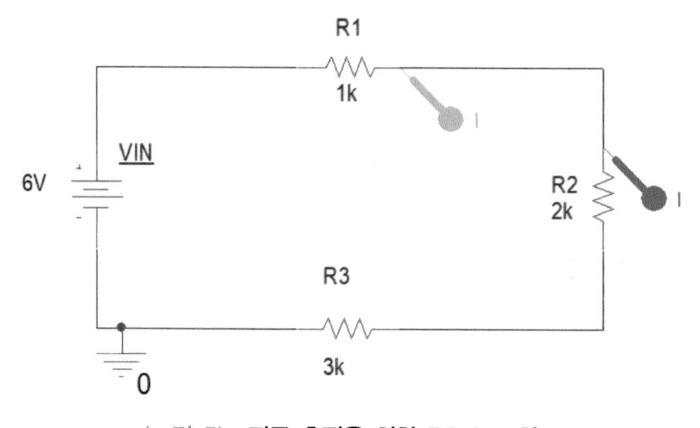

〈그림 5〉 **전류 측정을 위한 PSpice 회로**

〈그림 5〉는 전류를 측정하기 위해 주어진 회로에 전류 프로브를 배치한 것이다. 이때, R1 소자는 전류가 소자에서 나오는 핀 끝에 전류 프로브를 배치하였으며 R3는 전류가 소자로 들어가는 핀 끝에 전류 프로브를 배치하여 극성을 확인하도록 하였다.

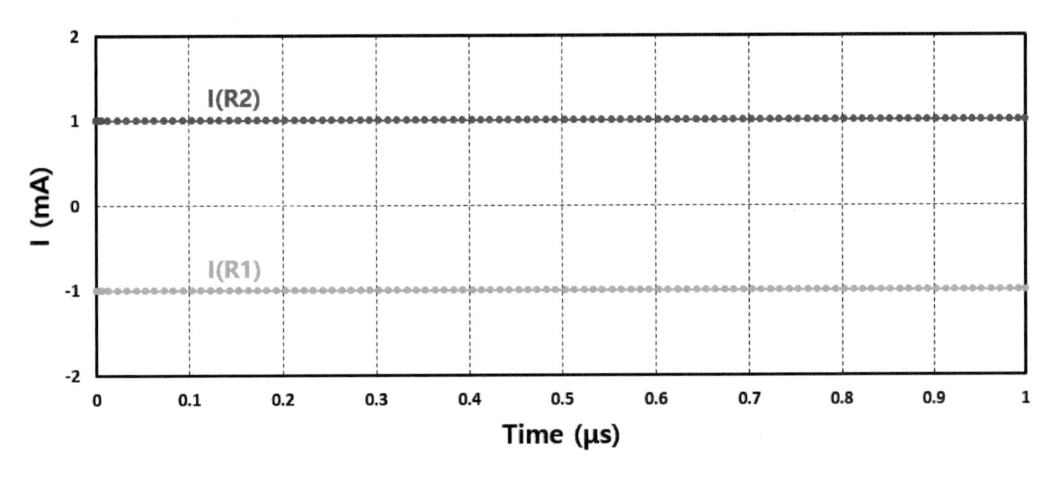

〈그림 6〉 **엑셀로 편집된 PSpice 시뮬레이션 결과**

〈그림 6〉은 전류 시뮬레이션 결과이다. 그림에서 보듯이, 소자에서 나오는 R1 핀에 배치된 전류 값은 -1 mA이며 소자로 들어가는 R2 핀에 배치된 전류 값은 1 mA이다.

4. 장비 및 부품

1) 디지털 멀티미터
2) 직류 전원 공급기
3) 저항기 1 kΩ, 2 kΩ, 3 kΩ, 4 kΩ, 5 kΩ 각 1개

5. 실험과정

1) 실험에서 주어진 저항기 5개의 띠 색상과 저항기 색 코드 및 정보를 이용하여 각 저항기의 저항 값을 아래 표에 기록한다.

	저항기 색상					이론값	측정값
	첫째	둘째	셋째	넷째	다섯째		
저항 1							
저항 2							
저항 3							
저항 4							
저항 5							

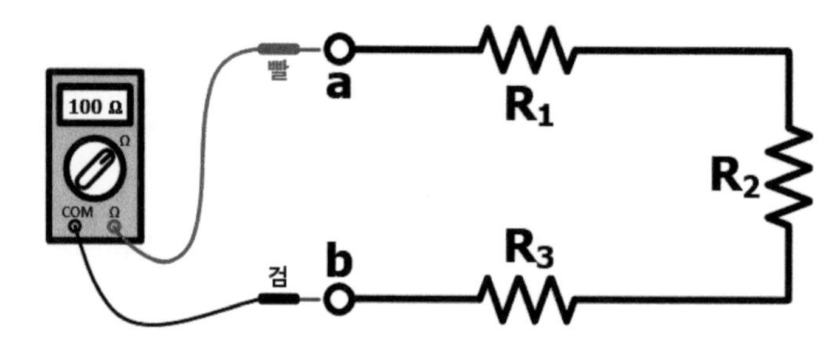

〈그림 6〉 **직렬저항 연결 회로**

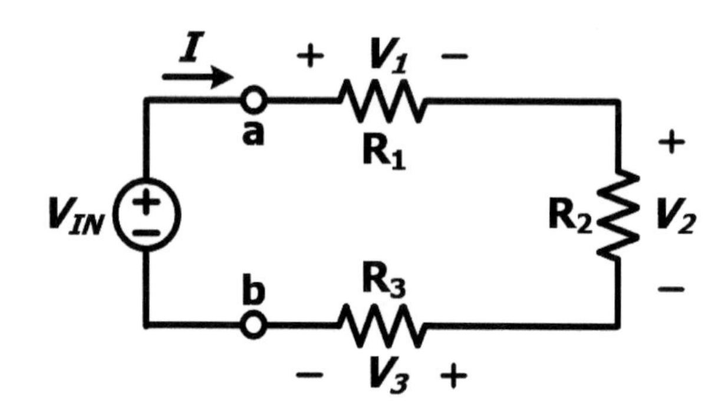

〈그림 7〉 **전압분배 측정을 위한 직렬회로**

2) 주어진 저항기 이용하여 〈그림 6〉과 같이 회로를 꾸민 후 등가저항 R_{ab}를 측정하고 아래 표에 기록한다. 단, R_1=1 kΩ, R_2=2 kΩ, R_3=3 kΩ이다.

	R_{ab} (kΩ)
계산값	
측정값	

3) 〈그림 7〉에서, V_{IN}=6 V, R_1=1 kΩ, R_2=2 kΩ, R_3=3 kΩ일 때, 전류 I와 V_1~V_3를 측정하고 아래 표에 기록한다.

	I (mA)	V_1 (V)	V_2 (V)	V_3 (V)
계산값				
측정값				

4) 〈그림 6〉에서, R_1=3 kΩ, R_2=4 kΩ, R_3=5 kΩ로 바꾸어 등가저항 R_{ab}를 측정하고 아래 표에 기록한다.

	R_{ab} (kΩ)
계산값	
측정값	

5) 〈그림 7〉에서, V_{IN}=6 V, R_1=3 kΩ, R_2=4 kΩ, R_3=5 kΩ일 때, 전류 I와 V_1~V_3를 측정하고 아래 표에 기록한다.

	I (mA)	V_1 (V)	V_2 (V)	V_3 (V)
계산값				
측정값				

6) 엑셀을 이용하여 시뮬레이션 결과 및 실험 결과표를 시각화하라.

6. 실험 고찰

1) 실험 3의 결과를 이용하여 R_{ab}를 구하면 얼마인가? 또, 실험 2의 결과와 비교하라.
2) 실험 3에서 얻은 결과를 이용하여 (식 9)를 확인하라.
3) 실험 5의 결과를 이용하여 R_{ab}를 구하면 얼마인가? 또, 실험 4의 결과와 비교하라.
4) 실험 5에서 얻은 결과를 이용하여 (식 9)를 확인하라.
5) 실험과정 2~5를 통해 직렬회로의 등가저항과 전압 분배법칙을 확인한다.

실험 이해도 점검

1) 4개의 저항 R_1, R_2, R_3, R_4가 직렬로 연결되었다면 등가저항 R_{eq}는 어떻게 표현되는가?
2) 〈그림 1〉 (a)에서 인가전압 V=12 V, R_1=4 kΩ, R_2=2 kΩ이면 V_1과 V_2는 각각 얼마인가?
3) 〈그림 1〉 (a)에서 인가전압 V=6 V이고 R_1=2 kΩ일 때, V_2=2 V로 측정되었다면 R_2는 얼마인가?
4) 〈그림 7〉에서 V_{IN}=6 V, R_1=1 kΩ, R_2=2 kΩ, R_3=3 kΩ일 때 전류 I는 얼마인가?
5) 〈그림 7〉에서 R_1=2 kΩ, R_2=3 kΩ, R_3=4 kΩ이고 V_2=1.5 V라면 V_{IN}은 얼마인가?

병렬회로의 저항 및 전류분배

1. 목적

- 전원 공급기 및 디지털 멀티미터의 사용법을 익힌다.
- 저항이 병렬 연결된 회로의 등가저항을 실험적으로 구한다.
- 각 저항에 흐르는 전류를 측정하여 병렬회로의 전류분배를 확인한다.

2. 이론

2-1. 병렬회로의 등가저항

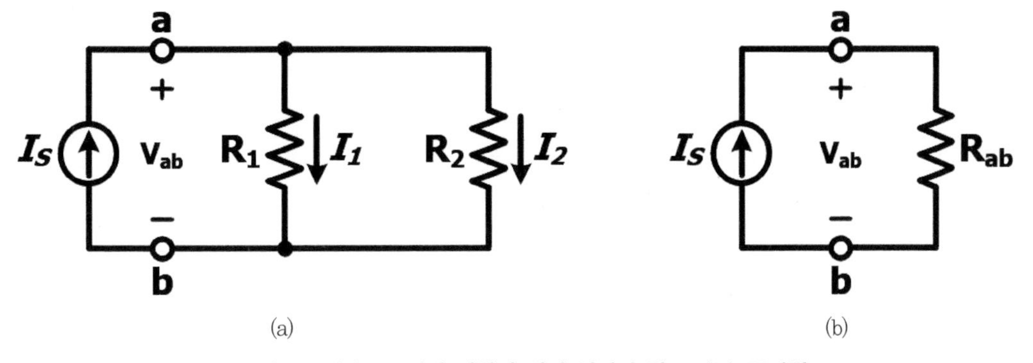

〈그림 1〉 **(a) 두 개의 저항이 병렬 연결된 회로, (b) 등가회로**

전기회로에서는 저항을 병렬로 결합하는 경우가 자주 발생한다. 〈그림 1〉 (a)는 두 개의 저항이 병렬로 연결된 회로이며 〈그림 1〉 (b)는 왼쪽 회로의 등가회로이다. 위 회로는 병렬로 연결되어 있어 키르히호프의 전압법칙을 자동적으로 만족하고 있다. 〈그림 1〉 (a)의 노드 a에서 키르히호프의 전류법칙을 적용하면 다음과 같다.

$$I_S - I_1 - I_2 = 0 \qquad \text{(식 1)}$$

또는

$$I_S = I_1 + I_2$$

옴의 법칙으로부터 각 저항에 흐르는 전류를 구하여 (식 1)을 대체하면 다음과 같다.

$$I_S = \frac{V_{ab}}{R_1} + \frac{V_{ab}}{R_2} \qquad \text{(식 2)}$$

또는

$$I_S = (\frac{1}{R_1} + \frac{1}{R_2})V_{ab}$$

여기서 전압 V_{ab}에 대해 풀면 다음을 얻을 수 있다.

$$V_{ab} = I_S \times \frac{1}{(\frac{1}{R_1} + \frac{1}{R_2})} = (\frac{R_1 R_2}{R_1 + R_2})I_S \qquad \text{(식 3)}$$

〈그림 1〉 (b)에서 옴의 법칙을 이용하여 전류 I_S를 다음과 같이 구할 수 있다.

$$I_S = \frac{V_{ab}}{R_{ab}} \qquad \text{(식 4)}$$

동일한 전류원을 가지고 있는 회로에서 전류원 양단의 전압이 같다면 (식 3)과 (식 4)로부터 다음을 얻을 수 있다.

$$I_S = (\frac{1}{R_1} + \frac{1}{R_2})V_{ab} = \frac{V_{ab}}{R_{ab}} \qquad \text{(식 5)}$$

또는

$$\frac{1}{R_{ab}} = \frac{1}{R_1} + \frac{1}{R_2}$$

이는 병렬 연결된 두 저항의 등가저항의 역수는 개별 저항의 역수를 더한 값과 같다는 것을 말한다. 위 식을 일반화하여, 병렬로 연결된 N개의 저항들 R_1, R_2, R_3, …, R_N은 다음과 같이 하나의 등가저항 R_{ab}로 표현될 수 있다.

$$\frac{1}{R_{ab}} = \frac{1}{R_1} + \frac{1}{R_2} + \frac{1}{R_3} + \cdots + \frac{1}{R_N} = \sum_{n=1}^{N} \frac{1}{R_n} \qquad \text{(식 6)}$$

이러한 등가저항은 병렬회로 해석을 단순화하는데 매우 유용하다.

2-2. 병렬회로의 전류분배

병렬 연결된 저항에 흐르는 전류는 (식 3)을 이용하여 다음과 같이 구할 수 있다.

$$I_1 = \frac{V_{ab}}{R_1} = \frac{1}{R_1} \times \left(\frac{R_1 R_2}{R_1 + R_2}\right) I_S = \left(\frac{R_2}{R_1 + R_2}\right) I_S \qquad \text{(식 7)}$$

유사하게

$$I_2 = \frac{V_{ab}}{R_2} = \frac{1}{R_2} \times \left(\frac{R_1 R_2}{R_1 + R_2}\right) I_S = \left(\frac{R_1}{R_1 + R_2}\right) I_S \qquad \text{(식 8)}$$

이러한 원리를 전류분배(current division)라하며 이러한 회로를 전류분배기(current divider)라고 부른다. (식 7)과 (식 8)을 이용하여 각 저항에 흐르는 전류의 관계가 다음 (식 9)와 같음을 알 수 있다.

$$\frac{I_1}{I_2} = \frac{R_2}{R_1} \qquad \text{(식 9)}$$

3. PSpice 실습

[실습 1] 전류 측정, Time Domain(Transient) 해석

1) **시뮬레이션의 목적:** Time Domain 해석법으로 각 노드의 전류 확인

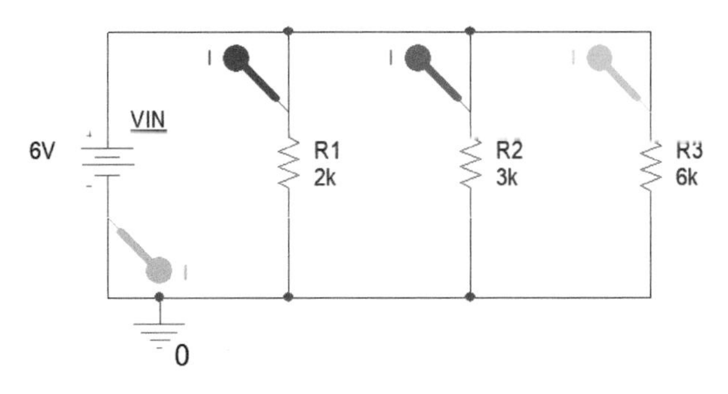

〈그림 2〉 **병렬회로의 전류 측정을 위한 PSpice 회로**

〈그림 2〉는 전류분배를 확인하기 위한 병렬회로이며 각 소자에 흐르는 전류를 측정하기 위해 전류 프로브를 배치하였다.

2) 〈그림 3〉은 시뮬레이션 설정을 보여준다. 여기에서는 각 저항에 흐르는 전류를 측정하기 위해 해석 방법을 'Time Domain (Transient)'로 한다.

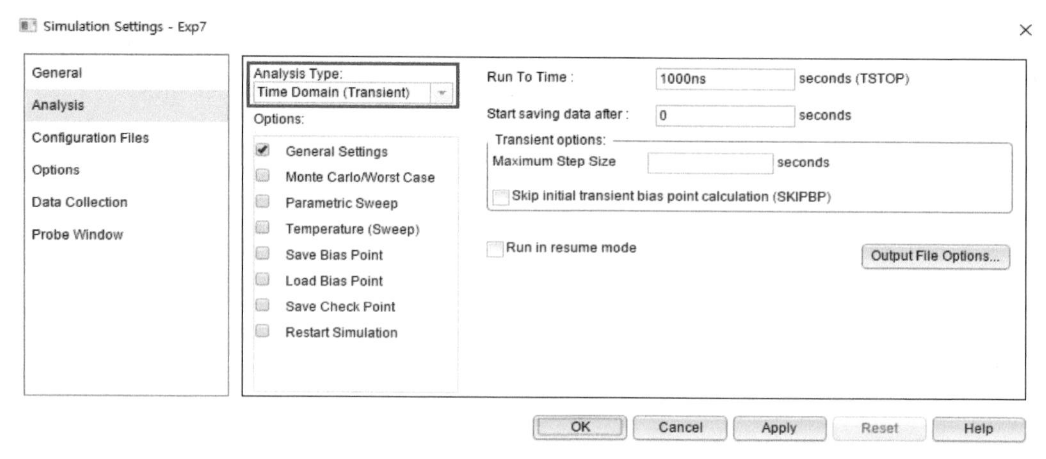

〈그림 3〉 **시뮬레이션 조건 설정**

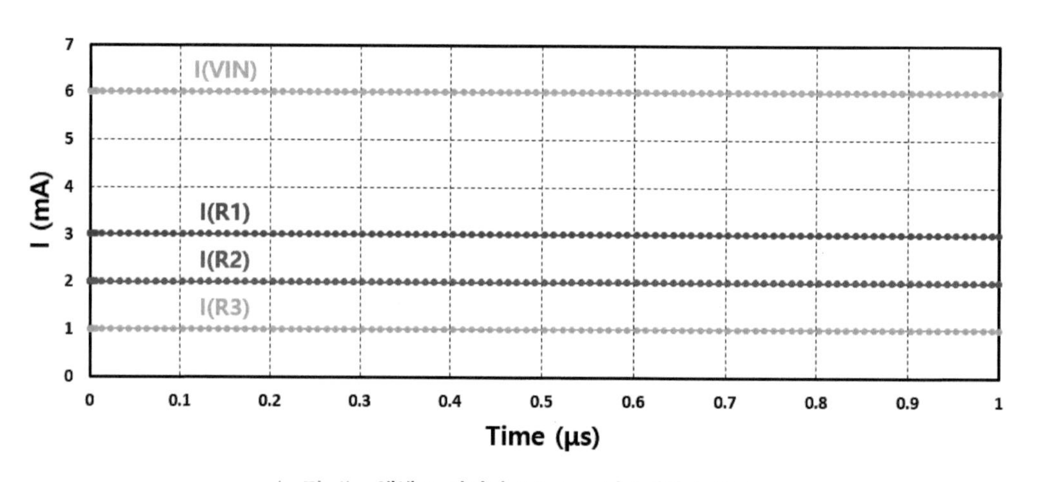

〈그림 4〉 **엑셀로 편집된 PSpice 시뮬레이션 결과**

〈그림 4〉는 전류 시뮬레이션 결과이다. 그림에서 보듯이, 전압원을 통해 인가되는 전류는 6 mA이며 R_1 = 3 mA, R_2 = 2 mA, R_3 = 1 mA이다. 이를 통해, 각 저항에 흐르는 전류의 총합이 6 mA로 전압원에 인가된 전류와 동일함을 알 수 있다.

4. 장비 및 부품

1) 디지털 멀티미터
2) 직류 전원 공급기
3) 저항기 1 kΩ, 2 kΩ, 3 kΩ, 5 kΩ, 6 kΩ 각 1개

5. 실험과정

1) 실험에서 주어진 저항기 5개의 띠 색상과 저항기 색 코드 및 정보를 이용하여 각 저항기의 저항 값을 아래 표에 기록한다.

	저항기 색상					이론값	측정값
	첫째	둘째	셋째	넷째	다섯째		
저항 1							
저항 2							
저항 3							
저항 4							
저항 5							

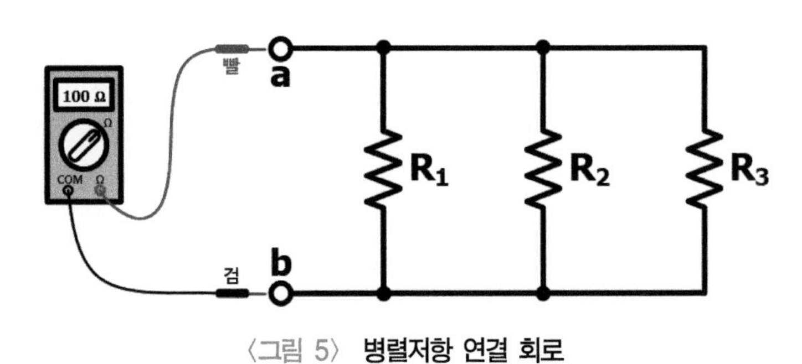

〈그림 5〉 **병렬저항 연결 회로**

〈그림 6〉 **전류분배 측정을 위한 병렬회로**

2) 주어진 저항기 이용하여 〈그림 5〉와 같이 회로를 꾸민 후 등가저항 R_{ab}를 측정하고 아래 표에 기록한다. 단, R_1=2 kΩ, R_2=3 kΩ, R_3=6 kΩ이다.

	R_{ab} (Ω)
계산값	
측정값	

3) 〈그림 6〉의 회로를 꾸미고 I~I_3를 측정하여 아래 표에 기록한다. 단, V_{IN}=6 V, R_1=2 kΩ, R_2=3 kΩ, R_3=6 kΩ이다.

	I (mA)	I_1 (mA)	I_2 (mA)	I_3 (mA)
계산값				
측정값				

4) 〈그림 5〉에서, R_1=1 kΩ, R_2=3 kΩ, R_3=5 kΩ으로 바꾼 후 등가저항 R_{ab}를 측정하고 아래 표에 기록한다.

	R_{ab} (Ω)
계산값	
측정값	

5) 〈그림 6〉에서, R_1=1 kΩ, R_2=3 kΩ, R_3=5 kΩ일 때, I~I_3를 측정하여 아래 표에 기록한다.

	I (mA)	I_1 (mA)	I_2 (mA)	I_3 (mA)
계산값				
측정값				

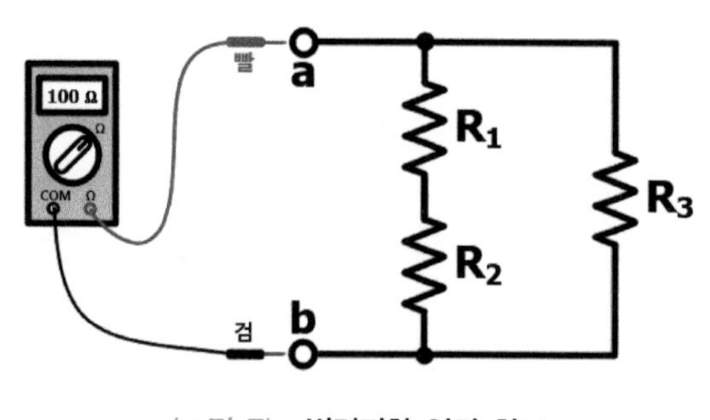

〈그림 7〉 **병렬저항 연결 회로**

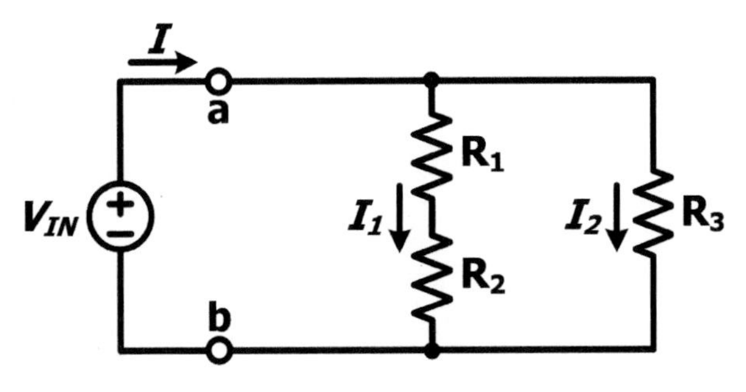

〈그림 8〉 **전류분배 측정을 위한 병렬회로**

6) 주어진 저항기 이용하여 〈그림 7〉과 같이 회로를 꾸민 후 등가저항 R_{ab}를 측정하고 아래 표에 기록한다. 단, R_1=2 kΩ, R_2=3 kΩ, R_3=6 kΩ이다.

	R_{ab} (Ω)
계산값	
측정값	

7) 〈그림 8〉의 회로를 꾸미고 I~I_2를 측정하여 아래 표에 기록한다. 단, V_{IN}=6 V, R_1=2 kΩ, R_2=3 kΩ, R_3=6 kΩ이다.

	I (mA)	I_1 (mA)	I_2 (mA)
계산값			
측정값			

8) 엑셀을 이용하여 시뮬레이션 결과 및 실험 결과표를 시각화하라.

6. 실험 고찰

1) 실험 3의 결과를 이용하여 R_{ab}를 구하면 얼마인가? 또, 실험 2의 결과와 비교하라.
2) 실험 3에서 얻은 결과를 이용하여 (식 9)를 확인하라.
3) 실험 5의 결과를 이용하여 R_{ab}를 구하면 얼마인가? 또, 실험 4의 결과와 비교하라.
4) 실험 5에서 얻은 결과를 이용하여 (식 9)를 확인하라.
5) 실험 7의 결과를 이용하여 R_{ab}를 구하면 얼마인가? 또, 실험 6의 결과와 비교하라.
6) 실험 7에서 얻은 결과를 이용하여 (식 9)를 확인하라.
7) 실험과정 2~7을 통해 병렬회로의 등가저항과 전류 분배법칙을 확인한다.

실험 이해도 점검

1) 3개의 저항 30 Ω, 60 Ω, 80 Ω이 병렬로 연결되었다면 등가저항 R_{eq}는 어떻게 표현되는가?
2) 실험실에 100 Ω 저항만 충분히 있을 때 25 Ω의 저항을 얻기 위한 회로를 그려라.
3) 〈그림 1〉 (a)에서 인가전류 I_S=6 A이고 R_1=2 Ω일 때, I_2=2 A로 측정되었다면 R_2는 얼마인가?
4) 〈그림 6〉에서 V_{IN}=6 V, R_1=2 kΩ, R_2=3 kΩ, R_3=6 kΩ일 때 전류 I는 얼마인가?
5) 〈그림 6〉에서 R_1=4 kΩ, R_2=6 kΩ, R_3=12 kΩ이고 I=5 mA라면 V_{IN}은 얼마인가?

키르히호프의 법칙

1. 목적

- 전원 공급기 및 디지털 멀티미터의 사용법을 익힌다.
- 하나의 폐경로에서 전압의 대수적인 합은 0임을 확인한다. (키르히호프의 전압법칙)
- 한 개의 노드로 들어가는 전류의 대수적 합은 0임을 확인한다. (키르히호프의 전류법칙)

2. 이론

옴의 법칙은 그 자체로서는 회로 해석에 충분하지 않지만 키르히호프의 법칙과 같이 사용 하게 되면 강력한 툴이 된다. 키르히호프의 법칙은 독일 물리학자 키르히호프(Gustav Robert Kirchhoff)에 의해 처음 소개되었다. 이 법칙은 전기회로에서 전류와 전압 사이의 관계에 관한 두 개의 기본 법칙으로 키르히호프의 전압법칙(KVL, Kirchhoff's Voltage Law)과 키르히호프의 전류법칙(KCL, Kirchhoff's Current Law)이 있다.

2-1. 키르히호프의 전압법칙

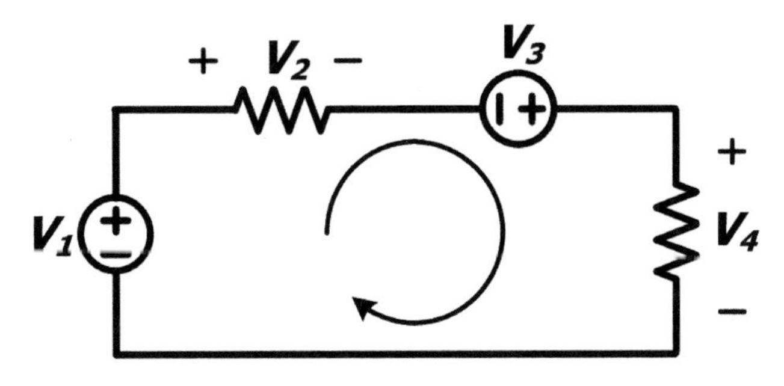

〈그림 1〉 **키르히호프의 전압법칙을 설명하는 회로**

키르히호프의 전압법칙은 '에너지 보존 법칙'에 기반을 두고 있다. 〈그림 1〉은 키르히호프의 전압법칙을 설명하기 위한 회로이다. 각 전압의 기호는 폐회로 내부의 루프를 돌 때 처음 만나는 단자의 극성이다. 이때 루프는 시계 방향 또는 반시계 방향으로 돌 수 있다.
루프는 일반적으로 위 그림과 같이 시계 방향으로 돌리며 이때 루프를 따라 살펴본 전압은 키르히호프 전압법칙에 따라 (식 1)이 된다.

$$-V_1+V_2-V_3+V_4=0 \qquad \text{(식 1)}$$

이 된다. 각 항들을 다시 정리하면 다음과 같다.

$$V_1+V_3=V_2+V_4 \qquad \text{(식 2)}$$

이것은 전압 강하의 합이 전압 상승의 합과 같음을 의미한다. 만약 반시계 방향으로 루프를 돌려도 (식 2)의 결과와 같다.

2-2. 키르히호프의 전류법칙

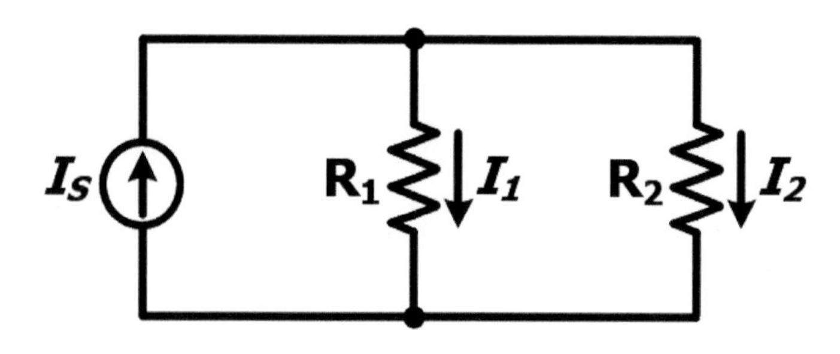

〈그림 2〉 **키르히호프의 전류법칙을 설명하는 회로**

키르히호프의 전류법칙은 '전하 보존의 법칙'에 기반을 두고 있다. 〈그림 2〉는 키르히호프의 전류법칙을 설명하기 위한 회로이다. 한 노드로 들어가는 전류는 양수로 간주할 수도 있고 반대로 음수로 간주 할 수도 있다. 이때, 노드로 들어가는 전류를 양수로 생각한다면 노드를 나오는 전류는 음수로 하면 된다. 〈그림 2〉에 대해 키르히호프 전류법칙을 적용하면

$$I_S-I_1-I_2=0 \qquad \text{(식 3)}$$

이 된다. 각 항들을 다시 정리하면 다음과 같다.

$$I_S=I_1+I_2 \qquad \text{(식 4)}$$

이것은 한 개의 노드로 들어가는 전류는 그 노드에서 나가는 전류와 같음을 의미한다. 만약 노드로 들어가는 전류를 음수로 생각해도 (식 4)와 같다.

3. PSpice 실습

[실습 1] 키르히호프의 전압법칙 측정, Time Domain(Transient) 해석

1) **시뮬레이션의 목적:** Time Domain 해석방법으로 키르히호프의 전압법칙 확인

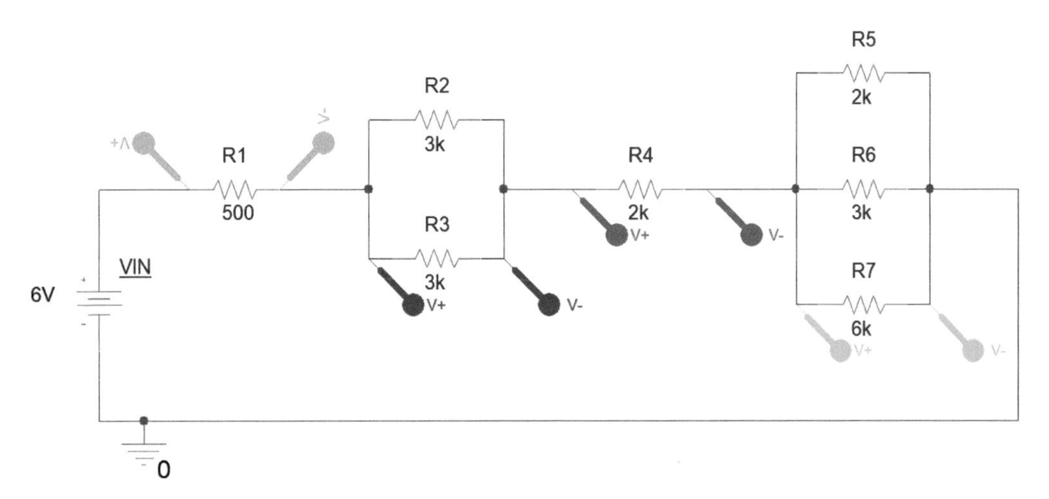

〈그림 3〉 **키르히호프의 전압법칙 확인을 위한 PSpice 회로**

〈그림 3〉은 키르히호프의 법칙을 확인하기 위해 여러 저항을 직렬과 병렬로 혼합 연결하여 설계하였다. 이러한 직병렬 혼합회로에서 전체 저항을 구하려면 병렬연결 저항의 등가저항을 구하여 마치 직렬연결 저항들처럼 변형하여 더하면 된다.

2) 〈그림 4〉는 시뮬레이션 설정을 보여준다. 여기에서는 저항 양단의 전압을 측정하기 위해 해석 방법을 'Time Domain (Transient)'로 한다.

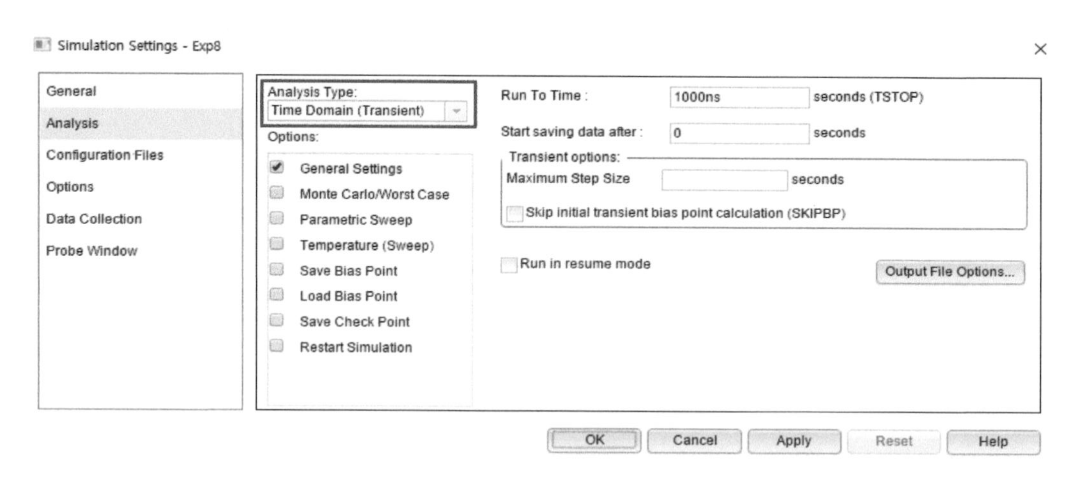

〈그림 4〉 **시뮬레이션 조건 설정**

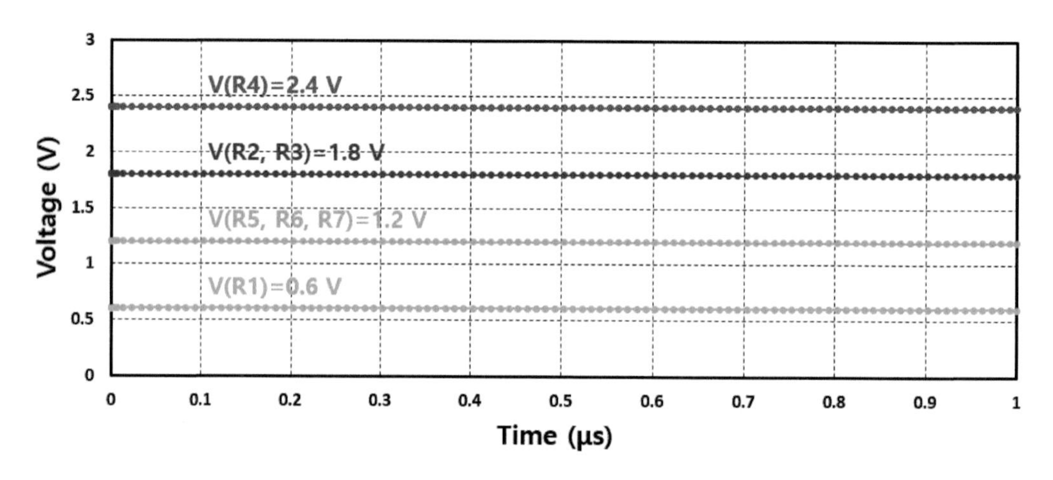

〈그림 5〉 **엑셀로 편집된 PSpice 시뮬레이션 결과**

〈그림 5〉는 키르히호프의 전압법칙을 확인하기 위한 회로의 시뮬레이션 결과이다. 위 결과로부터, 모든 노드의 전압을 합하면 6 V로 인가된 전압과 같아 키르히호프의 전압법칙을 확인할 수 있다.

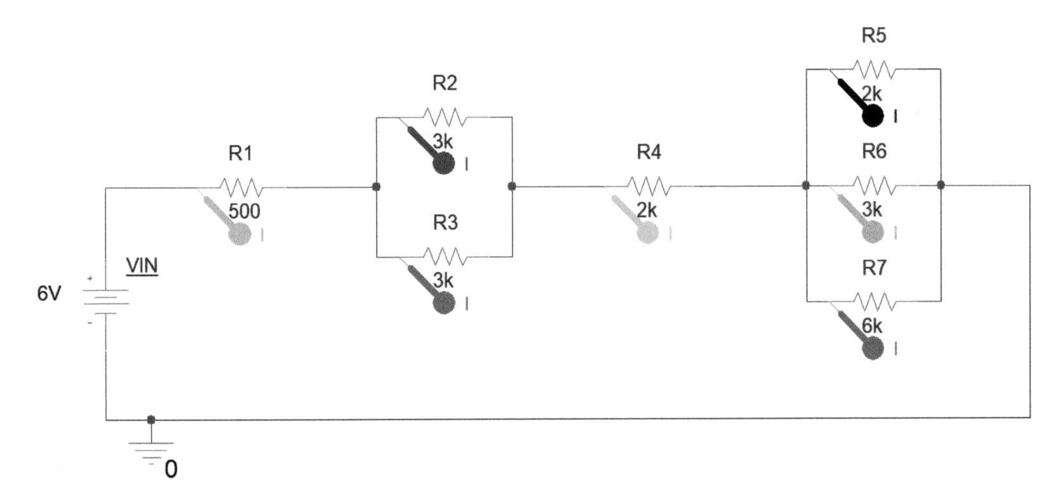

〈그림 6〉 키르히호프의 전류법칙 확인을 위한 PSpice 회로

3) 〈그림 6〉은 전류를 측정하기 위해 주어진 회로에 전류 프로브를 배치한 것이다. 양의 전류 값을 갖도록 소자로 들어가는 핀에 프로브를 배치하였다.

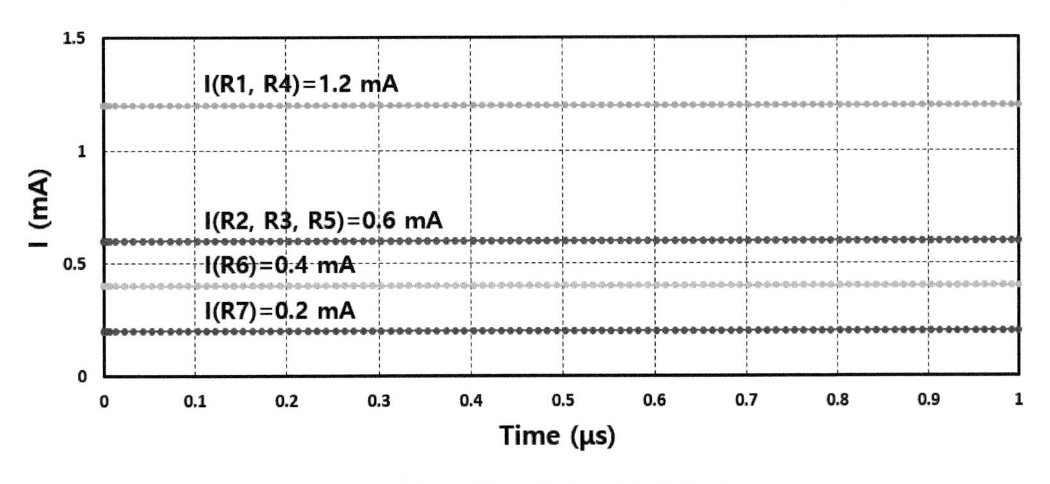

〈그림 7〉 엑셀로 편집된 PSpice 시뮬레이션 결과

〈그림 7〉은 키르히호프의 전류법칙을 확인하기 위한 회로의 시뮬레이션 결과이다. 위 결과로부터, 병렬로 연결된 소자에 흐르는 전류를 합하면 1.2 mA가 되어 직렬로 연결된 단일 소자에 흐르는 전류와 같아 키르히호프의 전류법칙을 확인할 수 있다.

4. 장비 및 부품

1) 디지털 멀티미터
2) 직류 전원 공급기
3) 저항기 500 Ω 1개, 2 kΩ 2개, 3 kΩ 3개, 6 kΩ 1개

5. 실험과정

1) 실험에서 주어진 저항기 7개의 띠 색상과 저항기 색 코드 및 정보를 이용하여 각 저항기의 저항 값을 아래 표에 기록한다.

	저항기 색상					이론값	측정값
	첫째	둘째	셋째	넷째	다섯째		
저항 1							
저항 2							
저항 3							
저항 4							
저항 5							
저항 6							
저항 7							

주어진 저항기 7개와 직류 전원 공급기를 이용하여 아래 〈그림 8〉과 같이 회로를 꾸민다. 단, V_{IN}=10 V, R_1=500 Ω, R_2=R_3=R_6=3 kΩ, R_4=R_5=2 kΩ, R_7=6 kΩ이다.

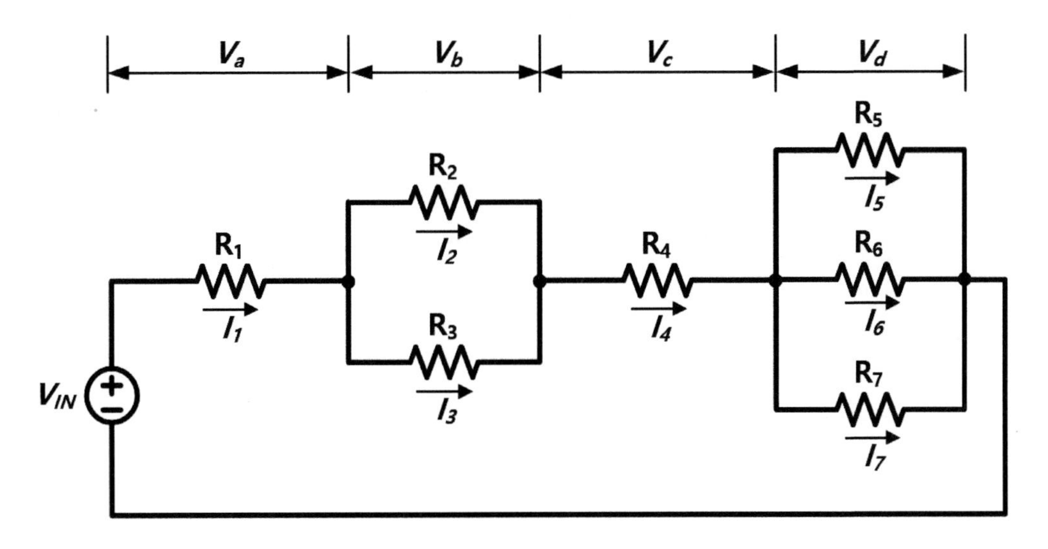

〈그림 8〉 **키르히호프 법칙을 확인하기 위한 회로**

2) 〈그림 8〉에서 V_a~V_d를 측정하고 아래 표에 기록한다.

	V_a (V)	V_b (V)	V_c (V)	V_d (V)
계산값				
측정값				

3) 〈그림 8〉에서 I_1~I_7을 측정하고 아래 표에 기록한다.

	I_1 (mA)	I_2 (mA)	I_3 (mA)	I_4 (mA)	I_5 (mA)	I_6 (mA)	I_7 (mA)
계산값							
측정값							

4) 엑셀을 이용하여 시뮬레이션 결과 및 실험 결과표를 시각화하라.

6. 실험 고찰

1) 실험 2의 결과로부터 키르히호프 전압법칙이 성립함을 보여라.
2) 실험 3의 결과로부터 키르히호프 전류법칙이 성립함을 보여라.

실험 이해도 점검

1) 전기회로에서 전류와 전압 사이의 관계에 관한 두 개의 기본 법칙은 무엇인가?
2) 〈그림 1〉에서 V_1에 대해 KVL을 이용하여 표현하시오. 즉, $V_1 =$
3) 〈그림 2〉에서 I_S에 대해 KCL을 이용하여 표현하시오. 즉, $I_S =$
4) 〈그림 8〉에서 $V_{IN} = 10\ V$, $V_a = 1.5\ V$, $V_b = 2.5\ V$, $V_c = 0.5\ V$일 때, V_d는 얼마인가?

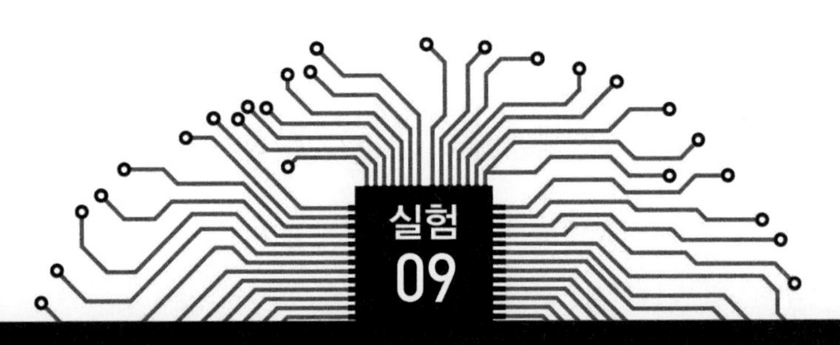

최대 전력 전달

1. 목적

- 전원 공급기 및 디지털 멀티미터의 사용법을 익힌다.
- 직류회로에서 부하 변화에 따른 전력을 측정한다.
- 부하 변화에 따른 전력 변화를 통해 최대 전력전송이 일어나는 부하를 확인한다.

2. 이론

전기 시스템에서 기본적인 변수는 전류와 전압이다. 하지만, 실용적인 목적으로 우리가 얼마나 많은 전력을 소비하고 있으며 어떻게 해야 최대 전력을 전달 할 수 있는지 알 필요가 있다. 전력은 전류에 의해서 단위 시간당 할 수 있는 일의 양을 말하며 단위는 와트(W)이다.

2-1. 최대 전력 전달

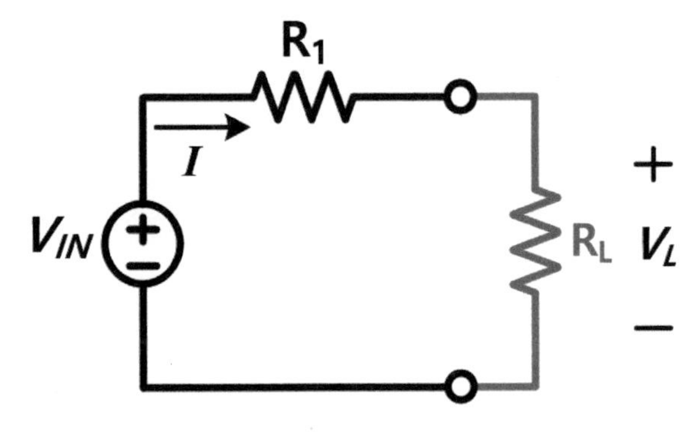

〈그림 1〉 **최대 전력 전달을 위한 회로**

〈그림 1〉은 최대 전력을 전달하는 부하저항 R_L을 찾기 위한 회로이다. 대부분의 전기 시스템은 부하에 전력을 공급하도록 설계되며 많은 응용에서 부하에 최대의 전력이 전달되도록 요구된다.

〈그림 1〉에서 부하저항 R_L에 전달되는 전력 p는 다음과 같다.

$$I = \frac{V_{IN}}{R_1 + R_L} \tag{식 1}$$

$$p = \frac{V_L^2}{R_L} = I^2 R_L = \left(\frac{V_{IN}}{R_1 + R_L}\right)^2 R_L \tag{식 2}$$

(식 2)로부터 최대 전력이 전달되는 부하저항 R_L은 최댓값에서 접선의 기울기가 0임을 이용하여 구할 수 있다. 이때, 두 함수를 나누어 얻은 새로운 함수의 도함수를 구하는 방법인 몫 미분(quotient rule) 법칙을 이용하여 구할 수 있다.

$$\frac{d}{dx}\left[\frac{f(x)}{g(x)}\right] = \frac{f'(x)g(x) - f(x)g'(x)}{[g(x)]^2} \tag{식 3}$$

위 (식 3)을 이용하여 최대 전력이 전달되는 R_L을 구해보면 다음과 같다.

$$\frac{dp}{dR_L} = V_{IN}^2\left[\frac{(R_1 + R_L)^2 - 2R_L(R_1 + R_L)}{(R_1 + R_L)^4}\right] = V_{IN}^2\left[\frac{R_1 - R_L}{(R_1 + R_L)^4}\right] = 0$$

이를 정리하면 (식 4)를 얻을 수 있다.

$$R_L = R_1 \tag{식 4}$$

위 식은 부하저항 R_L이 전기 회로의 저항 R_1과 같을 때 최대 전력이 전달된다는 것을 보여준다. (식 4)를 (식 2)에 대입하여 최대 전달 전력 $p_{\max}$를 구하면 다음과 같다.

$$p_{\max} = \left(\frac{V_{IN}}{R_1 + R_1}\right)^2 R_1 = \frac{V_{IN}^2}{4R_1} \tag{식 5}$$

위 (식 5)는 $R_L = R_1$인 조건에서만 적용되며 $R_L \neq R_1$이면 (식 2)를 이용하여 부하저항 R_L에 전달되는 전력을 구한다.

3. PSpice 실습

[실습 1] 전압 측정, DC Sweep 해석

1) 시뮬레이션의 목적: DC Sweep 해석법으로 p_{max} 확인

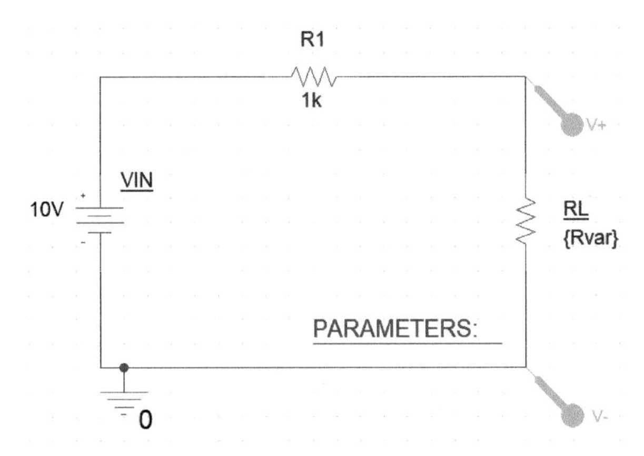

〈그림 2〉 **최대 전력 전달 확인을 위한 PSpice 회로**

저항을 변수로 설정하기 위해 다음과 같은 과정을 거친다.

(1) 인가전압은 3 V로 고정하며 저항 R1을 변수로 하기 위해 중괄호 { } 안에 원하는 변수를 넣는다. 여기에서는 {Rvar}로 하였다.

(2) Place Part에서 "PARAM/SPECIAL"을 선택하여 회로 내에 위치시키고 '더블 클릭'한다.

(3) "New Property"를 선택하고 〈그림 3〉처럼 회로내 변수로 지정된 저항과 "같은 이름"을 기입한다. 이때, Value는 시뮬레이션을 수행할 초기 저항 값을 적는다.

〈그림 3〉 **PARAM/SPECIAL내 Add New Property 설정**

2) 〈그림 4〉는 시뮬레이션 설정을 보여준다. 여기에서는 입력 전압 변화에 따른 전류 변화를 확인하기 위해 해석 방법을 'DC Sweep'으로 한다.

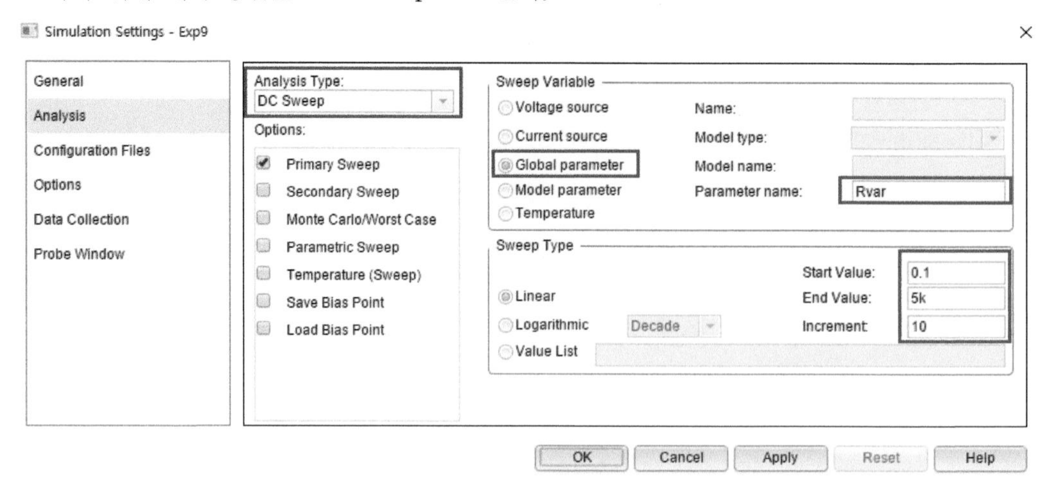

〈그림 4〉 **시뮬레이션 조건**

변수 이름의 경우, 회로내 변수로 지정한 저항과 "같은 이름"을 기입한다. 이번 시뮬레이션의 경우, 변수 값은 0.1~5 kΩ까지 10 Ω씩 증가하도록 설정하였다.

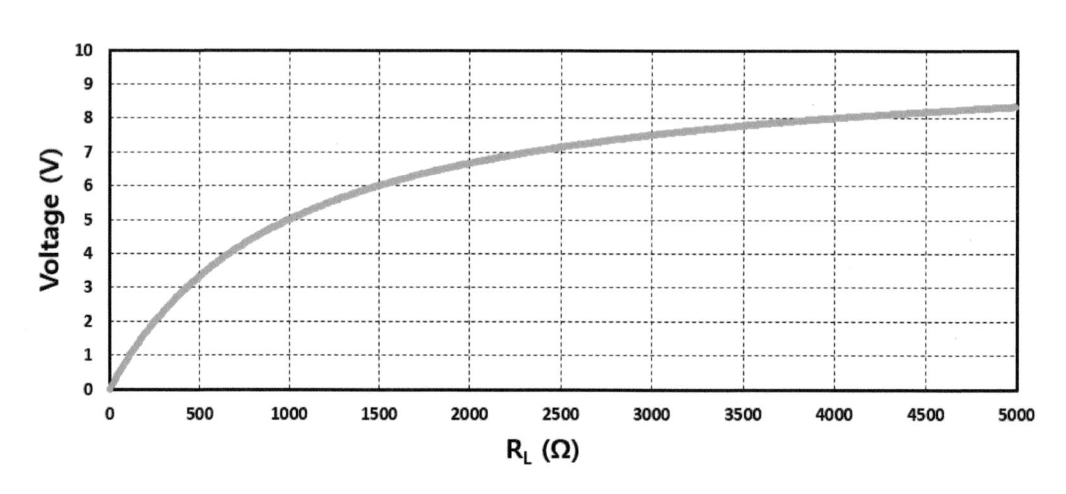

〈그림 5〉 **엑셀로 편집된 PSpice 시뮬레이션 결과 - 부하저항 전압(V_L)**

〈그림 5〉는 〈그림 2〉에 대한 부하저항 양단의 전압 시뮬레이션 결과이다. 전압 분배법칙에 따라 R_L이 증가할수록 부하저항에 걸리는 전압이 증가한다.

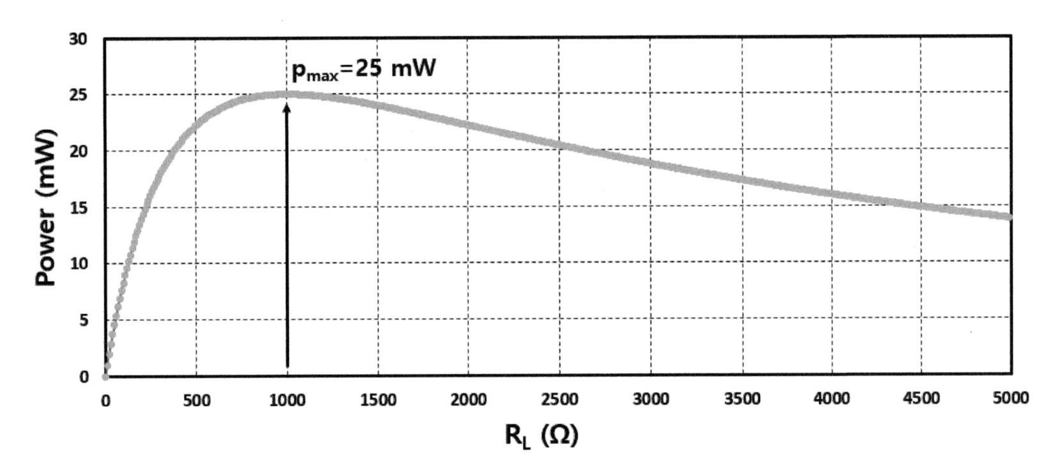

〈그림 6〉 **엑셀로 편집된 PSpice 시뮬레이션 결과 - 부하저항에 전달되는 전력(p)**

〈그림 6〉은 (식 2)를 이용하여 구한 부하저항에 전달되는 전력을 보여준다. 그림에서 보듯이, $R_L = R_1$일 때 25 mW의 최대 전력 값을 가지고 있으며 R_L이 R_1보다 작거나 크면 부하로 전달되는 전력이 최대 전력 값보다 작음을 알 수 있다.

4. 장비 및 부품

1) 디지털 멀티미터
2) 직류 전원 공급기
3) 저항기 10 Ω, 100 Ω, 500 Ω, 800 Ω, 1 kΩ, 1.2 kΩ, 1.5 kΩ, 2 kΩ, 3 kΩ, 5 kΩ 각 1개

5. 실험과정

1) 실험에서 주어진 저항기 10개의 띠 색상과 저항기 색 코드 및 정보를 이용하여 각 저항기의 저항 값을 아래 표에 기록한다.

	저항기 색상					이론값	측정값
	첫째	둘째	셋째	넷째	다섯째		
저항 1							
저항 2							
저항 3							
저항 4							
저항 5							
저항 6							
저항 7							
저항 8							
저항 9							
저항 10							

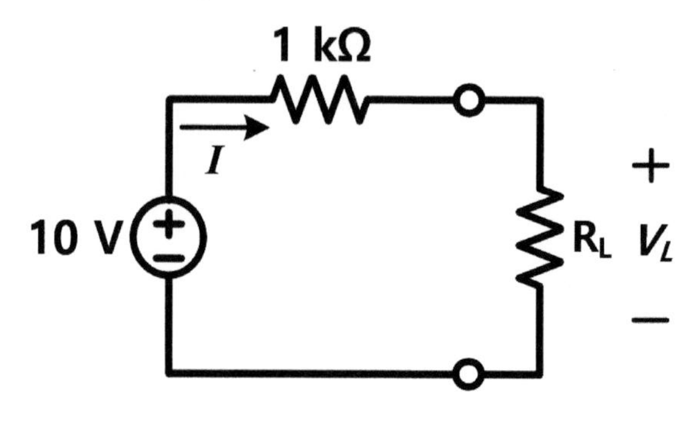

〈그림 7〉 **부하저항 R_L이 포함된 회로**

2) 〈그림 7〉처럼 회로를 꾸미고 V_L과 I를 측정하여 기록한다.

RL	10 Ω	100 Ω	500 Ω	800 Ω	1 kΩ
VL					
I					

RL	1.2 kΩ	1.5 kΩ	2 kΩ	3 kΩ	5 kΩ
VL					
I					

3) (식 2)를 이용하여 부하저항에 전달되는 전력 p를 계산하고 아래 표에 기입하라.

RL	10 Ω	100 Ω	500 Ω	800 Ω	1 kΩ
p					

RL	1.2 kΩ	1.5 kΩ	2 kΩ	3 kΩ	5 kΩ
p					

4) 엑셀을 이용하여 시뮬레이션 결과 및 실험 결과표를 시각화하라.

6. 실험 고찰

1) R_L 변화에 따른 V_L과 I 측정값 변화를 설명하라.

2) 최대 전력 전달이 발생하는 R_L을 찾고 계산된 최대 전달 전력 $p_{\max}$과 비교하라.

실험 이해도 점검

1) 〈그림 2〉에서, $R_L = 500\,\Omega$이고 $I = 0.1\,A$일 때 R_L에서 소비되는 전력 p를 구하라.

2) 〈그림 2〉에서, $V_{IN} = 10\,V$, $R_L = R_1 = 500\,\Omega$일 때 R_L에서 소비되는 전력 p를 구하라.

3) 〈그림 7〉에서, $R_L = 1.5\,\text{k}\Omega$일 때 R_L에서 소비되는 전력 p를 구하라.

4) 〈그림 7〉에서, $I = 2mA$일 때 R_L에서 소비되는 전력 p를 구하라.

5) 〈그림 7〉에서, 최대 전력이 전달되는 R_L과 이때 전달되는 전력 p를 구하라.

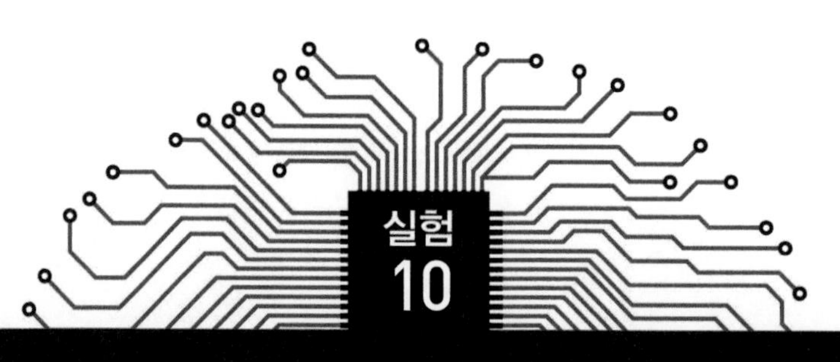

노드 해석법

1. 목적

- 전원 공급기 및 디지털 멀티미터의 사용법을 익힌다.
- 실험을 통해 회로 내 각 노드에서 키르히호프의 전류법칙이 적용됨을 확인한다.
- 실험 결과로부터 노드 해석법을 이해한다.

2. 이론

지금까지 옴의 법칙과 키르히호프의 법칙과 같이 기본적인 법칙들을 이해하고 실험으로 확인하였다. 이번 실험은 키르히호프의 전류법칙을 체계적으로 응용하여 회로를 해석하는 노드 전압 해석(node voltage analysis)에 대해 살펴볼 것이다.

2-1. 노드의 의미 및 기준 노드

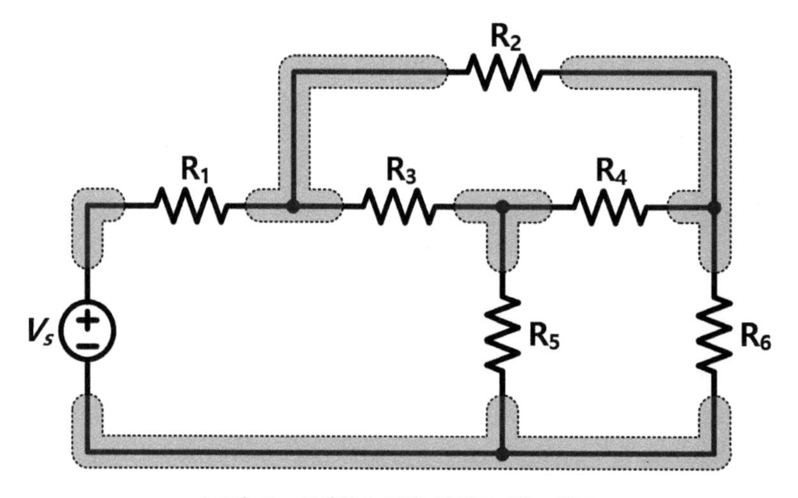

〈그림 1〉 **5개의 노드를 가지고 있는 회로**

〈그림 1〉의 회로는 7개의 소자, 즉 6개의 저항 및 1개의 전압원으로 구성되어 있다. 회로의 노드(node)는 소자와 소자가 서로 만나는 곳을 말한다. 위 회로는 총 5개의 노드를 가지고 있으며 각 노드는 점선으로 표시되었다.
노드 해석에서 우리의 주요 관심은 키르히호프의 전류법칙을 이용하여 각 노드의 전압을 구하는 것이다. n개의 노드를 갖는 회로에서는 한 노드를 기준 노드로 정하기 때문에 나머지 n−1개의 노드 전압을 구하기 위해서는 n−1개의 방정식이 필요하다. 기준 노드는 보통 회로의 가장 아래에 있는 노드로 정하며, 회로 내에 접지된 전원 공급 장치가 있는 경우 전원 공급 장치의 접지점을 기준 노드로 선정한다. 이때, 기준 노드는 0 V의 전위를 갖는 것으로 가정하기 때문에 보통 접지 기호로 표시한다.

2-2. 노드 해석

노드 해석을 위해서는 다음과 같은 절차를 취한다.
① 한 개의 노드를 기준 노드로 선택한다.
② 기준 노드를 제외한 나머지 노드에 개별 노드 전압을 할당한다.
③ 기준 노드를 제외한 회로 각각의 노드에서 키르히호프의 전류법칙을 적용한다. 이때, 각 소자에 흐르는 전류는 개별 노드 전압으로 표현한다.
④ 미지의 노드 전압을 구하기 위해 연립 방정식을 푼다.

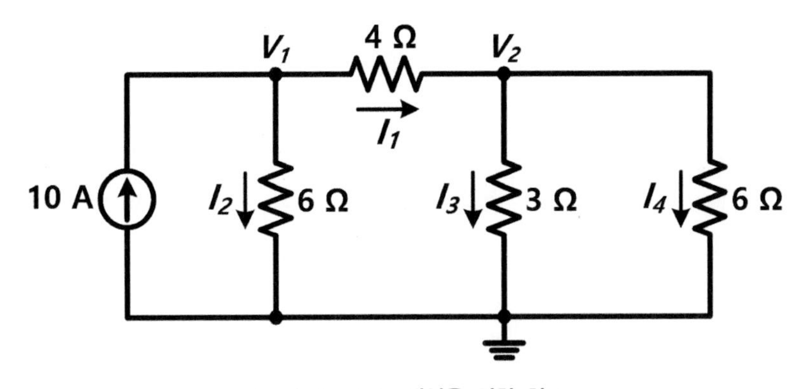

〈그림 2〉 **노드 해석을 위한 회로**

〈그림 2〉는 노드 해석을 위해 설계되어 있는 회로에 노드 전압과 소자 전류를 표시한 회로이다. 노드 1에서 키르히호프 전류법칙과 옴의 법칙을 적용하면 다음을 얻는다.

$$10 = I_1 + I_2 \qquad \Rightarrow \qquad 10 = \frac{V_1 - V_2}{4} + \frac{V_1}{6}$$

위 식을 정리하면,

$$120 = 3V_1 - 3V_2 + 2V_1$$ 이 되고,

$$5V_1 - 3V_2 = 120 \qquad \text{(식 1)}$$

노드 2에서, 같은 방법을 적용하면 다음을 얻는다.

$$I_1 = I_3 + I_4 \qquad \Rightarrow \qquad \frac{V_1 - V_2}{4} = \frac{V_2}{3} + \frac{V_2}{6}$$

위 식을 정리하면,

$$3V_1 - 3V_2 = 4V_2 + 2V_2$$ 이 되고,

$$V_1 - 3V_2 = 0 \qquad \text{(식 2)}$$

위 식 1과 2의 연립 방정식을 두 가지 방법으로 풀면 다음과 같다.

방법 1 소거법 이용

(식 2)에서 $V_1 = 3V_2$ 이므로, 식 1에 대입하면 $15V_2 - 3V_2 = 120 \quad \Rightarrow \quad V_2 = 10\,V$가 된다. 이를 이용하면 $V_1 = 30\,V$을 얻을 수 있다. 따라서,

$$I_1 = \frac{V_1 - V_2}{4} = \frac{30 - 10}{4} = 5\,A$$

$$I_2 = \frac{30}{6} = 5\,A$$

$$I_3 = \frac{V_2}{3} = \frac{10}{3} = \frac{10}{3}A$$

$$I_4 = \frac{V_2}{6} = \frac{10}{6} = \frac{5}{3}A$$

가 된다.

방법 2 크래머 공식 이용

크래머 공식을 이용하기 위해서는 (식 1)과 (식 2)를 다음과 같이 행렬 형태로 놓는다.

$$\begin{bmatrix} 5 & -3 \\ 1 & -3 \end{bmatrix} \begin{bmatrix} V_1 \\ V_2 \end{bmatrix} = \begin{bmatrix} 120 \\ 0 \end{bmatrix}$$

이로부터 다음을 얻는다.

$$V_1 = \frac{\Delta_1}{\Delta}, \quad V_2 = \frac{\Delta_2}{\Delta} \qquad \text{(식 3)}$$

여기서 Δ, Δ_1, Δ_2는 다음과 같이 계산된다.

$$\Delta = \begin{vmatrix} 5 & -3 \\ 1 & -3 \end{vmatrix} = (-15) - (-3) = -12$$

$$\Delta_1 = \begin{vmatrix} 120 & -3 \\ 0 & -3 \end{vmatrix} = (-360) - (0) = -360$$

$$\Delta_2 = \begin{vmatrix} 5 & 120 \\ 1 & 0 \end{vmatrix} = (0) - (120) = -120$$

(식 3)을 이용하면,

$$V_1 = \frac{\Delta_1}{\Delta} = \frac{-360}{-12} = 30\ V, \qquad V_2 = \frac{\Delta_2}{\Delta} = \frac{-120}{-12} = 10\ V$$

를 얻을 수 있다. 이는 방법 1의 결과와 같아 방법 1과 동일한 소자 전류를 얻게 된다.

3. PSpice 실습

[실습 1] 전류 및 전압 측정, Time Domain(Transient) 해석

1) **시뮬레이션의 목적**: Time Domain 해석법으로 각 소자에 흐르는 전류 및 전압 확인

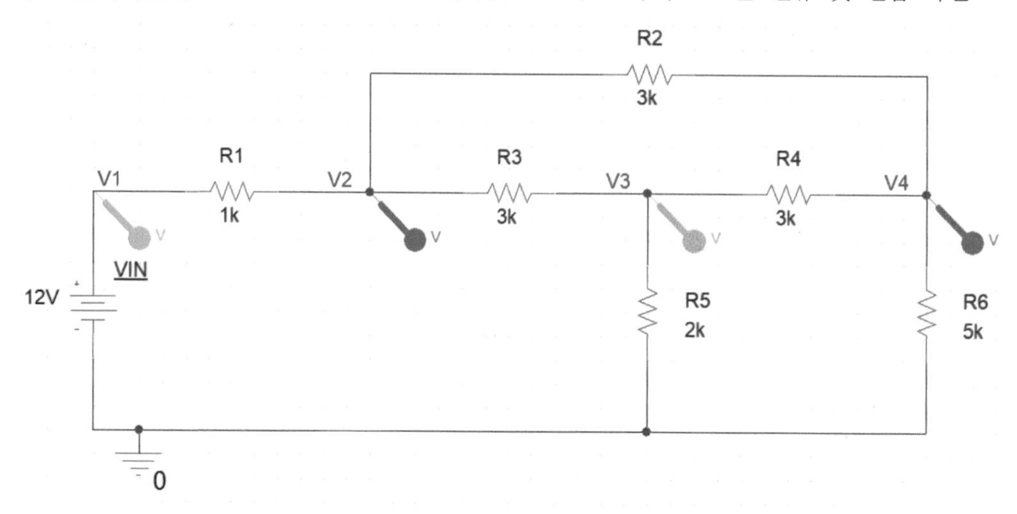

〈그림 3〉 **PSpice 시뮬레이션을 위한 회로**

〈그림 3〉은 노드 해석법을 확인하기 위한 회로이다. 노드 해석법은 노드 전압을 이용하여 전류 방정식을 만들어 해석하는 방법이다. 전압은 상대적인 값이므로 전압의 기준이 되는 노드가 필요하며 일반적으로 접지를 기준 노드로 선택한다.

2) 〈그림 4〉는 시뮬레이션 설정을 보여준다. 여기에서는 각 노드의 전압을 측정하기 위해 해석 방법을 'Time Domain (Transient)'로 한다.

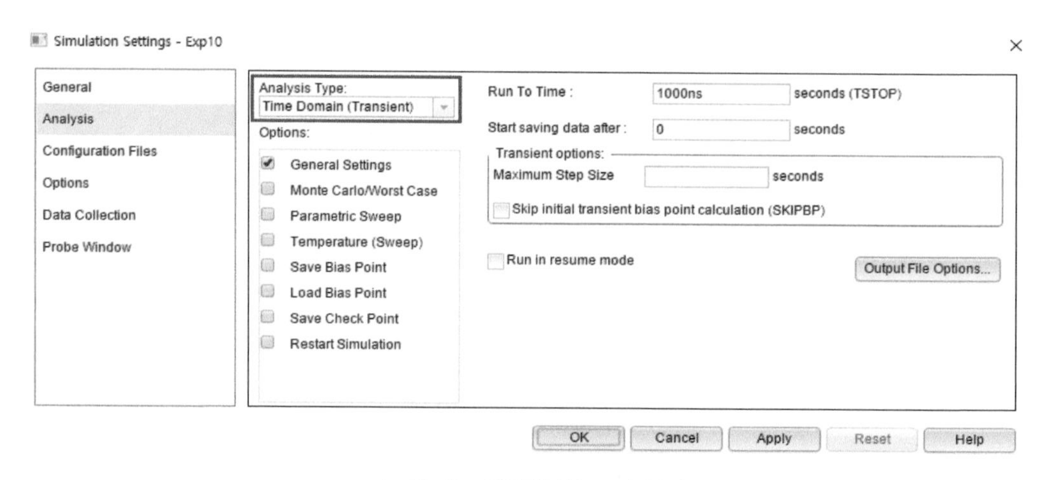

〈그림 4〉 **시뮬레이션 조건 설정**

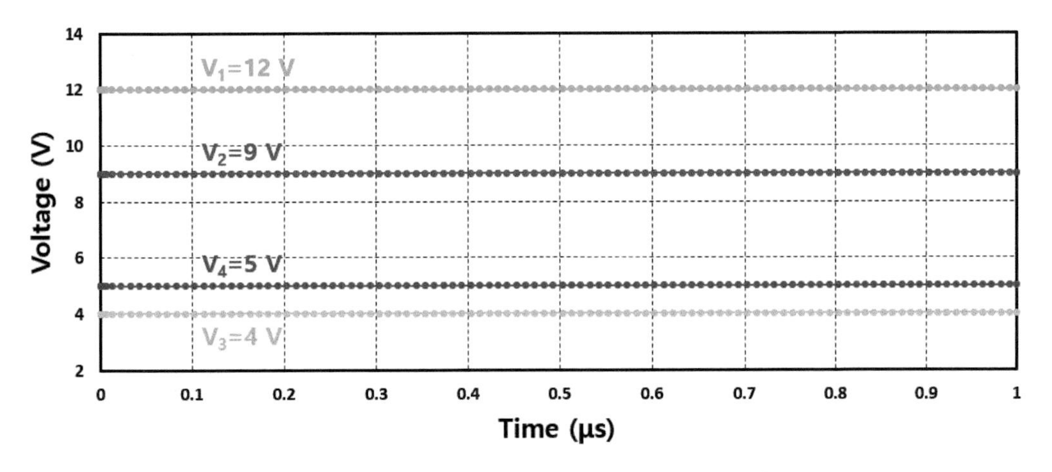

〈그림 5〉 **엑셀로 편집된 PSpice 시뮬레이션 결과**

〈그림 5〉는 각 노드의 전압을 시뮬레이션 한 결과이다. 시뮬레이션에서 확보된 각 노드의 전압을 〈그림 3〉에 적용하여 각 저항에 흐르는 전류를 구할 수 있다. 저항 R_1에 흐르는 전류는 3 mA이며 유사하게 저항 R_2와 R_3에 흐르는 전류는 각각 1.33 mA와 1.67 mA이다. 이를 통해, 노드 2에서 키르히호프 전류 법칙이 성립함을 확인 할 수 있다.

4. 장비 및 부품

1) 디지털 멀티미터
2) 직류 전원 공급기
3) 저항기 1 kΩ, 2 kΩ, 5 kΩ 각 1개, 3 kΩ 3개

5. 실험과정

1) 실험에서 주어진 저항기 6개의 띠 색상과 저항기 색 코드 및 정보를 이용하여 각 저항기의 저항 값을 아래 표에 기록한다.

	저항기 색상					이론값	측정값
	첫째	둘째	셋째	넷째	다섯째		
저항 1							
저항 2							
저항 3							
저항 4							
저항 5							
저항 6							

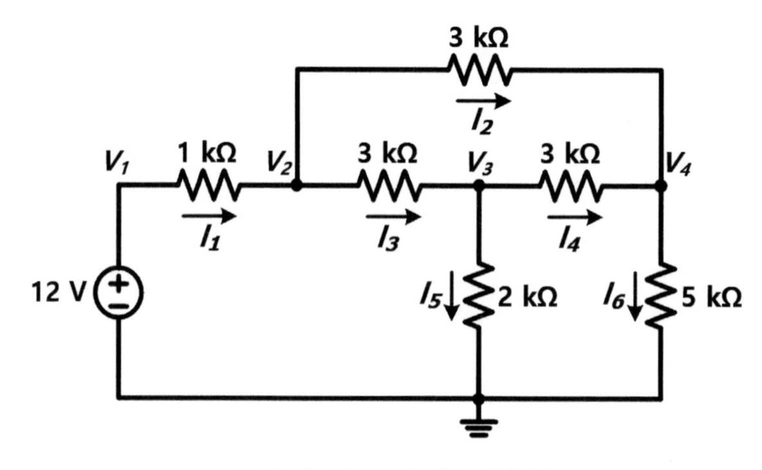

〈그림 6〉 **노드 해석 검증을 위한 회로**

2) 〈그림 6〉과 같이 회로를 꾸미고 각 소자에 흐르는 전류를 측정하여 아래 표에 기록한다.

	전류					
	I_1	I_2	I_3	I_4	I_5	I_6
계산값						
측정값						

3) 〈그림 6〉의 회로에서 각 노드의 전압을 측정하여 아래 표에 기록한다.

	전압			
	V_1	V_2	V_3	V_4
계산값				
측정값				

4) 실험 과정 2와 3을 통해 노드 해석법을 확인한다.

5) 엑셀을 이용하여 시뮬레이션 결과 및 실험 결과표를 시각화하라.

6. 실험 고찰

1) 각 노드 전압을 이용하여 전류 방정식을 세워 노드 해석을 할 수 있다.
2) 각 소자에 흐르는 전류를 확인하고 키르히호프 전류법칙을 확인한다.

실험 이해도 점검

1) 〈그림 2〉에서 노드 해석법을 이용하여 $I_1 \sim I_4$를 구하라.
2) 〈그림 2〉에서 노드 해석법을 이용하여 V_1, V_2를 구하라.
3) 〈그림 3〉에서 노드 해석법을 이용하여 $V_1 \sim V_4$를 구하라.

메시 해석법

1. 목적

- 전원 공급기 및 디지털 멀티미터의 사용법을 익힌다.
- 실험을 통해 회로 내 각 루프(loop)에서 키르히호프의 전압법칙이 적용됨을 확인한다.
- 실험 결과로부터 메시 해석법을 이해한다.

2. 이론

지금까지 옴의 법칙과 키르히호프의 법칙 같이 기본적인 법칙들을 이해하고 실험으로 확인하였다. 이번 실험은 키르히호프의 전압법칙을 체계적으로 응용하여 회로를 해석하는 메시 전류 해석(mesh current analysis)에 대해 살펴볼 것이다.

2-1. 메시의 의미

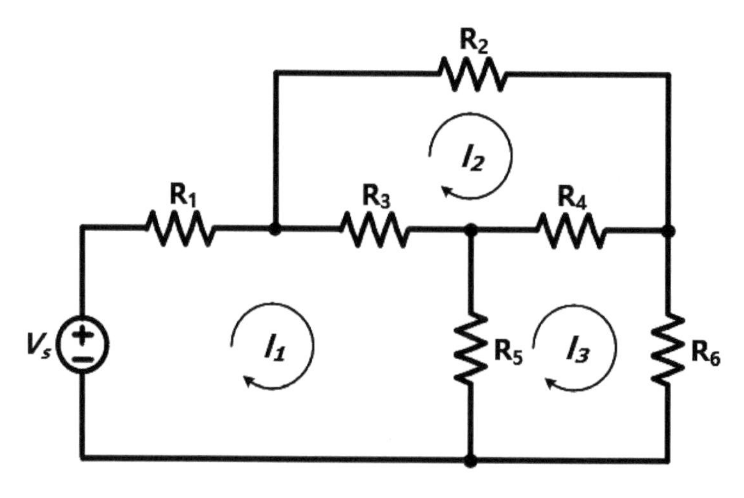

〈그림 1〉 **3개의 메시를 가지고 있는 회로**

〈그림 1〉의 회로는 7개의 소자, 즉 6개의 저항 및 1개의 전압원으로 구성되어 있다. 위 회로는 총 3개의 메시를 가지고 있으며 메시에 흐르는 전류인 메시 전류(I_1, I_2, I_3)를 포함하고 있다. 메시 해석은 교차점이 하나도 없는 평면 회로망에서만 적용되며 미지의 전류를 구하기 위해 키르히호프 전압법칙을 적용한다. 메시는 루프의 특별한 경우로서 루프 내부에 또 다른 루프를 포함하지 않아야 한다.

2-2. 메시 해석

메시 해석을 위해서는 다음과 같은 절차를 취한다.

① n개의 메시에 메시 전류 $I_1, I_2, I_3, \cdots, I_n$을 표시한다.

② n개의 메시에 키르히호프의 전압법칙을 적용한다.

③ 미지의 메시 전류를 구하기 위해 연립 방정식을 푼다.

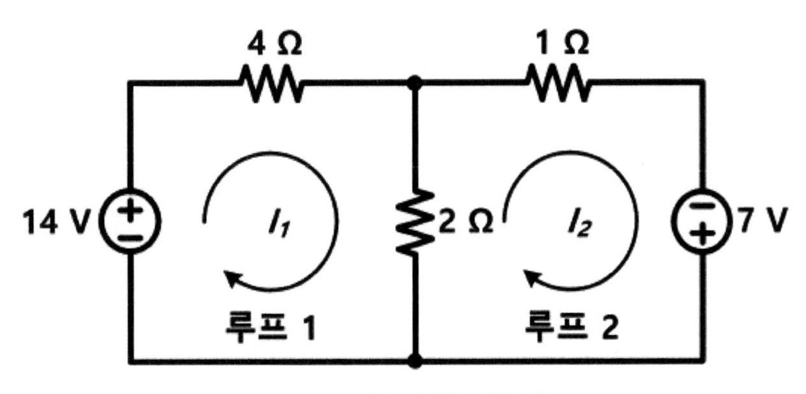

〈그림 2〉 **메시 해석을 위한 회로**

〈그림 2〉는 메시 해석을 위해 설계되어 있는 회로에 메시 전류(I_1, I_2)를 표시한 회로이다. 루프 1에서 키르히호프의 전압법칙과 옴의 법칙을 적용하면 다음을 얻는다.

$$-14+4I_1+2(I_1-I_2)=0$$

위 식을 정리하면, 다음과 같다.

$$3I_1-I_2=7 \quad \text{(식 1)}$$

루프 2에서, 같은 방법을 적용하면 다음을 얻는다.

$$I_2-7+2(I_2-I_1)=0$$

위 식을 정리하면, 다음과 같다.

$$-2I_1 + 3I_2 = 7 \qquad \text{(식 2)}$$

위 (식 1)과 (식 2)의 연립 방정식을 두 가지 방법으로 풀면 다음과 같다.

방법 1 소거법 이용

(식 1)에서 $I_2 = 3I_1 - 7$ 이며 이를 (식 2)에 대입하면 $-2I_1 + 9I_1 - 21 = 7 \quad \Rightarrow \quad I_1 = 4\,A$ 가 된다. 이를 이용하면 $I_2 = 5\,A$ 를 얻을 수 있다.

방법 2 크래머 공식 이용

크래머 공식을 이용하기 위해서는 (식 1)과 (식 2)를 다음과 같이 행렬 형태로 놓는다.

$$\begin{bmatrix} 3 & -1 \\ -2 & 3 \end{bmatrix} \begin{bmatrix} I_1 \\ I_2 \end{bmatrix} = \begin{bmatrix} 7 \\ 7 \end{bmatrix}$$

이로부터 다음을 얻는다.

$$I_1 = \frac{\Delta_1}{\Delta}, \; I_2 = \frac{\Delta_2}{\Delta} \qquad \text{(식 3)}$$

여기서 $\Delta, \Delta_1, \Delta_2$는 다음과 같이 계산된다.

$$\Delta = \begin{vmatrix} 3 & -1 \\ -2 & 3 \end{vmatrix} = (9) - (2) = 7$$

$$\Delta_1 = \begin{vmatrix} 7 & -1 \\ 7 & 3 \end{vmatrix} = (21) - (-7) = 28$$

$$\Delta_2 = \begin{vmatrix} 3 & 7 \\ -2 & 7 \end{vmatrix} = (21) - (-14) = 35$$

(식 3)을 이용하면,

$$I_1 = \frac{\Delta_1}{\Delta} = \frac{28}{7} = 4\,A, \qquad I_2 = \frac{\Delta_2}{\Delta} = \frac{35}{7} = 5\,A$$

를 얻을 수 있다. 이는 방법 1의 결과와 같다.

3. PSpice 실습

[실습 1] 전류 및 전압 측정, Time Domain(Transient) 해석

1) **시뮬레이션의 목적:** Time Domain 해석법으로 각 소자에 흐르는 전류 및 전압 확인

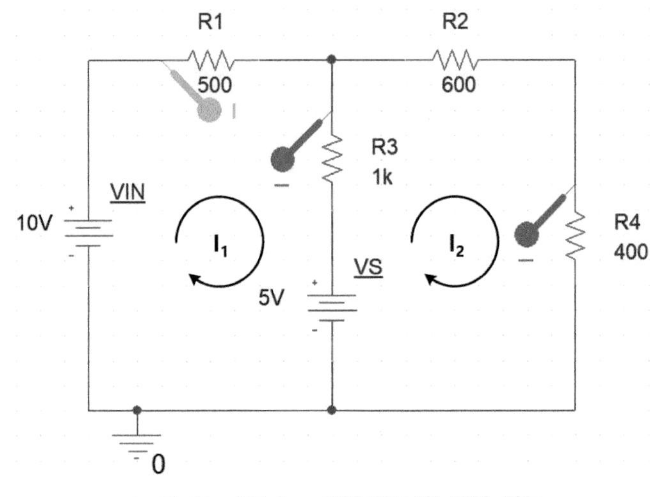

〈그림 3〉 **PSpice 시뮬레이션을 위한 회로**

〈그림 3〉은 메시 해석법을 확인하기 위한 회로이다. 메시 해석법은 루프에서 회로 내 루프 전류를 미지수로 하여 전압 방정식을 만들어 해석하는 방법이다. 이때, 루프 전류의 방향 설정은 일관성을 가져야 하며 일반적으로 시계방향으로 루프 전류를 설정한다.

2) 〈그림 4〉는 시뮬레이션 설정을 보여준다. 여기에서는 각 노드의 전압을 측정하기 위해 해석 방법을 'Time Domain (Transient)'로 한다.

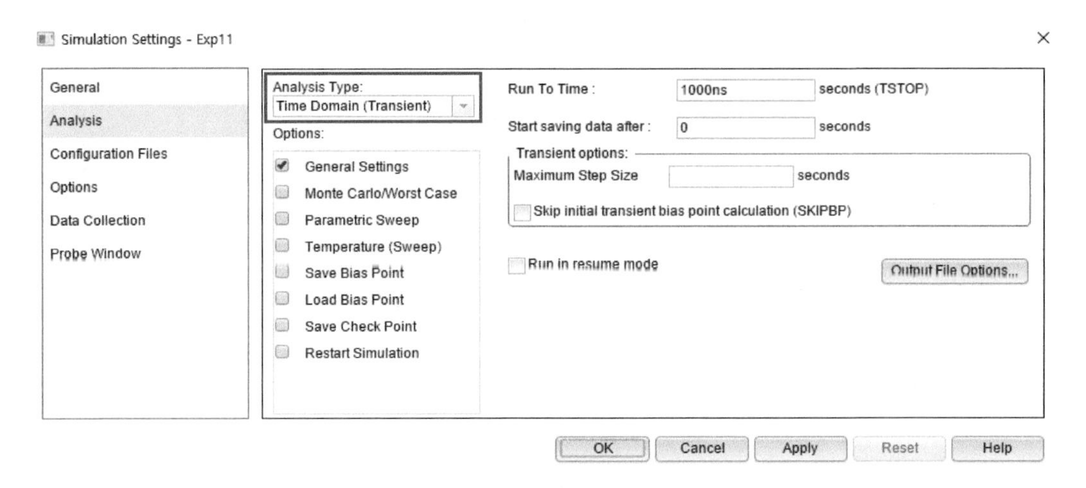

〈그림 4〉 **시뮬레이션 조건 설정**

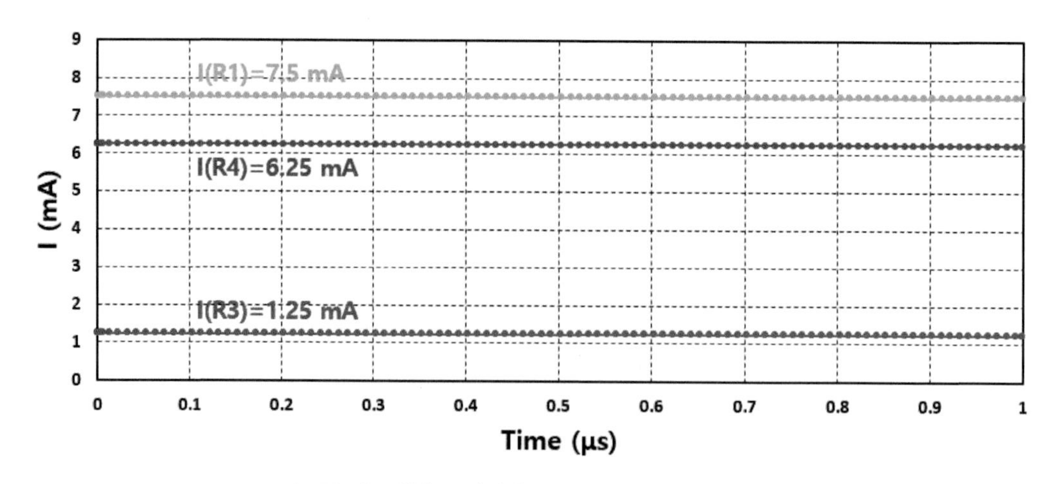

〈그림 5〉 **엑셀로 편집된 PSpice 시뮬레이션 결과**

〈그림 5〉는 각 소자의 전류를 시뮬레이션 한 결과이다. 위 결과와 〈그림 3〉으로부터, 메시 전류 I_1= 7.5 mA, I_2=1.25 mA임을 알 수 있고 R_3에 흐르는 전류는 I_1-I_2가 되어 6.25 mA임을 확인 할 수 있다.

4. 장비 및 부품

1) 디지털 멀티미터
2) 직류 전원 공급기
3) 저항기 400 Ω, 500 Ω, 600 Ω, 1 kΩ 각 1개

5. 실험과정

1) 실험에서 주어진 저항기 4개의 띠 색상과 저항기 색 코드 및 정보를 이용하여 각 저항기의 저항 값을 아래 표에 기록한다.

	저항기 색상					이론값	측정값
	첫째	둘째	셋째	넷째	다섯째		
저항 1							
저항 2							
저항 3							
저항 4							

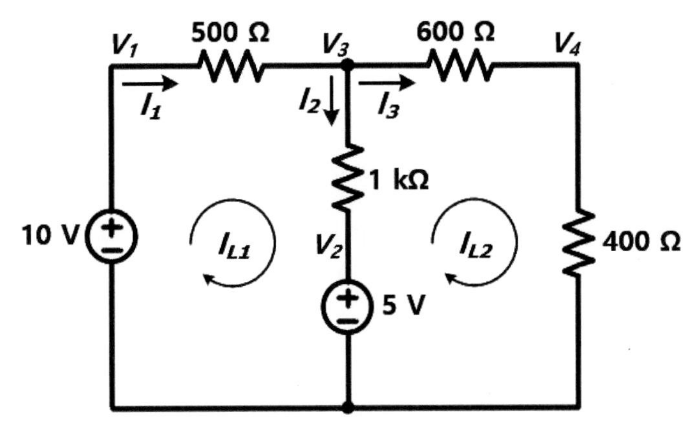

〈그림 6〉 **메시 해석 검증을 위한 회로**

2) 〈그림 6〉과 같이 회로를 꾸미고 각 소자에 흐르는 전류를 측정하여 아래 표에 기록한다.

	전류				
	I_1	I_2	I_3	I_{L1}	I_{L2}
계산값					
측정값					

3) 〈그림 6〉의 회로에서 각 노드의 전압을 측정하여 아래 표에 기록한다.

	전압			
	V_1	V_2	V_3	V_4
계산값				
측정값				

4) 엑셀을 이용하여 시뮬레이션 결과 및 실험 결과표를 시각화하라.

6. 실험 고찰

1) 각 소자에 흐르는 전류를 이용하여 전압 방정식을 세워 메시 해석을 할 수 있다.
2) 메시 해석법을 이용하여 직접 계산한 결과와 실험을 통해 확보된 결과를 비교한다.
3) 각 소자에 인가되는 전압을 확인하고 키르히호프 전압법칙을 확인한다.

실험 이해도 점검

1) 〈그림 2〉에서 메시 해석법을 이용하여 I_1, I_2를 구하라.
2) 〈그림 6〉에서 메시 해석법을 이용하여 $I_1 \sim I_3$를 구하라.
3) 〈그림 6〉에서 메시 해석법을 이용하여 $V_1 \sim V_4$를 구하라.

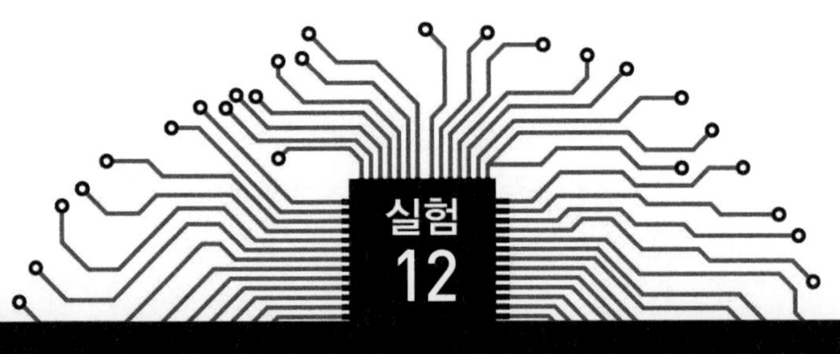

중첩의 원리

1. 목적

- 각각의 독립 전원에 대한 회로 응답을 구한다.
- 실험을 통해 중첩의 원리(superposition principle)를 확인한다.

2. 이론

선형 소자는 1) 가산성(additivity)과 2) 비례성(homogeneity)을 모두 만족하며 이를 만족시키지 못하는 소자를 비선형 소자라 한다. 예를 들어, 옴의 법칙 $V=IR$을 만족하는 소자를 고려해 보자.

1) 가산성

- I_1에 대한 응답은 $V_1 = I_1 R$
- I_2에 대한 응답은 $V_2 = I_2 R$
- 이들 응답의 합은 $V_1 + V_2 = (I_1 + I_2)R$
- 이는 $I_1 + I_2$에 대한 응답과 같아 가산성을 만족한다.

2) 비례성

- I_1에 대한 응답은 $V_1 = I_1 R$
- $I_2 = kI_1$에 대한 응답은 $V_2 = I_2 R = kI_1 R = kV_1$
- 즉, $I_2 = kI_1$인 경우, $V_2 = kV_1$를 만족하므로 비례성을 만족한다.

따라서, 주어진 소자가 가산성과 비례성을 모두 만족하므로 선형 소자라 할 수 있다.
지금까지 옴의 법칙, 키르히호프의 법칙, 노드 해석법, 메시 해석법 등을 배웠다. 그러나 독립 전원이 많은 회로의 해석을 위해서는 중첩의 원리에 대해 이해해야 한다. 중첩의 원리란 여러 독립 전원이 있는 선형 회로에서, 소자 양단에 걸리는 전압(또는 소자에 흐르는 전류)이 각각의 독립 전원에 의해 소자에 걸리는 전압(또는 소자에 흐르는 전류)의 대수합과 같음을 의미한다. 이때, 각각의 중첩의 원리 적용 전에 다음 세 가지를 고려해야 한다.

첫째, 선형성의 특징을 가지고 있는 경우에만 중첩의 원리를 적용할 수 있다.
둘째, 한 번에 하나의 독립 전원만 남겨두고 나머지 독립 전원은 '0'으로 처리한다. 이때, 독립 전압원이 '0'이라는 것은 단락(short)를 의미하며 독립 전류원이 '0'이라는 것은 개방(open)을 의미한다.
셋째, 종속 전원은 회로 변수에 의해 바뀌므로 그대로 두고 해석한다.

중첩의 원리는 다음과 같은 과정으로 적용한다.

- 독립 전원 중 하나를 선택하고 나머지 독립 전원은 모두 0으로 놓는다.
- 적절한 기호를 사용하여 전압과 전류를 다시 표시한다.
- 간략화 된 회로를 해석하여 필요한 전압 및 전류를 구한다.
- 각 독립 전원을 모두 고려할 때까지 1~3단계를 반복한다.
- 개별 해석으로부터 구해진 전압 및 전류를 더한다.

2-1. 중첩의 원리

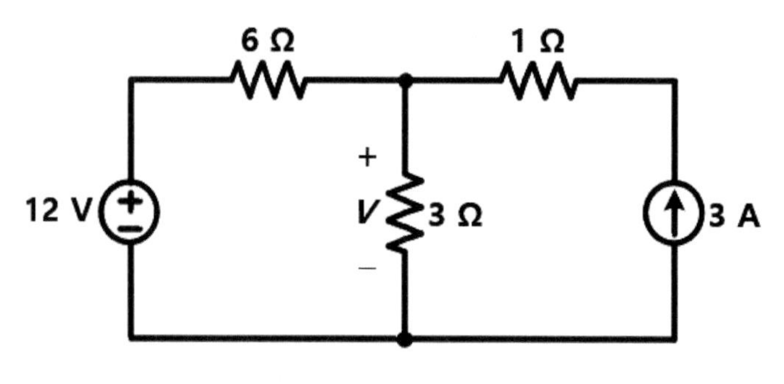

〈그림 1〉 **두 개의 전원을 갖는 회로**

중첩의 원리를 〈그림 1〉의 예시를 통해 이해 할 수 있다. 〈그림 1〉은 두 개의 독립 전원(전압원과 전류원)을 가지고 있다.

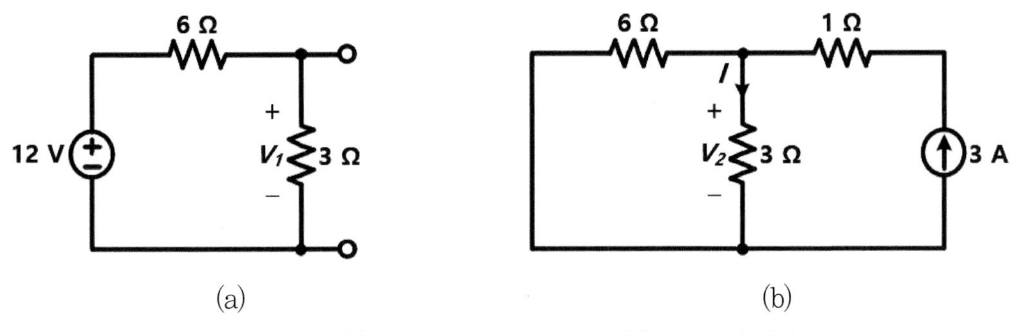

〈그림 2〉 **(a)** V_1**을 구하기 위한 회로, (b)** V_2**를 구하기 위한 회로**

〈그림 2〉는 〈그림 1〉의 회로로부터 중첩의 원리를 확인하기 위해 독립 전원 중 하나를 선택한 회로이다. 〈그림 2〉 (a)는 V_1을 구하기 위한 회로로서 3 A의 독립 전류원을 개방회로로 대체한 것이다. 〈그림 2〉 (b)는 V_2를 구하기 위한 회로로서 12 V의 독립 전압원을 단락회로로 대체한 것이다. V_1은 전압 분배법칙을 이용하여 다음과 같이 구할 수 있다.

$$V_1 = \frac{3}{6+3} \times 12 = 4\ V \qquad (식\ 1)$$

V_2는 전류 분배법칙과 옴의 법칙을 이용하여 다음과 같이 구할 수 있다.

$$I = \frac{6}{6+3} \times 3 = 2\ A$$
$$V_2 = 2 \times 3 = 6\ V \qquad (식\ 2)$$

따라서, 3 Ω 양단의 전압 V는 각 전원에 대해 구해진 V_1과 V_2의 대수적 합인 10 V가 된다.

3. PSpice 실습

[실습 1] 전류 및 전압 측정, Time Domain(Transient) 해석

1) **시뮬레이션의 목적:** Time Domain 해석방법으로 각 소자에 흐르는 전류 및 전압 확인

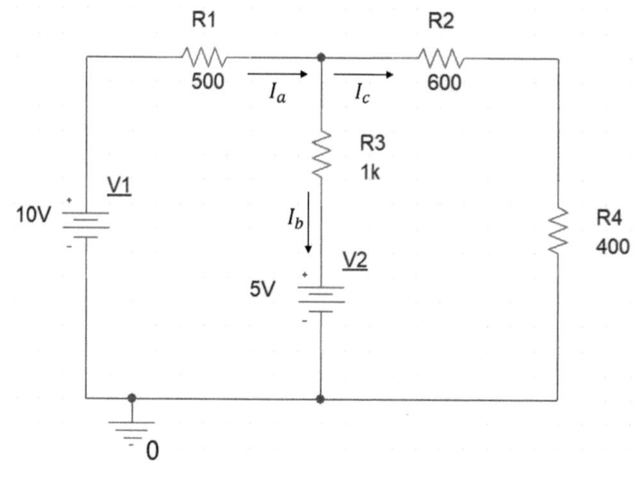

〈그림 3〉 **PSpice 시뮬레이션을 위한 회로**

〈그림 3〉은 중첩의 원리를 확인하기 위해 선형 소자로 구성된 회로이다. 회로에서 두 개의 독립 전압원(V_1, V_2)을 사용하여 중첩의 원리를 확인 할 수 있도록 하였다.

2) 〈그림 4〉는 시뮬레이션 설정을 보여준다. 여기에서는 각 노드의 전압을 측정하기 위해 해석 방법을 'Time Domain (Transient)'로 한다.

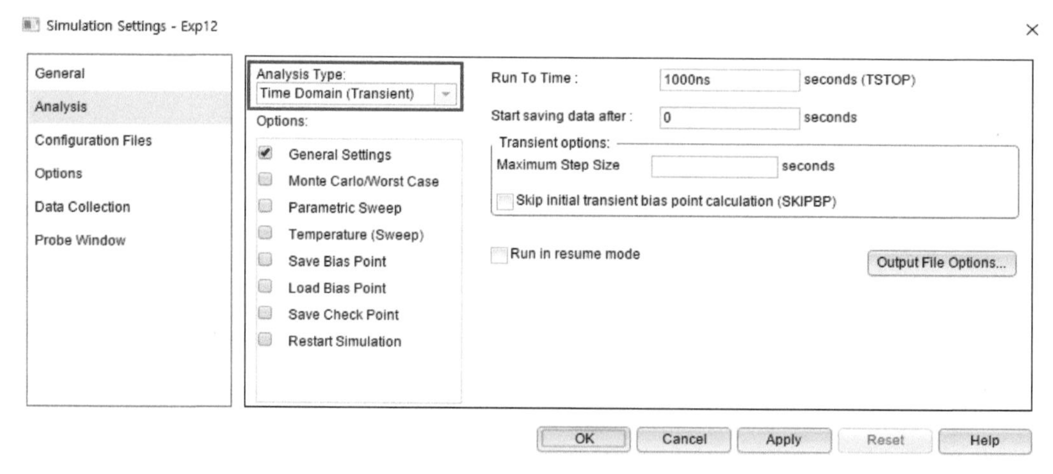

〈그림 4〉 **PSpice 시뮬레이션을 위한 회로**

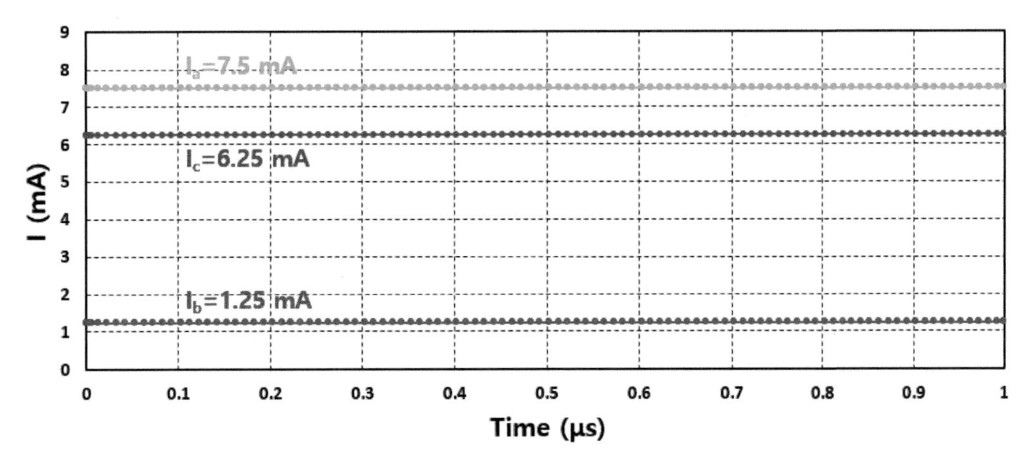

〈그림 5〉 **엑셀로 편집된 PSpice 시뮬레이션 결과**

〈그림 5〉는 〈그림 3〉 회로에 대한 시뮬레이션 결과이다. 전원이 여러 개 있는 회로에 중첩의 원리를 적용하려면 특정한 독립전원에 의한 소자의 전류를 구할 때 다른 독립전원은 비활성화 시켜야 한다.

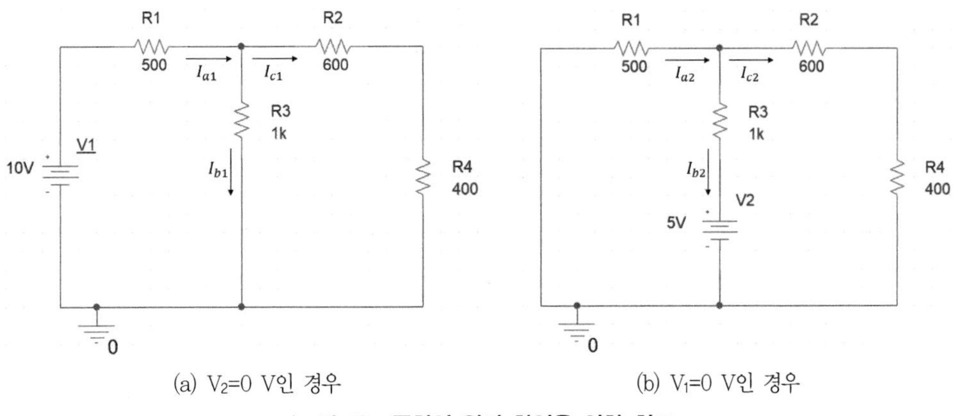

(a) V_2=0 V인 경우

(b) V_1=0 V인 경우

〈그림 6〉 **중첩의 원리 확인을 위한 회로**

〈그림 6〉 (a)는 V_1에 의한 소자의 전류를 구하기 위해 V_2를 단락시켰으며 〈그림 6〉 (b)는 V_2에 의한 소자의 전류를 구하기 위해 V_1을 단락시켰다.

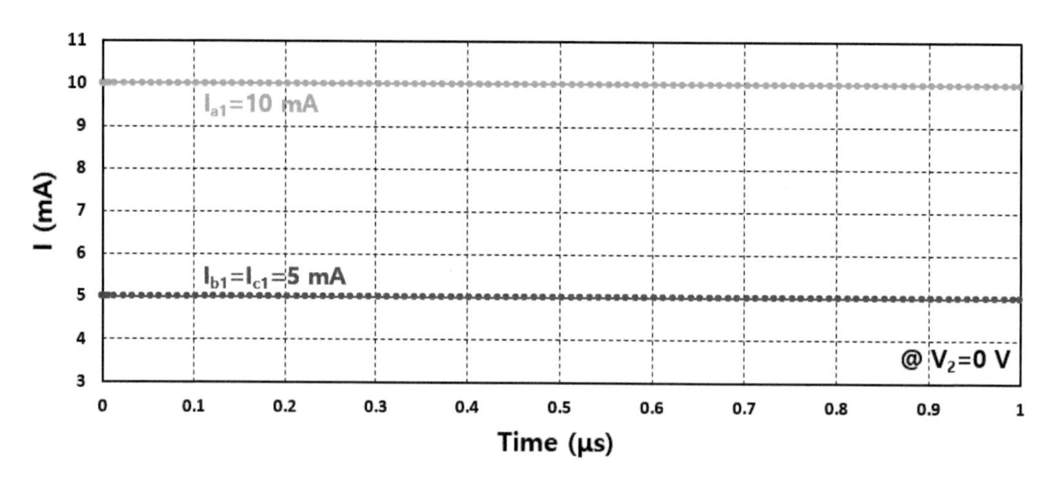

(a) V_2=0 V인 경우

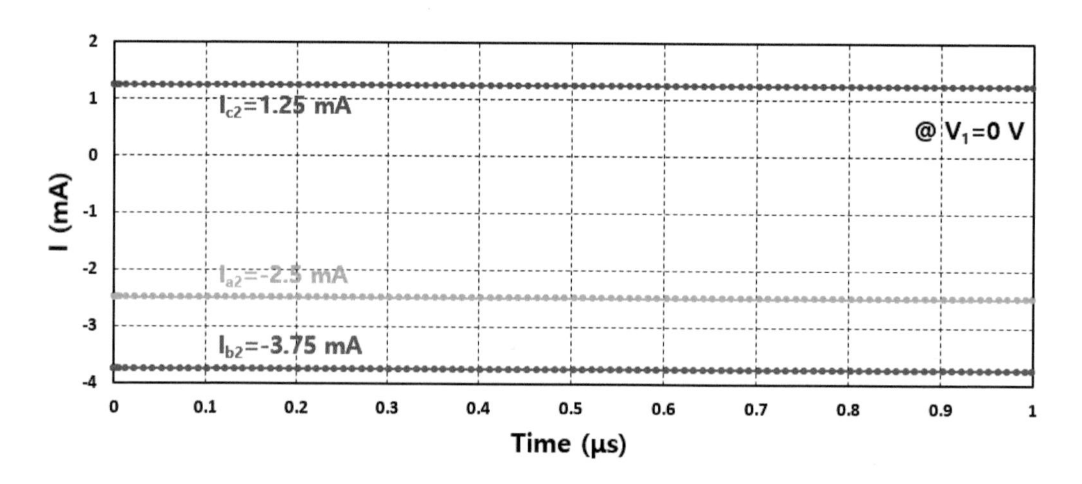

(b) V_1=0 V인 경우

〈그림 7〉 **엑셀로 편집된 PSpice 시뮬레이션 결과**

〈그림 7〉은 중첩의 원리를 확인하기 위해 다른 독립 전원을 제거한 시뮬레이션 결과이다.

$$I_a = I_{a1} + I_{a2} = 10 - 2.5 = 7.5\,mA$$

$$I_b = I_{b1} + I_{b2} = 5 - 3.75 = 1.25\,mA$$

$$I_c = I_{c1} + I_{c2} = 5 + 1.25 = 6.25\,mA$$

위 결과는 〈그림 5〉의 결과와 동일하다. 이는 주어진 회로가 선형성을 가지며 중첩의 원리를 이용하여 전류를 구할 수 있음을 확인하였다.

4. 장비 및 부품

1) 디지털 멀티미터
2) 직류 전원 공급기
3) 저항기 400 Ω, 500 Ω, 600 Ω, 1 kΩ 각 1개

5. 실험과정

1) 실험에서 주어진 저항기 4개의 띠 색상과 저항기 색 코드 및 정보를 이용하여 각 저항기의 저항 값을 아래 표에 기록한다.

	저항기 색상					이론값	측정값
	첫째	둘째	셋째	넷째	다섯째		
저항 1							
저항 2							
저항 3							
저항 4							

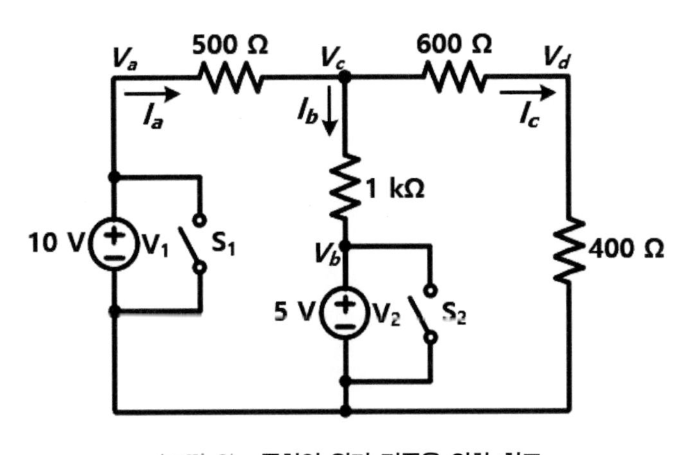

〈그림 8〉 **중첩의 원리 검증을 위한 회로**

2) 〈그림 8〉의 회로를 구성한다. 이때, 스위치 S_1, S_2는 개방(open)하고 두 개의 독립 전압원 V_1, V_2에 각각 10 V, 5V를 인가한다.

3) 각 노드의 전압 및 소자에 흐르는 전류를 측정하여 아래 표에 기록한다.

4) 중첩의 원리를 확인하기 위해, V_2에 0 V를 인가하고 S_2를 단락(short)한다.
(주의) V_2에 0 V를 인가하지 않고 S_2를 단락하지 않도록 주의한다.

5) V_1에 10 V의 전원이 공급된 상태에서 각 노드의 전압(V_{a1}, V_{b1}, V_{c1}, V_{d1}) 및 소자에 흐르는 전류(I_{a1}, I_{b1}, I_{c1})를 측정하여 아래 표에 기록한다.

6) V_1의 전원을 0 V로 놓는다.
(주의) V_1에 0 V를 인가하지 않고 S_1을 단락하지 않도록 주의한다.

7) 스위치 S_1을 단락하고 스위치 S_2를 개방(open)한다.

8) V_2에 5 V의 전원을 공급하고 각 노드의 전압(V_{a2}, V_{b2}, V_{c2}, V_{d2}) 및 소자에 흐르는 전류(I_{a2}, I_{b2}, I_{c2})를 측정하여 아래 표에 기록한다.

9) 중첩의 원리를 이용하여 직접 계산한 결과와 실험을 통해 확보된 결과를 비교한다.

	전압				전류		
	V_a	V_b	V_c	V_d	I_a	I_b	I_c
계산값							
측정값							

	V_1=10 V
V_{a1}	
V_{b1}	
V_{c1}	
V_{d1}	
I_{a1}	
I_{b1}	
I_{c1}	

	V_2=5 V
V_{a2}	
V_{b2}	
V_{c2}	
V_{d2}	
I_{a2}	
I_{b2}	
I_{c2}	

	중첩결과
V_a	
V_b	
V_c	
V_d	
I_a	
I_b	
I_c	

10) 엑셀을 이용하여 시뮬레이션 결과 및 실험 결과표를 시각화하라.

6. 실험 고찰

1) V_1=10 V이고 V_2=5 V일 때 각 소자에 흐르는 전류를 측정하고 계산한다.
2) V_1=10 V이고 V_2=0 V일 때 각 소자에 흐르는 전류를 측정하고 계산한다.
3) V_1=0 V이고 V_2=5 V일 때 각 소자에 흐르는 전류를 측정하고 계산한다.
4) 전류 측정 결과가 중첩의 원리를 만족하는지 확인한다.

실험 이해도 점검

1) 선형 소자는 (　　　)성과 (　　　)성을 만족한다.
2) 중첩의 원리는 독집 전원 중 하나를 선택하고 나머지 독립 전원은 모두 (　　)로 놓는다.
3) 〈그림 1〉에서 중첩의 원리를 이용하여 V를 구하라.
4) 〈그림 3〉에서 중첩의 원리를 이용하여 I_b를 구하라.

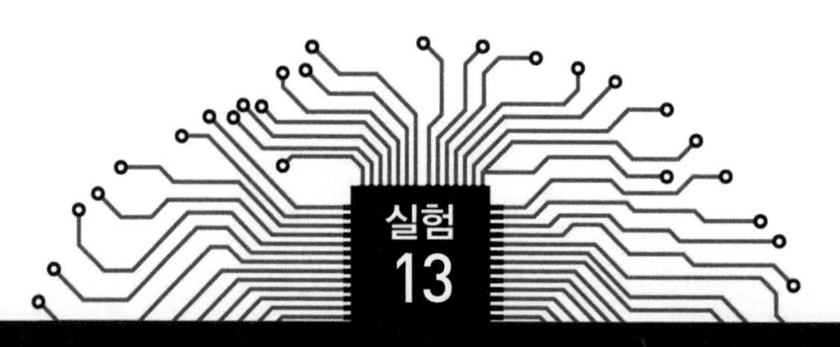

테브냉의 정리

1. 목적

- 전원 공급기 및 디지털 멀티미터의 사용법을 익힌다.
- 직류회로의 테브냉 등가전압(V_{th})과 등가저항(R_{th})을 구한다.
- 실험적으로 테브냉 등가전압과 등가저항을 확인하여 테브냉의 정리를 이해한다.

2. 이론

회로에서 대부분의 소자들이 고정되어 있고 일부 소자가 변하는 경우 테브냉의 정리(Thevenin's theorem)를 이용한 해석은 매우 유용한 방법이다. 테브냉의 정리는 소자가 변할 때마다 전체 회로를 해석하는 번거로움을 피할 수 있게 한다.

2-1. 테브냉의 정리

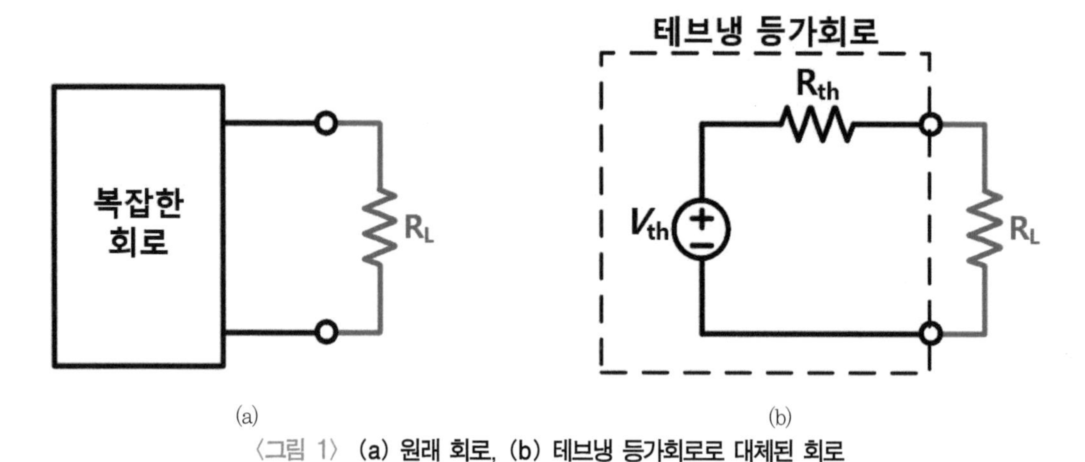

〈그림 1〉 (a) 원래 회로, (b) 테브냉 등가회로로 대체된 회로

〈그림 1〉은 복잡한 회로를 테브냉 등가회로로 대체한 회로를 보여준다. 테브냉의 정리는 복잡한 회로를 하나의 독립 전압인 V_{th}와 테브냉 저항 R_{th}가 직렬로 연결된 등가회로로 대체할 수 있다는 것을 의미한다. 여기서 V_{th}는 부하저항 R_L 사이 단자에서의 개방회로 전압이고 R_{th}는 독립 전압을 제거(단락)한 후 R_L이 제거된 단자에서 본 등가저항을 말한다.

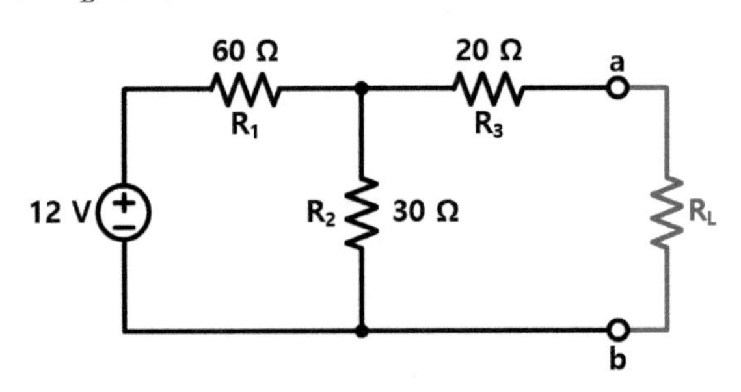

〈그림 2〉 **부하저항 R_L이 포함된 회로**

〈그림 2〉는 부하저항 R_L이 포함된 회로이다. 이제 주요한 관심사는 〈그림 2〉의 회로를 테브냉 등가회로를 구성하기위해 V_{th}와 R_{th}를 어떻게 구하는가이다.

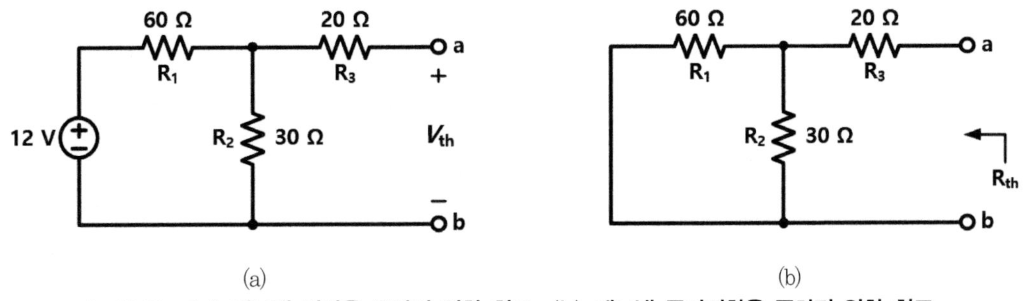

〈그림 3〉 **(a) 테브냉 전압을 구하기 위한 회로, (b) 테브냉 등가저항을 구하기 위한 회로**

〈그림 3〉 (a)는 V_{th}를 구하기 위해 단자 a–b를 개방한 회로이다. 이때, V_{th}를 구하면 다음과 같다.

$$V_{th} = \frac{30}{60+30} \times 12 = 4\ V \qquad \text{(식 1)}$$

〈그림 3〉 (b)는 R_{th}를 구하기 위해 단자 a-b를 개방하고 독립 전압을 제거한 회로이다. 이때, R_{th}를 구하면 다음과 같다.

$$R_{th} = 20 + \frac{60 \times 30}{60 + 30} = 40\,\Omega \qquad (식\ 2)$$

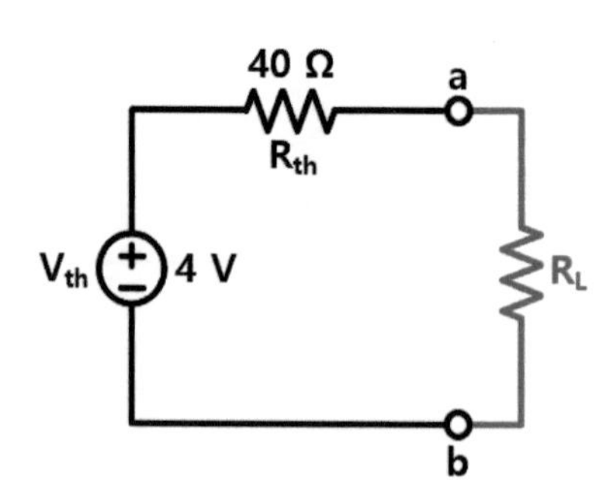

〈그림 4〉 **테브냉 등가회로와 부하저항으로 구성된 회로**

〈그림 4〉는 〈그림 2〉의 회로를 테브냉 등가회로로 대체한 회로이다. 이렇게 테브냉 등가회로로 대체한 회로의 부하저항 R_L에 흐르는 전류나 전압이 원래 회로의 결과와 동일하다.

3. PSpice 실습

[실습 1] 전압 측정, Time Domain(Transient) 해석

1) 시뮬레이션의 목적: Time Domain 해석법으로 V_{th}와 R_{th} 확인

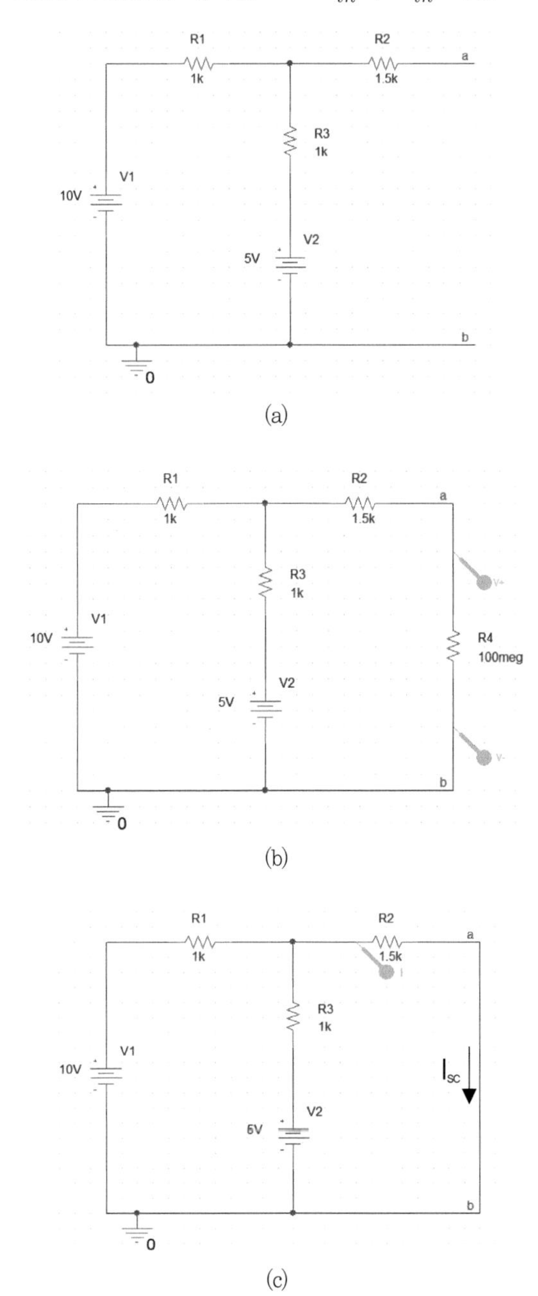

〈그림 5〉 (a) 복잡한 선형회로, (b) V_{th}를 구하기 위한 회로, (c) R_{th}를 구하기 위한 회로

〈그림 5〉 (a)는 테브냉 등가회로를 구하고자 하는 복잡한 선형회로이다. 〈그림 5〉 (b)는 V_{th}를 구하기 위해 a–b 단자가 개방된 회로이다. PSpice에서 a–b 단자 사이의 개방 전압인 V_{th}를 측정하기 위해서는 개방하려는 단자 사이에 매우 큰 저항(예를 들어 100 MΩ)을 삽입하여 측정할 수 있다. 〈그림 5〉 (c)는 테브냉 저항 R_{th}를 구하기 위해 a–b단자를 단락한 회로이다. 테브냉 저항 R_{th}는 a–b 단자 사이에 흐르는 전류 I_{sc}를 이용하여 다음 식으로 구할 수 있다.

$$R_{th} = \frac{V_{th}}{I_{sc}} \tag{식 3}$$

2) 〈그림 6〉은 시뮬레이션 설정을 보여준다. 여기에서는 각 노드의 전압을 측정하기 위해 해석 방법을 'Time Domain (Transient)'로 한다.

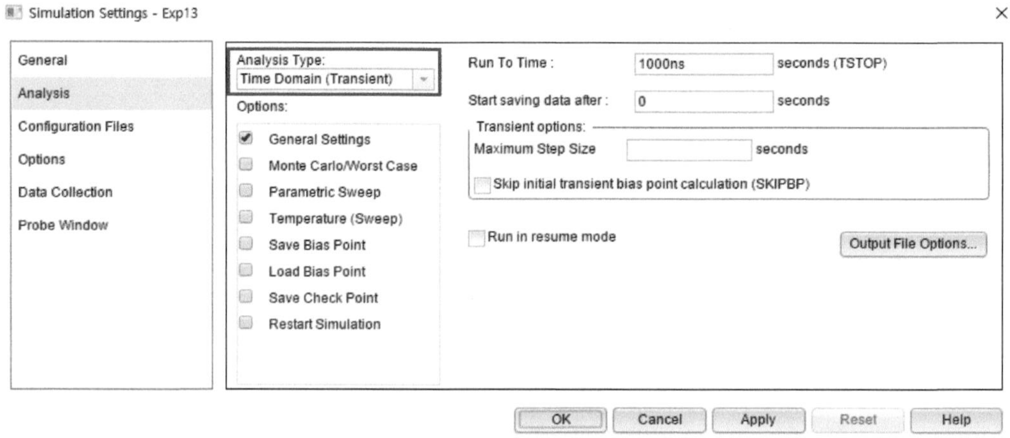

〈그림 6〉 **시뮬레이션 조건 설정**

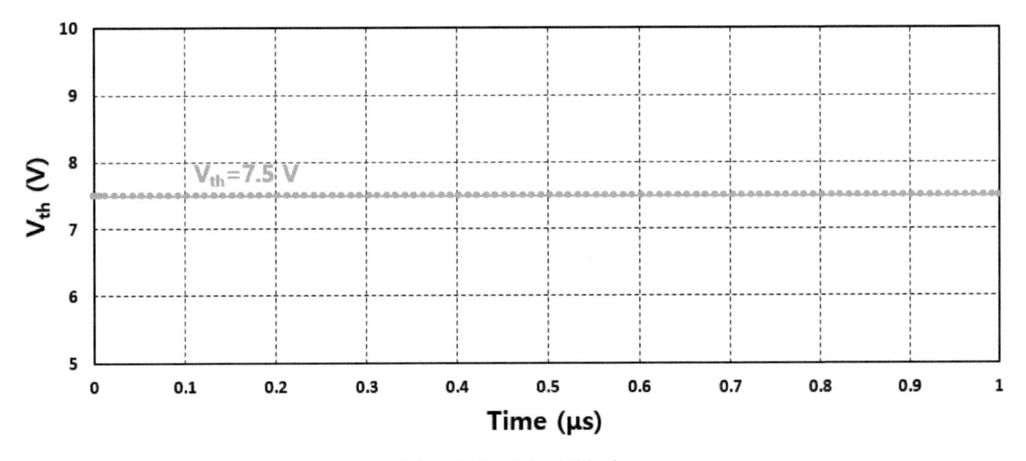

(a) 테브냉 등가 전압(V_{th})

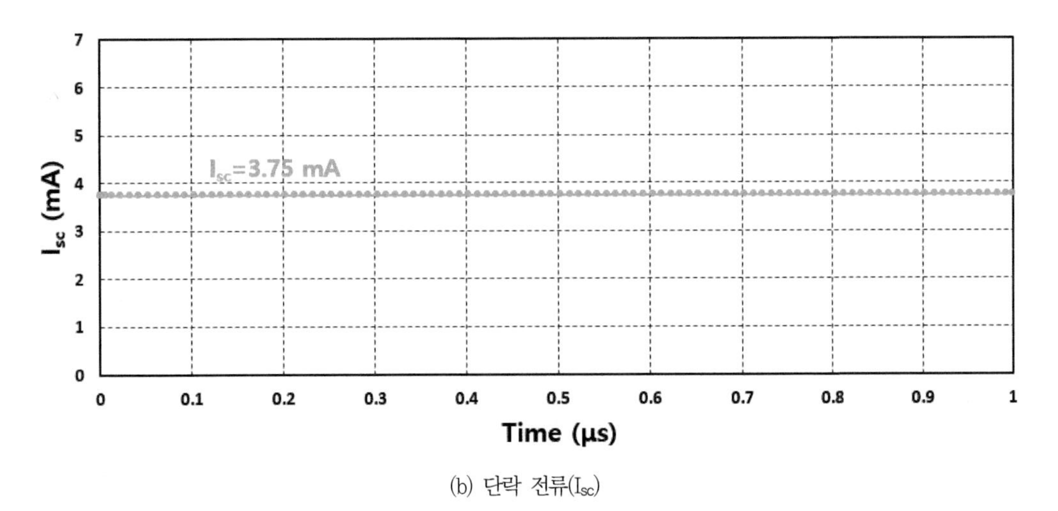

(b) 단락 전류(I_{sc})

〈그림 7〉 **엑셀로 편집된 PSpice 시뮬레이션 결과**

〈그림 7〉은 〈그림 5〉 (b)와 〈그림 5〉 (c)에 대한 시뮬레이션 결과이다. 이때, 테브냉 등가 전압(V_{th})이 7.5 V이고 a–b 단자 사이의 단락 전류(I_{sc})는 3.75 mA이 되어 (식 3)으로 부터 R_{th}를 구하면 2 kΩ이 된다. 다른 방법으로, a–b 단자 사이가 개방된 상태에서 독립전원을 모두 제거한 후 합성 저항을 구해도 동일한 R_{th}를 구할 수 있다.

4. 장비 및 부품

1) 디지털 멀티미터
2) 직류 전원 공급기
3) 저항기 400 Ω, 1.5 kΩ, 2 kΩ 각 1개, 1 kΩ 2개

5. 실험과정

1) 실험에서 주어진 저항기 5개의 띠 색상과 저항기 색 코드 및 정보를 이용하여 각 저항기의 저항 값을 아래 표에 기록한다.

	저항기 색상					이론값	측정값
	첫째	둘째	셋째	넷째	다섯째		
저항 1							
저항 2							
저항 3							
저항 4							
저항 5							

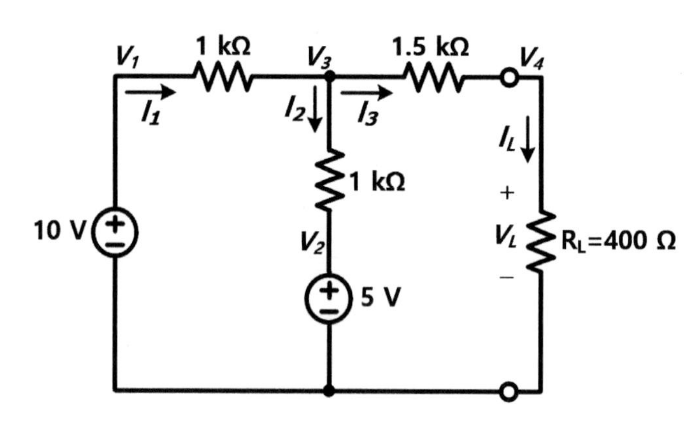

〈그림 8〉 **부하저항 R_L이 포함된 회로**

2) 〈그림 8〉처럼 회로를 꾸미고 각 노드의 전압과 소자에 흐르는 전류를 측정하여 기록한다.

	전압				전류		
	V_1	V_2	V_3	$V_4 = V_L$	I_1	I_2	$I_3 = I_L$
계산값							
측정값							

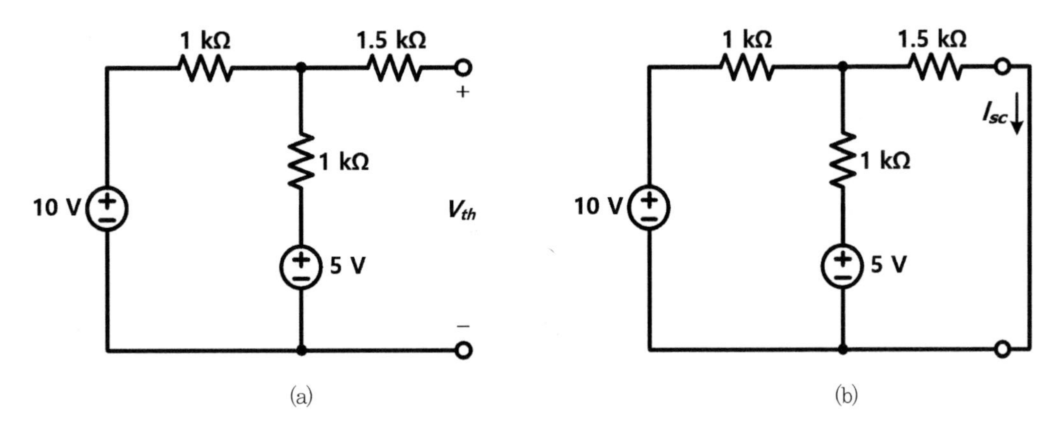

〈그림 9〉 **(a) 테브냉 전압을 구하기 위한 회로, (b) 테브냉 저항을 구하기 위한 회로**

3) 〈그림 9〉 (a)처럼 회로를 꾸미고 V_{th}를 측정하여 아래 표에 기록한다. 또, 〈그림 9〉 (b)처럼 회로를 꾸미고 I_{sc}를 측정하여 아래 표에 기록한다.

	V_{th}	I_{sc}	$R_{th}(=V_{th}/I_{sc})$
측정값			

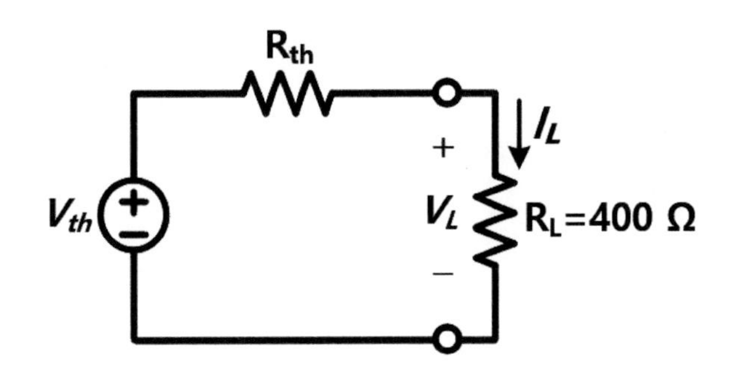

〈그림 10〉 **테브냉 등가회로**

4) 과정 3을 통해 확보된 V_{th}와 R_{th}를 이용하여 〈그림 10〉과 같이 회로를 꾸미고 V_L과 I_L을 측정하여 아래 표에 기록한다. 또, 과정 2의 결과와 비교하여 테브냉의 정리를 확인한다.

	V_L	I_L
측정값		

5) 엑셀을 이용하여 시뮬레이션 결과 및 실험 결과표를 시각화하라.

6. 실험 고찰

1) 테브낭 등가전압 V_{th}를 계산하고 측정값과 비교하라.

2) 테브낭 등가저항 R_{th}를 계산하고 측정값과 비교하라.

3) 테브낭 등가회로를 그리고 회로 해석 시 장점이 무엇인지 설명하라.

실험 이해도 점검

1) 〈그림 5〉 (a)회로에서, 테브낭 등가전압 V_{th}를 구하라.

2) 〈그림 5〉 (c)회로에서, 단락 전류 I_{sc}를 구하라.

3) 문제 1), 2)의 결과와 (식 3)을 이용하여 테브낭 등가저항 R_{th}를 구하라.

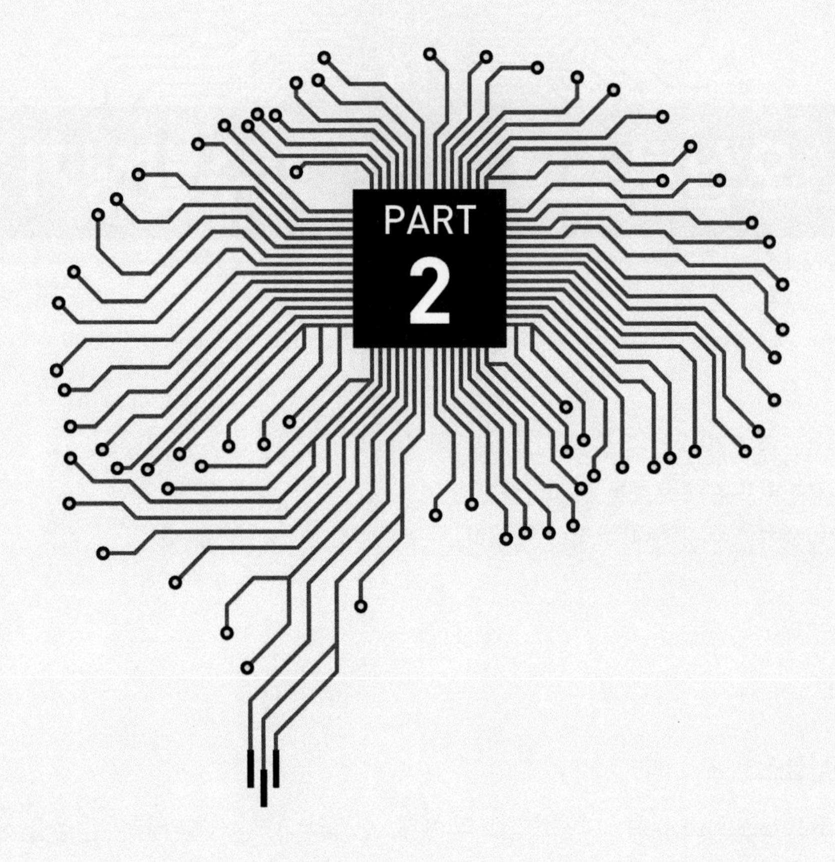

교류회로 실험

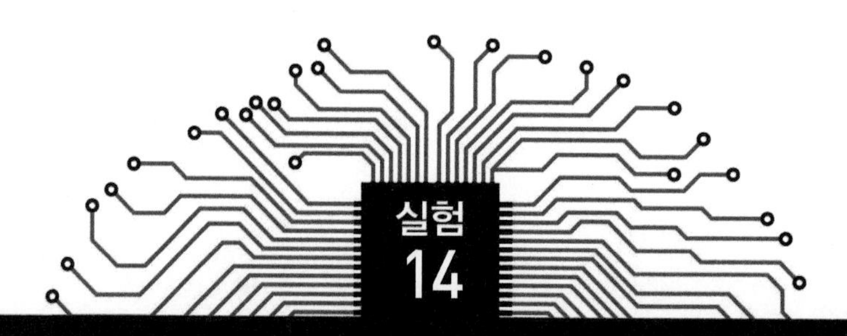

오실로스코프 및 함수발생기

1. 목적

- 오실로스코프 및 함수발생기의 기능을 익힌다.
- 오실로스코프용 프로브를 보정한다.
- 함수발생기를 이용하여 파형을 생성하고 오실로스코프로 측정한다.

2. 이론

2-1. 오실로스코프

오실로스코프(oscilloscope)는 다양한 신호의 형태, 신호의 크기, 신호의 타이밍 등을 시각적으로 관찰할 수 있는 장비로 주로 주기적으로 반복되는 전자 신호를 파악하는데 사용한다. 보통 오실로스코프에는 시간과 전압에 따른 눈금이 표시되어 있으며 이를 통해 파형의 최대/최소, 신호의 주기, 관련 신호간의 시간 간격, 위상차 등을 분석할 수 있게 한다.

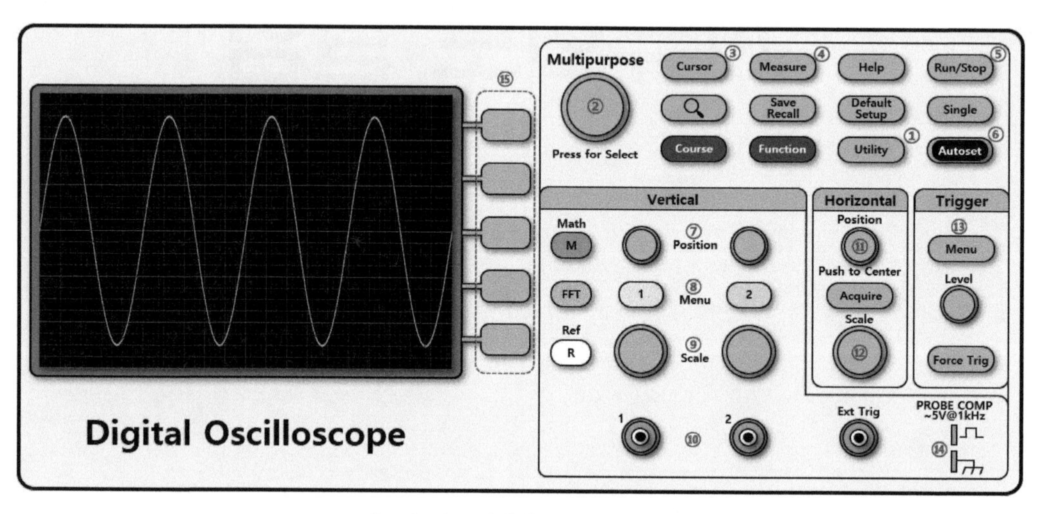

〈그림 1〉 디지털 오실로스코프

〈그림 1〉은 일반적인 디지털 오실로스코프의 개략도이다. 디지털 오실로스코프는 제조회사와 제품에 따라 차이는 있지만 기본적인 사용법은 비슷하다. 오실로스코프의 기본적인 기능들을 ①~⑮의 번호를 이용하여 살펴보면 다음과 같다. 본 장에서는 기본적인 내용만 설명하며 상세 기능은 각 제품의 매뉴얼을 통해 확인 가능하다.

① Utility(유틸리티) : 디스플레이의 설정, 표시 언어, 자체 교정 등 다양한 편의 기능을 표시한다. 처음에 오실로스코프 실행 시 원하는 언어로 설정할 수 있다.

② Multipurpose knob(범용 노브) : 범용 노브(다이얼)는 다음과 같은 두 가지 기능이 있다.
- '선택' 기능: 노브를 돌려 메뉴의 항목을 선택하거나 커서를 이동시킨다.
- '클릭' 기능: 노브를 눌러 선택한 메뉴의 항목을 실행하거나 값을 선택한다.

③ Cursor(커서) : 커서는 전압의 진폭 및 시간의 변화(주기 등)를 측정할 수 있게 한다. 커서 1과 커서 2를 범용 노브로 이동하여 원하는 결과를 화면에 표시할 수 있도록 한다.

④ Measure(측정) : 측정 모드로 전환되어 V_{PP}, RMS, AVERAGE, Frequency, Period, Duty Cycle 등 다양한 측정 기능을 선택할 수 있도록 한다.

⑤ Run/Stop(시작/정지) : 버튼이 녹색(또는 노란색)이면 오실로스코프가 작동 중으로 데이터를 수집하고 있음을 의미한다. 이 상태에서 'Run/Stop' 버튼을 다시 누르면 데이터 수집이 중단되며 버튼이 빨간색이 된다.

⑥ Autoset(자동설정) : 자동으로 최적의 파형이 화면에 표시되도록 한다.

⑦ Position(위치) : 수직축 조작 다이얼로, 파형을 상/하로 움직여 CH1과 CH2 파형의 수직 위치를 조정한다.

⑧ Menu(메뉴) : 사용하고자 하는 채널(CH1, CH2)을 활성화 또는 비활성화 시킨다.

⑨ Scale(스케일) : 파형의 수직축 크기를 조절하여 파형을 수직으로 확대 또는 축소시킨다.

⑩ Input connector(입력 단자) : 사용하고자 하는 채널(CH1, CH2)을 선택하여 프로브를 연결한다. Ext Trig는 외부 동기 신호를 트리거 회로에 연결할 때 사용한다.

⑪ Position(위치) : 수평축 조작 다이얼로, 파형을 좌/우로 움직여 CH1과 CH2 파형의 수평 위치를 조정한다.

⑫ Scale(스케일) : 파형의 수평축 크기를 조절하여 파형을 수평으로 확대 또는 축소시킨다.

⑬ Trigger Menu(트리거 메뉴) : 트리거 메뉴 버튼은 트리거 설정에 대한 사이드 메뉴를 연다. 트리거 종류는 에지, 비디오, 펄스가 있으며 범용 노브를 이용하여 선택한다. 추가로, Trigger Level은 트리거 기준 전압을 설정한다. 만약, 1 V의 하강에지를 선택한다면 1 V이상의 신호에서 1 V이하로 떨어지는 순간 신호를 잡는다.

⑭ PROBE COMP(프로브 보정) : PROBE COMP 단자에서는 5 V, 1 kHz의 펄스 파형이 출력되며 화면에 나타나는 펄스 파형을 통해 프로브를 점검한다.

⑮ 보조 메뉴 버튼 : 화면에 표시된 사이드 메뉴와 연계되어 있으며 범용 노브를 이용하여 세부 메뉴를 선택할 수 있다.

2-2. 함수발생기

함수발생기(function generator)는 특정한 주파수를 갖는 임의의 파형(정현파, 구형파 등)을 발생시키는 장비이다. 이 함수발생기는 신호원으로써 보통 오실로스코프와 함께 사용되며 회로 실습 등에 없어서는 안 되는 장비이다.

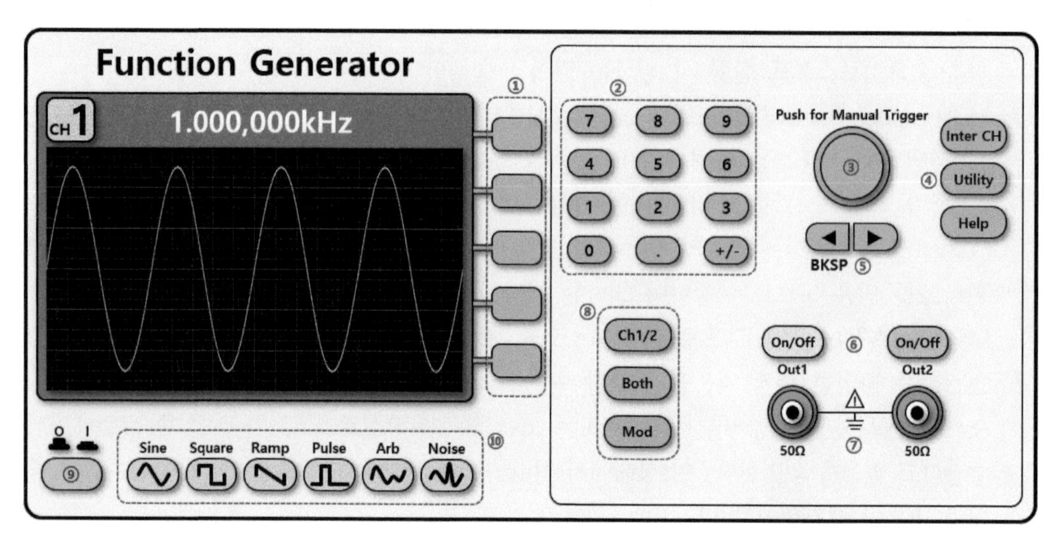

〈그림 2〉 **함수발생기**

〈그림 2〉는 일반적인 함수발생기의 개략도이다. 함수발생기는 제조회사와 제품에 따라 차이는 있지만 기본적인 사용법은 비슷하다. 위 함수발생기의 기본적인 기능들을 ①~⑩의 번호를 이용하여 살펴보면 다음과 같다. 본 장에서는 기본적인 내용만 설명하며 상세 기능은 각 제품의 매뉴얼을 통해 확인 가능하다.

① Bezel(베젤) 메뉴 : 전면 패널 버튼을 누르면 화면 오른쪽에 해당 메뉴가 표시되고 베젤 버튼을 눌러 원하는 옵션을 선택한다.
② 숫자 키패드 : 직접 키패드를 눌러 원하는 숫자, 점, +/− 부호 등을 입력한다.
③ 범용 노브 : 다이얼을 돌려 원하는 값으로 설정한다.
④ Utility(유틸리티) : 디스플레이의 설정, 표시 언어 등 다양한 편의 기능을 표시한다.
⑤ BKSP(방향키) : 파형의 크기, 위상, 주파수 등 값을 변경할 때 화살표 버튼을 이용하여 특정 숫자를 선택할 수 있다.
⑥ Channel output On/Off : CH1 또는 CH2에 해당하는 버튼을 눌러 원하는 채널을 활성화 시킨다.
⑦ Output connector(출력 단자) : 원하는 단자에 연결하여 파형을 출력한다.
⑧ Ch1/2 : 화면 디스플레이를 제어한다. 버튼을 누를 때마다 CH1과 CH2가 전환된다.
Both : 두 채널(CH1, CH2)의 파라미터들을 화면에 디스플레이한다.

Mod : 전원을 켠 후 기본 실행 모드는 연속(continuous) 모드이다. 이 버튼을 눌러 4개의 실행 모드(Mod, Sweep, Burst, Continuous)중 선택할 수 있다.

⑨ Power(전원) : 함수발생기의 전원을 on/off 한다.

⑩ Function(함수) : 원하는 파형(사인, 구형파, 램프, 펄스, 노이즈 등)을 선택한다.

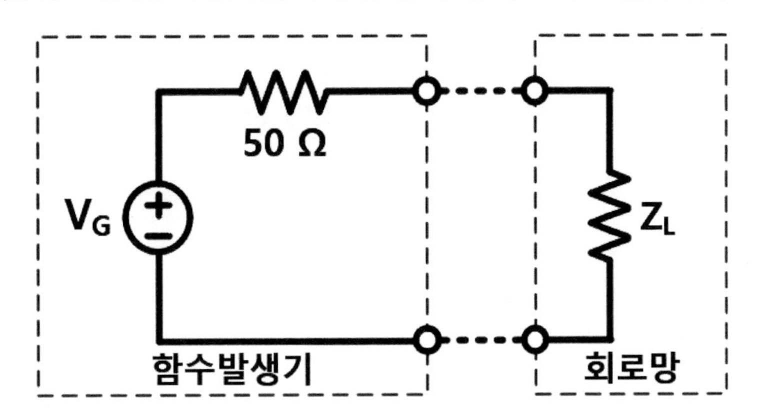

〈그림 3〉 **함수발생기 등가회로**

함수발생기를 사용할 때 부하 임피던스(회로망의 입장에서는 입력 임피던스)를 고려해야 한다. 〈그림 3〉은 함수발생기 내부 등가회로에 부하 임피던스가 연결된 회로이다. 그림에서 보듯이, 함수발생기의 내부 임피던스는 50 Ω이다. 고주파에서 전력 전송과 신호파형의 왜곡을 고려하여 기준 임피던스로 50 Ω을 주로 사용한다. 보통, 함수발생기는 부하 임피던스(Z_L)가 50 Ω이라고 가정하도록 '50 Ω 모드'로 설정되어 있다. 하지만, 많은 경우 회로망을 꾸며 실험할 때 오실로스코프로 측정한 파형이 함수발생기에서 설정 파형과 다른 결과를 야기할 수 있다.

50 Ω 모드인 경우, 함수발생기에서 진폭이 1 V인 파형을 설정했다면, 함수발생기 자체적으로 Z_L=50 Ω으로 가정하고 전압을 분배하여 V_G=2 V인 신호를 발생시키게 된다. 일반 기초 실험에서, 회로망의 입력 임피던스(Z_L)는 50 Ω보다 높은 값을 갖는다. 따라서, Z_L이 50 Ω보다 충분히 크다면 V_G가 대부분 Z_L 양단에 걸리게 되어 1 V가 아닌 2 V의 진폭을 갖는 신호가 Z_L에 전달되고 오실로스코프에서는 함수발생기에서 설정한 1 V가 아닌 2 V의 파형이 검출된다. 이를 해결하기 위해, 함수발생기의 '④ Utility' → 'Output setup'의 과정을 통해 50 Ω 모드에서 'high-Z 모드'로 바꾸어야 한다.

2-3. 오실로스코프용 프로브

오실로스코프로 파형을 검출하기 위해서는 〈그림 4〉와 같은 오실로스코프용 프로브가 필요하다. 오실로스코프용 프로브는 크게 BNC 커넥터, 케이블, 프로브로 구성되어 있다. 이때, 프로브의 BNC 커넥터는 〈그림 1〉의 입력 단자 ⑩에 연결되며 프로브는 측정하고자 하는 노드에 연결한다.

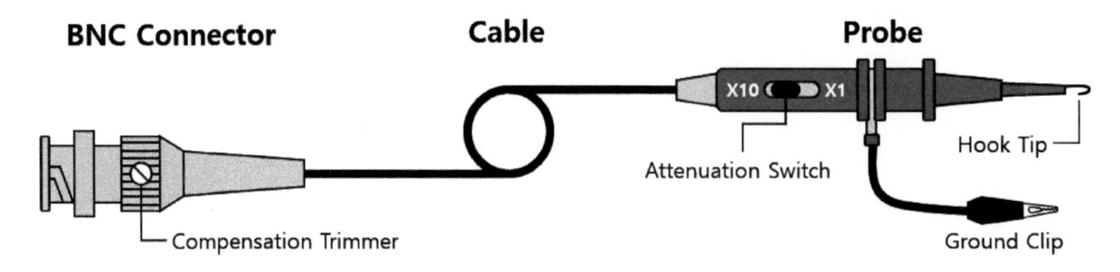

〈그림 4〉 **오실로스코프용 프로브**

우선, BNC 커넥터를 오실로스코프에 연결하면 〈그림 1〉의 ⑭ PROBE COMP(프로브 보정)에 프로브를 연결하여 프로브 보정을 해야 한다. 만약 오실로스코프 화면에 〈그림 5〉의 정상 보정과 같은 파형이 나오지 않는다면 〈그림 4〉의 보정 트리머(compensation trimmer)를 일자(−) 드라이버로 돌려 보정을 진행한다.

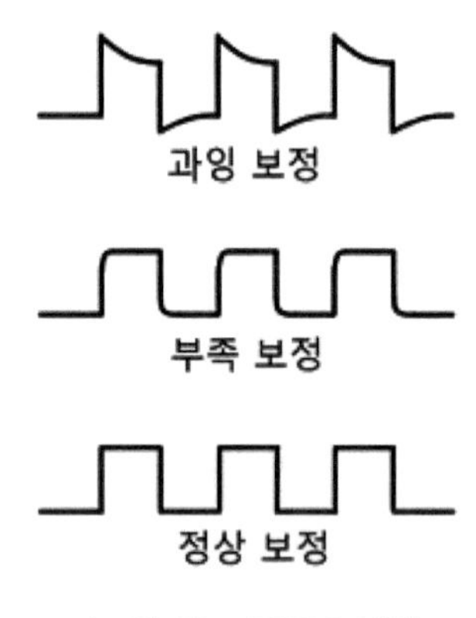

〈그림 5〉 **프로브 보정**

〈그림 4〉에서 보듯이, 프로브에는 ×10 및 ×1 감쇄 선택 스위치가 있다. 만약 ×10에 스위치를 놓으면 오실로스코프로 들어가는 입력신호가 1/10로 줄어들어 진폭이 큰 신호의 파형을 쉽게 관찰할 수 있다.

3. 장비 및 부품

1) 오실로스코프 및 함수발생기
2) 함수발생기

4. 실험과정

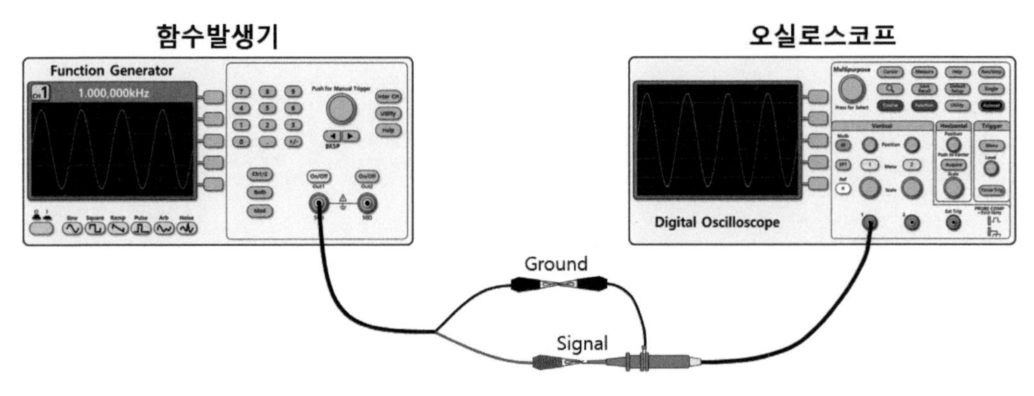

〈그림 6〉 **함수발생기와 오실로스코프 사용법 확인**

[실험 1] 함수발생기에서 5-V_{PP} & 1 kHz 정현파 인가

1) 오실로스코프에 프로브를 연결하고 프로브 보정을 진행한다.
2) 〈그림 6〉과 같이 함수발생기와 오실로스코프의 프로브를 서로 연결하여 파형을 살펴본다. 이때, 함수발생기는 '50 Ω 모드'로 설정한다.
3) 오실로스코프의 수직축 및 수평축 조절 다이얼을 이용하여 파형을 원하는 위치로 이동시켜 보라. 또, 스케일 다이얼을 이용해 파형을 수직 또는 수평으로 확대/축소해보라.

〈표 1〉 **오실로스코프 측정 결과**

	측정값		
	최댓값(max)	최솟값(min)	첨두치(peak-to-peak)
Measure 이용			
Cursor 이용			

	주기(T)	주파수(f)	T와 f의 관계 확인
Measure 이용			

4) 함수발생기를 'high-Z 모드'로 설정하고 위 실험을 다시 반복하라.

〈표 2〉 오실로스코프 측정 결과

	측정값		
	최댓값(max)	최솟값(min)	첨두치(peak-to-peak)
Measure 이용			
Cursor 이용			

	주기(T)	주파수(f)	T와 f의 관계 확인
Measure 이용			

5. 실험 고찰

1) 오실로스코프용 프로브의 보정 방법을 설명하라.
2) Measure 기능과 Cursor 기능 사용법을 설명하라.
3) 함수발생기의 출력 임피던스 모드(50 Ω 모드, high-Z 모드)에 따른 파형을 비교하라.

실험 이해도 점검

1) ( )는 다양한 신호의 형태, 신호의 크기, 신호의 타이밍 등을 시각적으로 관찰할 수 있다.
2) ( )는 특정한 주파수를 갖는 임의의 파형(정현파, 구형파 등)을 발생시키는 장비이다.
3) 오실로스코프에서 자동으로 최적의 파형이 화면에 표시되도록 하는 버튼은 ( )이다.
4) 함수발생기가 '50 Ω 모드'일 때, 진폭이 2 V가 출력되도록 함수발생기를 설정하였다면 오실로스코프 화면에는 진폭이 ( ) V인 파형이 측정된다.
5) 함수발생기가 'high-Z 모드'일 때, 진폭이 2 V가 출력되도록 함수발생기를 설정하였다면 오실로스코프 화면에는 진폭이 ( ) V인 파형이 측정된다.
6) 오실로스코프용 프로브에서, ( ) 감쇄 스위치를 선택하면 오실로스코프로 들어가는 입력신호가 1/10로 줄어들어 진폭이 (큰 / 작은) 신호의 파형을 쉽게 관찰할 수 있다.

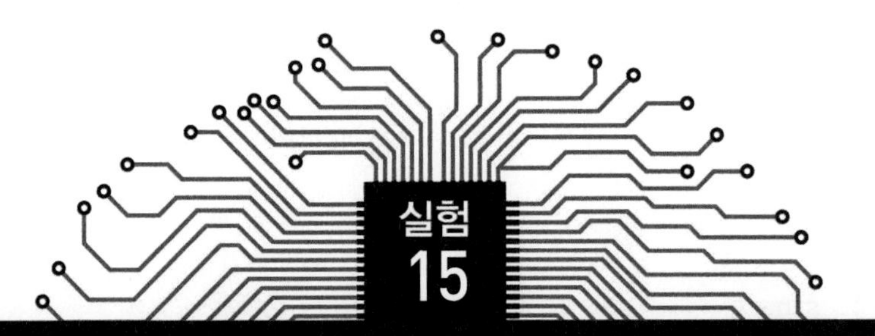

교류신호의 최댓값, 평균값, 실횻값

1. 목적

- 함수발생기 및 오실로스코프의 사용법을 익힌다.
- 교류신호에 대한 최댓값, 평균값, 실횻값의 관계를 확인한다.
- 교류 전압의 최댓값, 평균값, 실횻값을 실험으로 확인한다.

2. 이론

주기 T는 어떤 파형이 같은 값을 다시 반복하는데 걸리는 가장 작은 시간이며 단위는 초(sec)이다. 주기 파형 $x(t)$는 임의의 정수값에 대해서 다음과 같이 표현할 수 있다.

$$x(t) = x(t + nT) \quad \text{(식 1)}$$

가장 대표적인 주기 함수는 $\sin wt, \cos wt$와 같은 삼각함수이다.

2-1. 순시값(instantaneous value) 및 최댓값(maximum value)

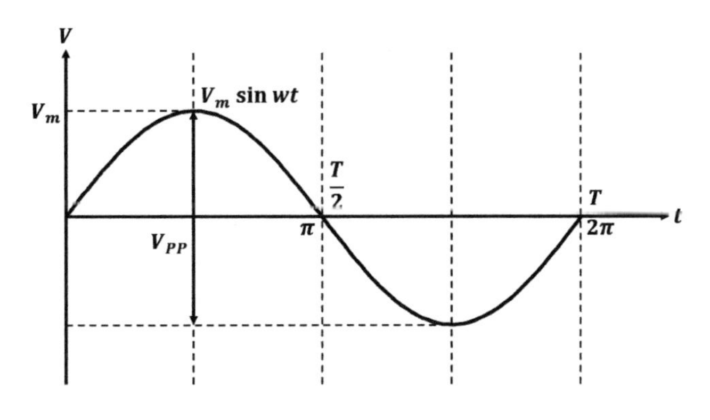

〈그림 1〉 주기 T를 갖는 정현파 전압 신호

정현파 교류 전압 $v(t)$와 전류 $i(t)$는 다음과 같이 표현되며 일반적인 시변 정현파 주기 전압 파형은 〈그림 1〉과 같다.

$$v(t) = V_m \sin wt \qquad \text{(식 2)}$$

$$i(t) = I_m \sin wt \qquad \text{(식 3)}$$

위와 같이 시간에 따라 변하는 전압 또는 전류는 임의의 시간에 따라 순간순간 값이 변하기 때문에 순시값이라 한다. 이 순시값 중에서 가장 큰 값을 최댓값 또는 피크값(peak value)이라 하며 (식 2)와 (식 3)에서 V_m, I_m은 각각 전압과 전류 파형의 최댓값(피크값)을 나타낸다. (식 2)와 (식 3)에서 w는 각주파수로서 회전운동을 하는 점이 1초 동안 이동한 각도를 나타내며 단위는 [rad/s]이다. 점이 한 바퀴를 돌 경우, 회전각 $\theta = 2\pi\,[rad] = 360^o$가 되고 한 바퀴 돌 때 걸리는 시간을 주기 T라 한다. 따라서, 각주파수는 다음과 같이 표현된다.

$$w = \frac{\theta}{t} = \frac{2\pi}{T} = 2\pi f\,[rad/s] \qquad \text{(식 4)}$$

(식 4)로부터 각주파수(w)에 시간 t를 곱하면 각도 θ값이 나오는 것을 알 수 있다. 파형의 (+) 최댓값에서 (−) 최댓값 사이의 값을 피크 간 전압이라 하며 다음과 같이 표현한다.

$$V_{PP} = 2 \times V_m \qquad \text{(식 5)}$$

즉, 이 피크 간 전압은 최댓값의 두 배가 된다.

2-2. 평균값(average value)

〈그림 1〉에서 한 주기에 대한 정현파 교류 전압의 평균값은 다음과 같다.

$$V_{av} = \frac{1}{T}\int_0^T V_m \sin wt\, dt \qquad \text{(식 6)}$$

$$= \frac{V_m}{T} \times (-\frac{1}{w})\cos wt \Big|_0^T = 0$$

위 결과와 같이 정현파 교류전압의 파형은 (+)파형과 (−)파형이 서로 대칭이기 때문에 한 주기 동안 평균을 하면 0이 된다. 따라서, 교류에서의 평균값이라 함은 순시값의 반주기에 대한 평균값을 말하며 다음과 같다.

$$V_{av} = \frac{2}{T}\int_0^{\frac{T}{2}} V_m \sin wt \, dt \qquad \text{(식 7)}$$

$$= \frac{2V_m}{T} \times (-\frac{1}{w})\cos wt \Big|_0^{\frac{T}{2}}$$

$$= \frac{2V_m}{T} \times (-\frac{1}{w})(\cos\pi - \cos 0)$$

$$= \frac{2V_m}{\pi} = 0.637 V_m$$

2-3. 실횻값(rms value)

저항 R을 통해 흐르는 정현파 전압 파형 $v(t)$에 대하여 저항이 소모하는 평균 전력(P_{av})은 다음과 같다.

$$P_{av} = \frac{1}{T}\int_0^T p(t)\,dt \qquad \text{(식 8)}$$

$$= \frac{1}{T}\int_0^T \frac{v^2(t)}{R}\,dt$$

위와 같이 교류 전압인 $v(t)$가 저항 R에 전달하는 평균 전력인 P_{av}와 동일한 전력을 직류 전압을 통해 저항 R에 전달한다고 가정했을 때, 그 직류 전압값을 실횻값 V_{eff}라 하며 다음과 같다.

$$P_{av} = \frac{1}{T}\int_0^T \frac{v^2(t)}{R}\,dt = \frac{V_{eff}^2}{R} \qquad \text{(식 9)}$$

(식 8)과 (식 9)를 이용하여 실횻값 V_{eff}에 대하여 식을 정리하면 다음과 같다.

$$V_{eff} = \sqrt{\frac{1}{T}\int_0^T v^2(t)\,dt} = \frac{V_m}{\sqrt{2}} = 0.707 V_m \qquad \text{(식 10)}$$

이는 시간에 따라 전압 또는 전류가 변해도 각각의 실횻값을 이용하여 마치 시간 불변의 직류처럼 적용해서 평균 전력을 구할 수 있다는 것이다. (식 10)에서 보듯이, 실횻값은 $v(t)$를 제곱한 후 평균에 제곱근을 하여 얻는다. 따라서, 실횻값을 제곱-평균-제곱근(root-mean-square) 값 또는 줄여서 rms 값이라 하며 다음과 같이 정의할 수 있다.

$$V_{rms} = V_{eff} = \sqrt{\frac{1}{T}\int_0^T v^2(t)\,dt} = \frac{V_m}{\sqrt{2}} = 0.707\,V_m \qquad \text{(식 11)}$$

일반적으로 디지털 멀티미터(DMM)로 교류를 측정하면 실횻값이 측정되며 오실로스코프를 이용하여 교류의 최댓값, 평균값, 실횻값 등을 측정할 수 있다.

3. 장비 및 부품

1) 함수발생기 및 오실로스코프
2) 디지털 멀티미터
3) 저항기 1 kΩ 1개, 2 kΩ 1개

4. 실험과정

1) 실험에서 주어진 저항기 2개의 띠 색상과 저항기 색 코드 및 정보를 이용하여 각 저항기의 저항값을 아래 표에 기록한다.

	저항기 색상					이론값	측정값
	첫째	둘째	셋째	넷째	다섯째		
저항 1							
저항 2							

2) 〈그림 2〉 (b)와 같이 회로를 꾸미고 오실로스코프를 이용하여 한 주기에 대한 노드 A–B 사이의 전압을 측정하여 아래 표에 기록한다. 이때, Cursor로 반주기에 대한 평균값을 측정할 때 Measure의 '커서 평균' 기능을 함께 이용한다.

주의 두 노드 A–B 사이의 전압을 측정하기 위해 〈그림 2〉 (a)처럼 할 경우 불안정한 전압측정이 된다. 함수발생기와 오실로스코프와 같은 계측기는 감전 사고를 막고 기준 접지 전위 설정을 위해 계측기의 본체를 접지시키게 된다. 오실로스코프의 검정색 측정 프로브는 접지를 위한 것으로 (a)와 같이 연결하였을 때 2 kΩ 양단의 전압이 0 V가 되어 단락(short)으로 인식되어 회로에 흐르는 전류값에 오차가 발생하게 되고 A–B 사이의 전압을 정확하게 측정 할 수 없다. 따라서, 〈그림 2〉 (b)처럼 CH1–CH2를 이용하여 각각 전압을 측정하고 그 차이로 접지되어 있지 않은 두 노드 A–B 사이의 전압을 측정한다.

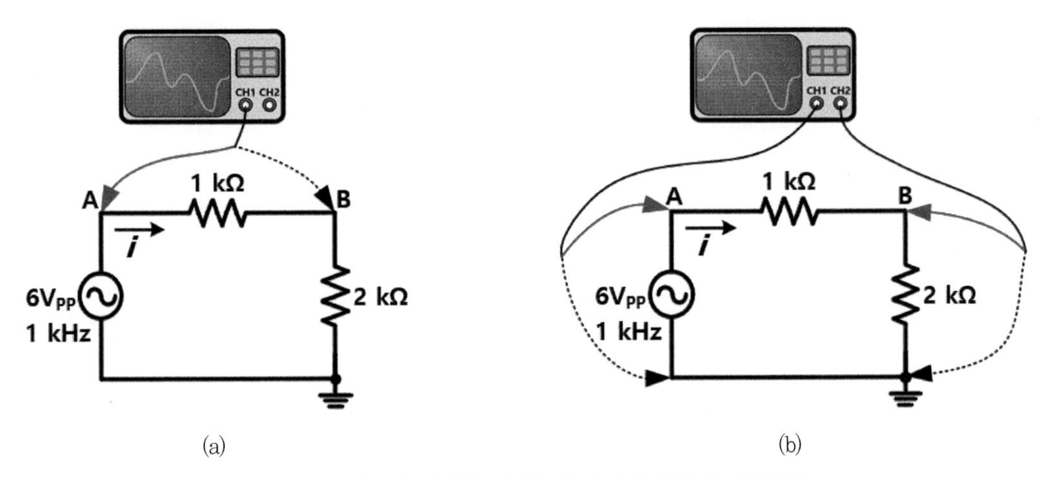

〈그림 2〉 **(a) 불안정한 전압측정 및 (b) 안정된 전압측정**

	최대전압, V_m [V]			평균전압, V_{av} [V]			실효전압, V_{rms} [V]		
	V_A	V_B	V_{AB}	V_A	V_B	V_{AB}	V_A	V_B	V_{AB}
이론값									
측정값									

3) 함수발생기의 인가전압을 12V_{PP}로 바꾸고 실험을 반복하라.

	최대전압, V_m [V]			평균전압, V_{av} [V]			실효전압, V_{rms} [V]		
	V_A	V_B	V_{AB}	V_A	V_B	V_{AB}	V_A	V_B	V_{AB}
이론값									
측정값									

4) 엑셀을 이용하여 실험 결과표를 시각화하라.

5. 실험 고찰

1) 전압에 대한 최댓값, 실횻값, 평균값을 비교하라.
2) 전류에 대한 최댓값, 실횻값, 평균값을 비교하라.

실험 이해도 점검

1) 순시값 중 가장 큰 값을 (   ) 또는 (   )라 한다.
2) $v(t) = V_m \sin wt$일 때, 반주기 평균값이 $V_{av} = 0.637 V_m$임을 보여라.
3) 정현파 전압의 최댓값(V_m)이 10 V일 때 실횻값(V_{rms})은 얼마인가?
4) 정현파 전류의 실횻값(I_{rms})이 7.07 A일 때 정현파 전류의 평균값(I_{av})은 얼마인가?
5) 문제 4)의 정현파에서, 피크간 전류(I_{PP})는 얼마인가?

실험 16

용량성 리액턴스

1. 목적

- 커패시터는 직류에서는 개방, 교류에서는 주파수가 높아질수록 단락됨을 확인한다.
- 용량성 리액턴스(capacitive reactance, X_C)는 커패시턴스에 반비례함을 확인한다.

2. 이론

2-1. 커패시턴스와 리액턴스

리액턴스 성분인 인덕턴스(inductance)와 커패시턴스(capacitance)도 교류회로에서 전류의 흐름을 방해한다. 커패시터는 C로 표기하고 커패시터의 교류에 대한 저항을 용량성 리액턴스 X_C라 한다. 커패시터의 X_C는 커패시턴스 C와 인가 전원의 주파수 f에 반비례하며 다음 식 1과 같다.

$$X_C = \frac{1}{wC} = \frac{1}{2\pi f C} = \frac{V_C}{I_C} \quad \text{(식 1)}$$

여기서, X_C, C, f의 단위는 각각 옴(ohm) [Ω], 패럿(farad) [F], 헤르츠(hertz) [Hz]이다. $C = 0.1\,[\mu F]$인 커패시터의 X_C와 f의 관계를 예시로 살펴보자.

주파수 $f = 0$일 때 $X_C = \frac{1}{2\pi f C} = \infty\ [\Omega]$

주파수 $f = 1000\,[Hz]$일 때 $X_C = \frac{1}{2\pi \times 1000 \times 0.1 \times 10^{-6}} = 1.6\,[k\Omega]$

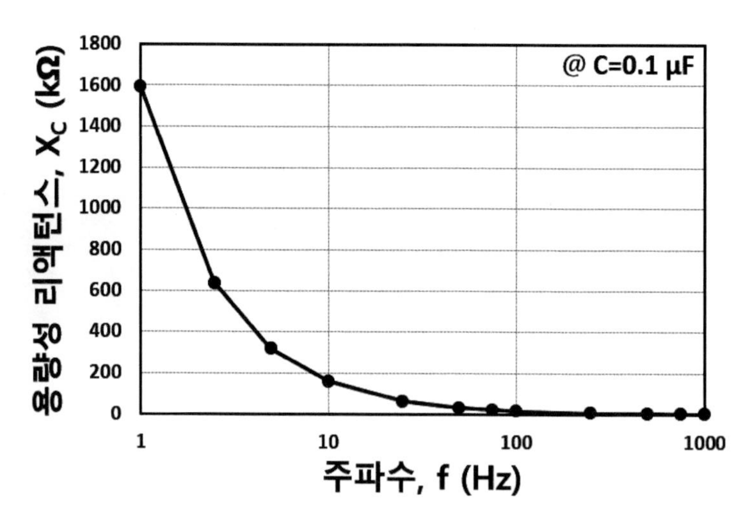

〈그림 1〉 **주파수에 따른 용량성 리액턴스 변화**

이러한 결과는, 커패시턴스는 주파수가 낮을수록 저항이 증가하며 직류에서는 개방처럼 동작함을 말한다. 반면에 주파수가 높을수록 저항이 감소하여 커패시터는 고주파수에서 단락처럼 동작함을 보여준다.

2-2. X_C의 측정

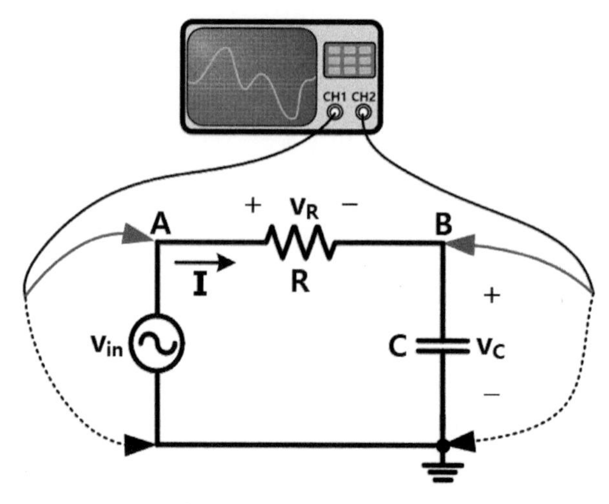

〈그림 2〉 **커패시터의 특성 확인을 위한 회로**

〈그림 2〉는 커패시터의 특성을 확인하기 위한 회로이다. 임피던스는 교류회로에서 전류의 흐름을 방해하는 역할을 총칭하며 기호는 Z이고 단위는 $[\Omega]$이다. 위 회로에서, 임피던스 $Z = R - jX_C$이며 만약 R이 X_C에 비해 매우 작다면 용량성 리액턴스는 임피던스와 같다. 교류회로에서 전압이 V, 전류가 I이고 임피던스가 Z일 때 여전히 옴의 법칙이 유효하고 다음과 같은 관계를 갖는다.

전압 : $V = I \times Z$

전류 : $I = \dfrac{V}{Z}$

임피던스 : $Z = \dfrac{V}{I}$

용량성 리액턴스는 교류회로의 옴의 법칙에 따라, $X_C = \dfrac{V_C}{I}$로 구할 수 있다. 이때, $I = \dfrac{V_R}{R}$이므로 용량성 리액턴스는 다음과 같다.

$$X_C = \frac{V_C}{I} = \frac{V_C}{V_R} R \qquad \text{(식 2)}$$

즉, 회로의 동작 주파수에서 계측기를 이용하여 커패시터 양단의 전압과 전류를 측정하여 리액턴스를 구할 수 있다. 만약, 전류를 구하기 쉽지 않은 경우에는 저항 양단의 전압과 커패시터 양단의 전압을 이용하여 커패시터에 대한 용량성 리액턴스를 구할 수 있다.

3. PSpice 실습

[실습 1] 주파수에 따른 커패시터 특성, AC Sweep/Noise 해석

1) **시뮬레이션의 목적:** AC Sweep/Noise 해석법으로 주파수에 따른 커패시터 특성 확인

2) 주파수(f)에 따른 커패시터 전압 관계를 확인한다. (VAC 이용, Vac=3 V)

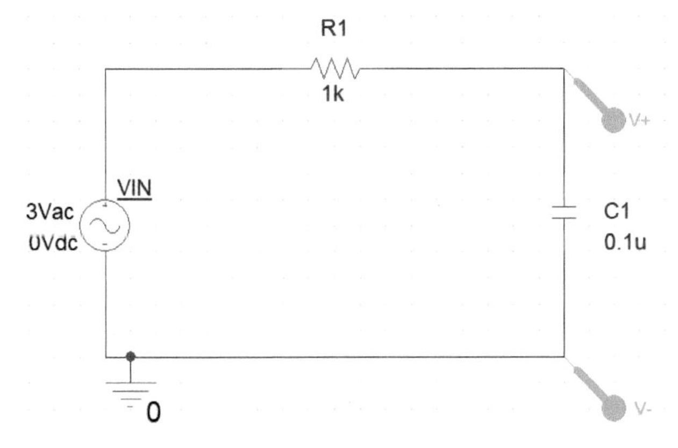

〈그림 3〉 **주파수에 따른 커패시터 특성 확인을 위한 시뮬레이션 회로**

3) 〈그림 4〉는 시뮬레이션 설정을 보여준다. 여기에서는 주파수에 따른 커패시터 전압을 측정하기 위해 해석 방법을 'AC Sweep/Noise'로 한다.

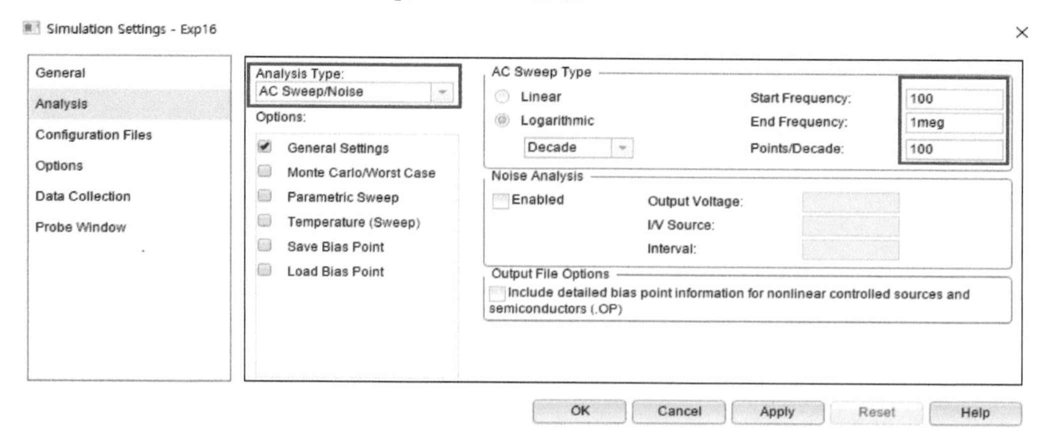

〈그림 4〉 **시뮬레이션 조건 설정**

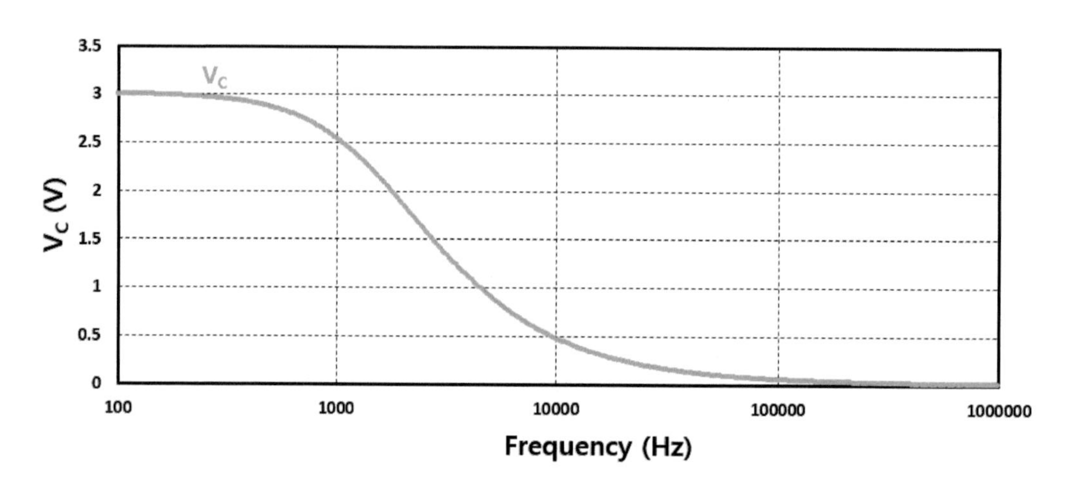

〈그림 5〉 **주파수에 따른 커패시터 양단 전압 시뮬레이션 결과**

〈그림 5〉는 주파수에 따른 커패시터 양단 전압을 측정한 시뮬레이션 결과이다. (식 1)에서 보듯이, 용량성 리액턴스 X_C는 주파수에 반비례하여 낮은 주파수에서 R_1보다 큰 값을 가져 인가전압 대부분이 커패시터에 걸리게 된다. 하지만, 주파수가 증가할수록 X_C가 점차 작아지며 매우 높은 주파수에서 X_C는 거의 '0'이 되어 커패시터에 전압이 걸리지 않고 점차 '0'으로 수렴한다.

[실습 2] 커패시턴스 변화에 따른 용량성 리액턴스(X_C) 변화, Time Domain (Transient) 해석

1) **시뮬레이션의 목적:** Time Domain(Transient) 해석법으로 커패시턴스 변화에 따른 용량성 리액턴스 변화 확인

2) 커패시턴스와 X_C의 관계를 확인한다. (VSIN 이용, VAMPL=6 V, FREQ=1 kHz)

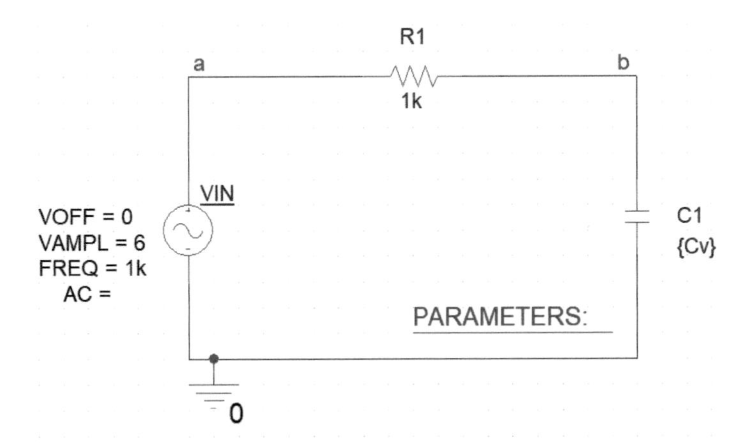

〈그림 6〉 **커패시턴스 변화에 따른 리액턴스 확인을 위한 시뮬레이션 회로**

〈그림 6〉은 1 kHz의 고정된 주파수에서 커패시턴스의 변화에 따른 용량성 리액턴스 변화를 확인하기 위한 회로이다. 커패시터의 리액턴스 X_C는 커패시턴스 C와 인가 전원의 주파수 f에 반비례하며 (식 1)을 이용하여 구할 수 있다.

3) 〈그림 7〉은 시뮬레이션 설정을 보여준다. 여기에서는 커패시터 양단의 전압을 측정하기 위해 해석 방법을 'Time Domain (Transient)'로 한다. 〈그림 7〉 (a)는 General Settings를 보여준다. 보통 정현파를 시뮬레이션 하면 파형의 일그러지는 현상이 발생을 한다. 이때, Transient options에서 Maximum Step Size를 Run To Time의 1/1000 수준으로 하면 파형의 일그러짐을 방지할 수 있다. 이번 시뮬레이션에서는 2 ms의 Run To Time을 고려하여 Maximum Step Size를 0.002 ms로 설정하였다.

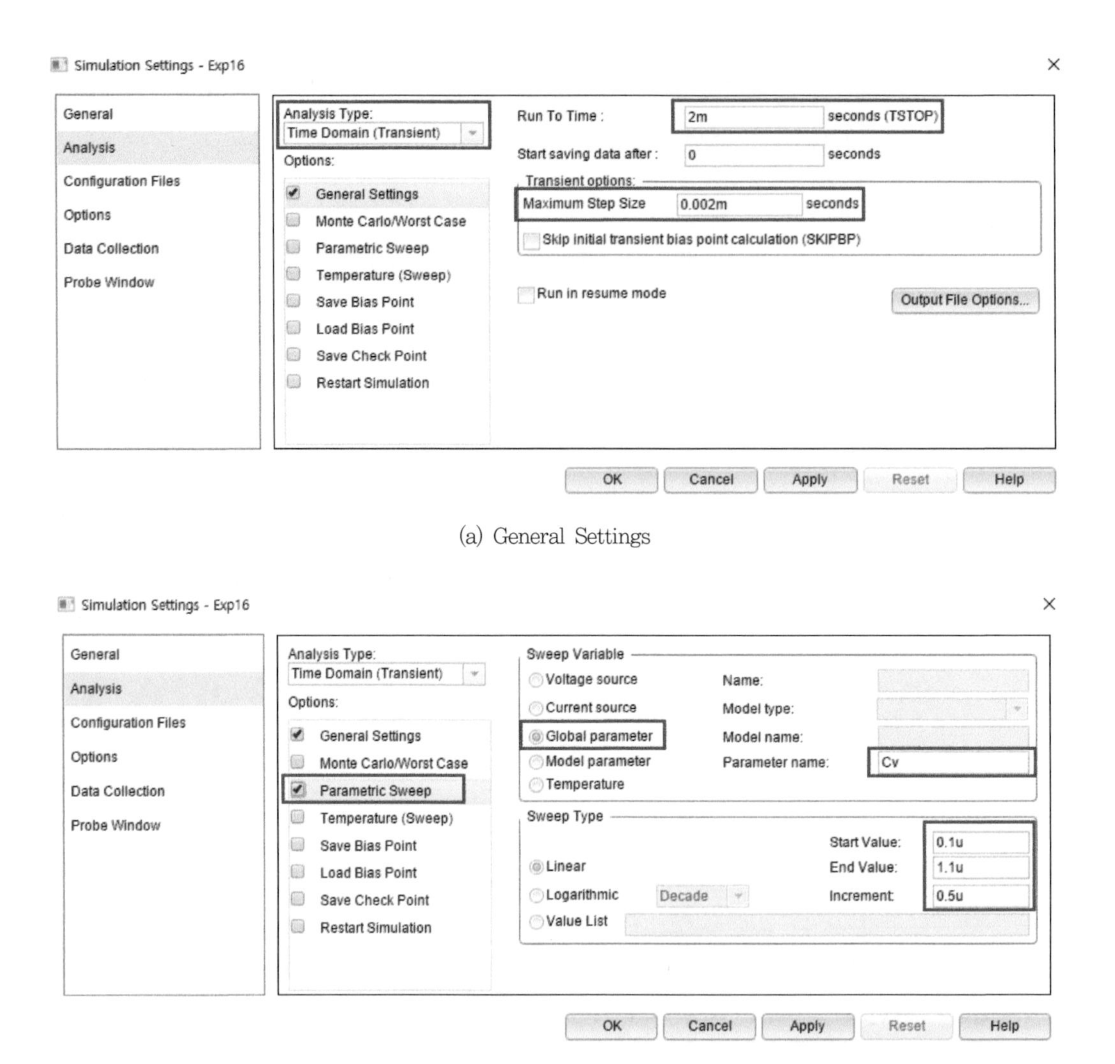

(a) General Settings

(b) Parametric Sweep

〈그림 7〉 **시뮬레이션 조건 설정**

〈그림 7〉 (b)는 Parametric Sweep을 보여준다. 이때, 커패시턴스는 0.1 μF에서 1.1 μF까지 0.5 μF 씩 증가시켰다.

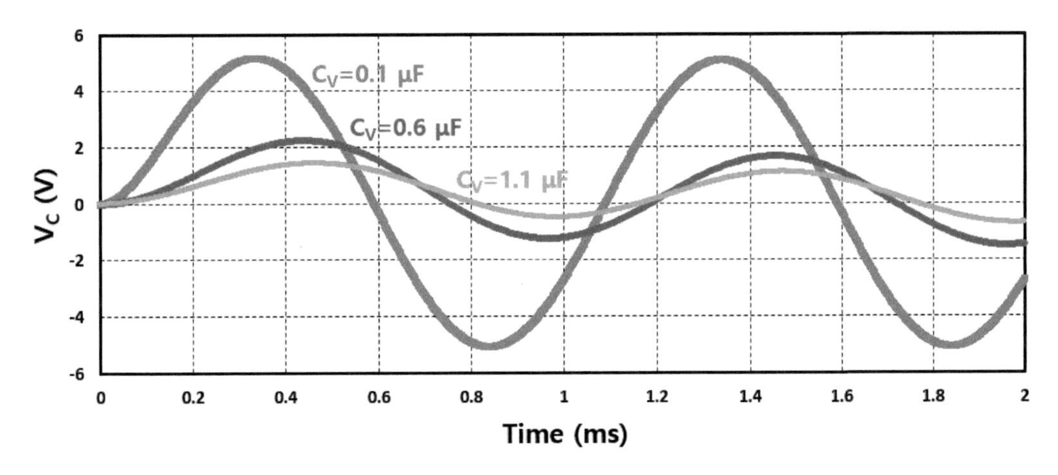

〈그림 8〉 **엑셀로 편집된 PSpice 시뮬레이션 결과**

〈그림 8〉은 커패시턴스 변화에 따른 정현파 시뮬레이션 결과이다. (식 1)에서 보듯이, 커패시턴스가 증가할수록 용량성 리액턴스는 감소한다. 그 결과 〈그림 8〉처럼, 커패시턴스가 증가할수록 최대 커패시터 양단 전압이 감소한다.

4. 장비 및 부품

1) 오실로스코프 및 함수발생기
2) 디지털 멀티미터 및 LCR 미터
3) 1 kΩ 저항 1개, 0.1 μF 커패시터 4개, 0.47 μF 커패시터 1개

5. 실험과정

[실험 1] 주파수 변화에 따른 커패시터의 특성

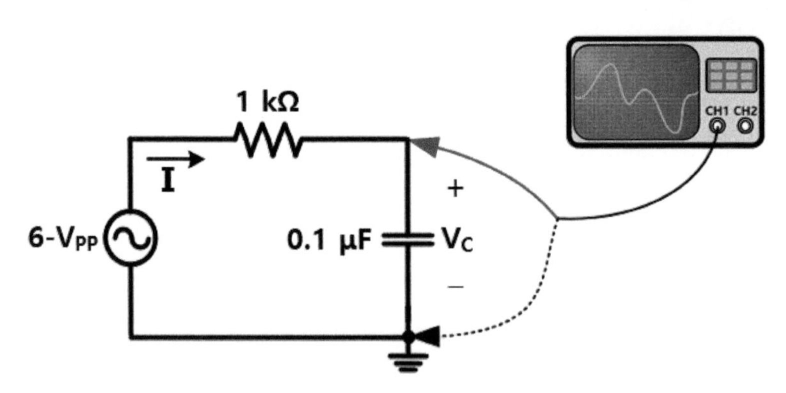

〈그림 9〉 **실험_1을 위한 회로 및 측정 시스템**

1) 함수발생기와 오실로스코프를 이용하여 위 〈그림 9〉와 같이 회로를 구성한다.
2) LCR 미터를 이용하여 저항과 커패시턴스 값을 측정한다.

주의 커패시터는 저항과 병렬로 연결하여 완전히 방전 시킨 후 커패시턴스를 측정하여 실험 오차를 줄인다.

〈표 1〉 **저항과 커패시턴스 값**

	R=1 kΩ	C=0.1 μF
이론값		
측정값		

3) 주파수 변화에 따른 커패시터 양단전압을 측정하고 아래 표에 결과를 기록한다.

〈표 2〉 **주파수에 따른 커패시터 양단전압**

주파수	전압, Vrms	주파수	전압, Vrms	주파수	전압, Vrms
100 Hz		1 kHz		5 kHz	
300 Hz		1.2 kHz		10 kHz	
500 Hz		1.4 kHz		30 kHz	
700 Hz		1.6 kHz		50 kHz	
900 Hz		2 kHz		70 kHz	

4) 엑셀을 이용하여 실험 결과표를 시각화하라.

[실험 2] 커패시턴스 변화에 따른 용량성 리액턴스(X_C) 변화

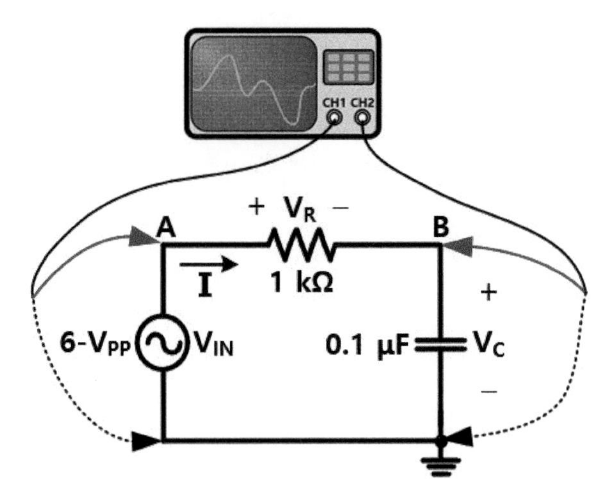

〈그림 10〉 **실험_2를 위한 회로 및 측정 시스템**

1) 커패시터를 바꾸어 가며 인가 전원의 최대 전압과 커패시터 양단전압을 확인하고 아래 표에 결과를 기록한다. 이때, 동작 주파수는 1 kHz, 인가전압(V_{IN})은 6−V_{PP}이다.
   - 이때, V_R의 실횻값(rms값)은 디지털 멀티미터(DMM)를 이용하여 측정한다.
   - 커패시턴스 값을 측정하여 표에 기입한다. (필요한 경우, 다수의 0.1 μF 커패시터를 이용하여 만든다.)

〈표 3〉 **커패시턴스 값**

	C=0.05 μF	C=0.1 μF	C=0.2 μF	C=0.3 μF	C=0.4 μF	C=0.47 μF
이론값						
측정값						

〈표 4〉 **커패시턴스 변화에 따른 용량성 리액턴스**

$C_V[\mu F]$	$V_{IN}[V]$	$V_C[V]$	$V_R[V]$	$\frac{V_C}{V_R}\times R\,[k\Omega]$	$\frac{1}{2\pi fC}[k\Omega]$
	측정값(rms)	측정값(rms)	측정값(rms)	계산값	계산값
0.05					
0.1					
0.2					
0.3					
0.4					
0.47					

2) 엑셀을 이용하여 실험 결과표를 시각화하라.

6. 실험 고찰

1) 입력 신호의 주파수와 커패시턴스를 알고 있을 때 용량성 리액턴스 X_C를 구하라.
2) 저항과 직렬 연결된 커패시터 각각의 전압을 측정하여 용량성 리액턴스 X_C를 구하라.
3) 위 두 가지 방법으로 구한 용량성 리액턴스는 동일한가? 차이가 있다면 원인은?

실험 이해도 점검

1) 커패시터의 교류에 대한 저항을 (   )라 한다.
2) X_C, C의 단위는 각각 (   )과 (   )이다.
3) $C = 0.1\,[\mu F]$의 커패시터에 1 kHz인 신호가 인가되었을 때, X_C를 구하라.
4) $C = 0.1\,[\mu F]$인 커패시터의 X_C가 1 kΩ일 때, 인가된 신호의 주파수는 얼마인지 구하라.
5) 커패시터에 걸린 전압이 5 V이고 0.1 A의 전류가 흐를 때, X_C를 구하라.

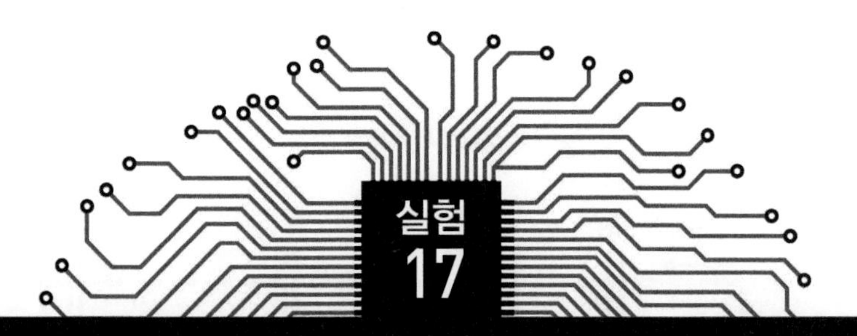

커패시터의 직렬 및 병렬 연결

1. 목적

- 직렬 연결된 커패시터의 등가 커패시턴스를 확인한다.
- 병렬 연결된 커패시터의 등가 커패시턴스를 확인한다.

2. 이론

커패시터는 전기 용량을 전기적 퍼텐셜 에너지로 저장할 수 있는 장치로 “축전기”라고 한다. 일반적으로 커패시터는 두 개의 도체판 사이에 공기, 세라믹, 운모, 종이 또는 전해질과 같은 유전체가 위치하는 구조를 가지고 있다. 커패시터의 두 도체판들은 직류 전원이 인가되면 반대되는 전하들을 저장할 수 있으며 커패시터의 전원을 제거해도 여전히 저장된 전하를 가지고 있다. 우리는 이전 실험에서 주파수가 낮을수록(직류에 가까울수록), 개방회로처럼 동작하며 주파수가 높을수록 단락회로처럼 동작함을 확인하였다. 이러한 커패시터는 저항과 마찬가지로 직렬연결 또는 병렬 연결하여 사용할 수 있다.

2-1. 직렬 연결된 커패시터의 등가 커패시턴스

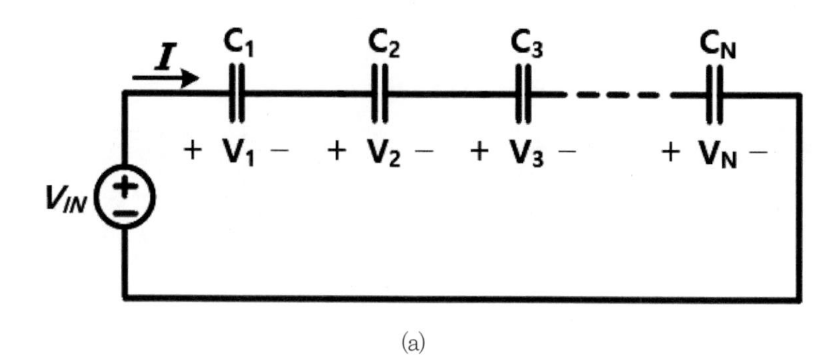

(a)

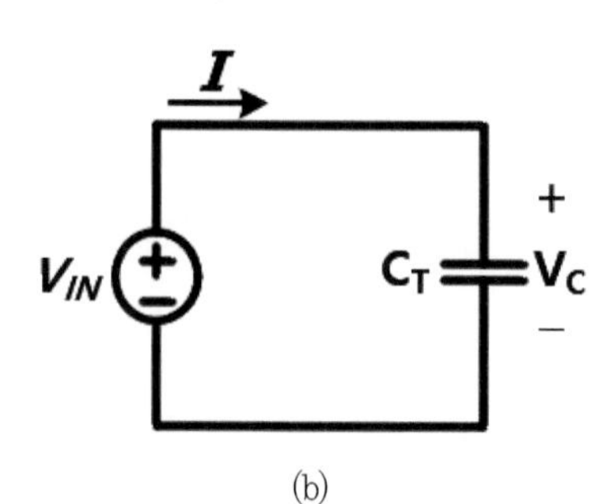

(b)

〈그림 1〉 **(a) 직렬 연결된 N개의 커패시터, (b) 직렬 커패시터의 등가회로〉**

〈그림 1〉 (a)는 N개의 커패시터가 직렬로 연결된 회로 구성을 보여주며 〈그림 1〉 (b)는 등가 커패시터로 구성된 회로를 보여준다. 직렬로 연결된 커패시터는 두 개 이상의 커패시터가 단일 도선으로 연결되어 있다. 즉, 한 커패시터의 한쪽 음극판이 다음 커패시터의 양극판에 연결되어 직렬로 연결된 모든 커패시터는 (식 1)과 같이 동일한 전하량을 갖는다.

$$Q_T = Q_1 = Q_2 = Q_3 = \cdots = Q_N \qquad \text{(식 1)}$$

이를 이용하여 등가 커패시턴스를 구해보면 다음과 같다.

$$\begin{aligned} V_{IN} &= V_1 + V_2 + V_3 + \cdots + V_N \\ &= \frac{Q_1}{C_1} + \frac{Q_2}{C_2} + \frac{Q_3}{C_3} + \cdots + \frac{Q_N}{C_N} \end{aligned} \qquad \text{(식 2)}$$

(식 1)을 (식 2)에 대입하면,

$$V_{IN} = \left(\frac{1}{C_1} + \frac{1}{C_2} + \frac{1}{C_3} + \cdots + \frac{1}{C_N}\right) Q_T \qquad \text{(식 3)}$$

유사하게 ⟨그림 1⟩ (b)에서 등가 커패시터에 걸려있는 전압을 보면 다음과 같다.

$$V_{IN} = \frac{Q_1}{C_T} = \frac{Q_T}{C_T} \qquad \text{(식 4)}$$

(식 3)과 (식 4)로부터 다음과 같이 직렬 연결된 N개의 커패시터에 대한 등가 커패시턴스를 구할 수 있다.

$$\frac{1}{C_T} = \frac{1}{C_1} + \frac{1}{C_2} + \frac{1}{C_3} + \cdots + \frac{1}{C_N} \qquad \text{(식 5)}$$

다른 한편으로, 용량성 리액턴스 X_C를 이용하여 등가 커패시턴스를 구할 수 있다. 전체 용량성 리액턴스는 각 용량성 리액턴스의 합으로 주어진다.

$$X_T = X_1 + X_2 + X_3 + \cdots + X_N \qquad \text{(식 6)}$$

이때, $X_C = 1/2\pi f C$이므로 이를 (식 6)에 대입하여 정리하면 다음과 같다.

$$\frac{1}{2\pi f C_T} = \frac{1}{2\pi f C_1} + \frac{1}{2\pi f C_2} + \frac{1}{2\pi f C_3} + \cdots + \frac{1}{2\pi f C_N} \qquad \text{(식 7)}$$

$$\frac{1}{C_T} = \frac{1}{C_1} + \frac{1}{C_2} + \frac{1}{C_3} + \cdots + \frac{1}{C_N}$$

이는 (식 5)의 결과와 같다.

2-2. 병렬 연결된 커패시터의 등가 커패시턴스

병렬 커패시터로 구성된 회로는 두 개 이상의 커패시터를 병렬 방식으로 연결하기 때문에 모든 커패시터는 동일한 전압을 갖는다.

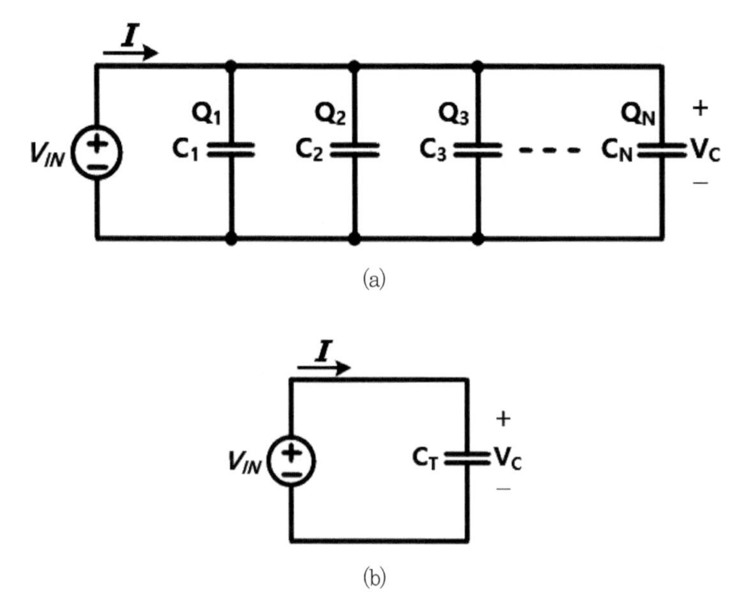

〈그림 2〉 **(a) 병렬 연결된 N개의 커패시터, (b) 병렬 커패시터의 등가회로**

〈그림 2〉 (a)는 N개의 커패시터가 병렬로 연결된 회로 구성을 보여주며 〈그림 2〉 (b)는 등가 커패시터로 구성된 회로를 보여준다. 〈그림 2〉 (a)에서 병렬로 연결된 커패시터들의 등가 커패시터는 $Q = CV$와 병렬 연결된 모든 커패시터의 양단 전압이 같다는 것을 이용하여 다음과 같이 구할 수 있다.

$$\begin{aligned} Q_T &= Q_1 + Q_2 + Q_3 + \cdots + Q_N \\ &= C_1 V_C + C_2 V_C + C_3 V_C + \cdots + C_N V_C \\ &= (C_1 + C_2 + C_3 + \cdots + C_N) V_C \end{aligned} \qquad \text{(식 8)}$$

유사하게 〈그림 2〉 (b)에서 등가 커패시터의 전하량을 보면 다음과 같다.

$$Q_T = C_T V_C \qquad \text{(식 9)}$$

(식 8)과 (식 9)로부터 다음과 같이 등가 커패시턴스를 구할 수 있다.

$$C_T = C_1 + C_2 + C_3 + \cdots + C_N \qquad \text{(식 10)}$$

다른 한편으로, 용량성 리액턴스 X_C를 이용하여 등가 커패시턴스를 구할 수 있다. 전체 용량성 리액턴스는 각 용량성 리액턴스의 합으로 주어진다.

$$\frac{1}{X_T} = \frac{1}{X_1} + \frac{1}{X_2} + \frac{1}{X_3} + \cdots + \frac{1}{X_N} \quad \text{(식 11)}$$

이때, $X_C = 1/2\pi f C$이므로 이를 (식 11)에 대입하여 정리하면 다음과 같다.

$$\begin{aligned} 2\pi f C_T &= 2\pi f C_1 + 2\pi f C_2 + 2\pi f C_3 + \cdots + 2\pi f C_N \\ C_T &= C_1 + C_2 + C_3 + \cdots + C_N \end{aligned} \quad \text{(식 12)}$$

이는 (식 10)의 결과와 같다.

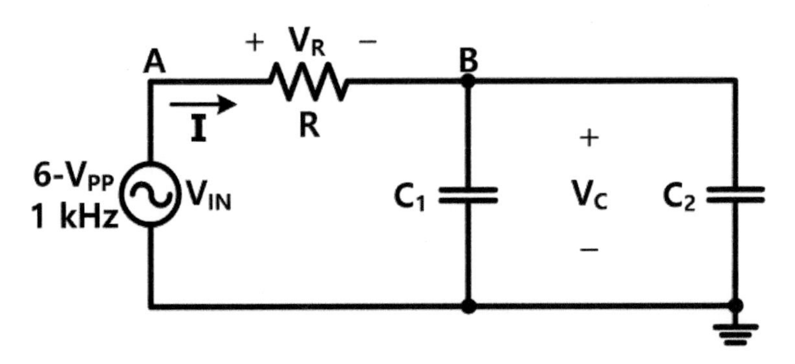

〈그림 3〉 **병렬 연결된 2개의 커패시터**

우리는 지난 실험에서 R과 C_T가 직렬로 연결된 회로에서 용량성 리액턴스(X_T)를 다음과 같이 구할 수 있음을 알았다.

$$X_T = \frac{1}{2\pi f C_T} = \frac{V_C}{V_R} R \quad \text{(식 13)}$$

이때, (식 10)을 통해 병렬 연결된 커패시터의 등가 커패시턴스를 구할 수 있다.

$$C_T = C_1 + C_2 = \frac{1}{2\pi f X_T} \quad \text{(식 14)}$$

또한, 위 (식 13)과 (식 14)를 통해 다음과 같이 등가 커패시턴스를 구할 수 있다.

$$C_T = \frac{1}{2\pi f X_T} = \frac{1}{2\pi f R} \cdot \frac{V_R}{V_C} \qquad \text{(식 15)}$$

3. PSpice 실습

[실습 1] 직렬 연결된 커패시터의 등가 커패시턴스, Time Domain(Transient) 해석

1) **시뮬레이션의 목적:** Time Domain(Transient) 해석법으로 용량성 리액턴스 및 등가 커패시턴스 확인

2) 직렬 연결 커패시터에서 커패시턴스와 X_C의 관계를 확인한다. (VSIN 이용, VAMPL=3 V, FREQ=1 kHz)

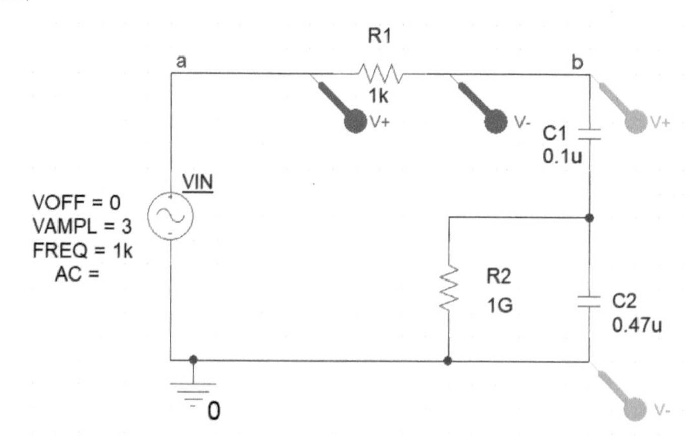

〈그림 4〉 **직렬 연결된 커패시터의 등가 커패시턴스를 구하기 위한 시뮬레이션 회로**

〈그림 4〉는 직렬 연결된 커패시터의 등가 커패시턴스를 구하기 위한 회로이다. PSpice에서는 Time Domain, AC Sweep, DC Sweep의 모든 해석 시, Bias Point를 먼저 실행하여 초기 직류 전압과 전류를 해석한다. 이 경우, 커패시터가 직렬로 연결되어 있으면 직류 전압에 대하여 커패시터가 개방된 상태가 되어 커패시터 사이의 노드는 접지와 연결되지 않는 floating 상태의 에러가 발생한다. PSpice 시뮬레이션 시, 이를 방지하기 위해 〈그림 4〉와 같이 floating 노드에 매우 큰 저항(1 GΩ)을 연결하여 시뮬레이션을 수행한다.

3) 〈그림 5〉는 시뮬레이션 설정을 보여준다. 여기에서는 각 노드의 전압을 측정하기 위해 해석 방법을 'Time Domain (Transient)'로 한다.

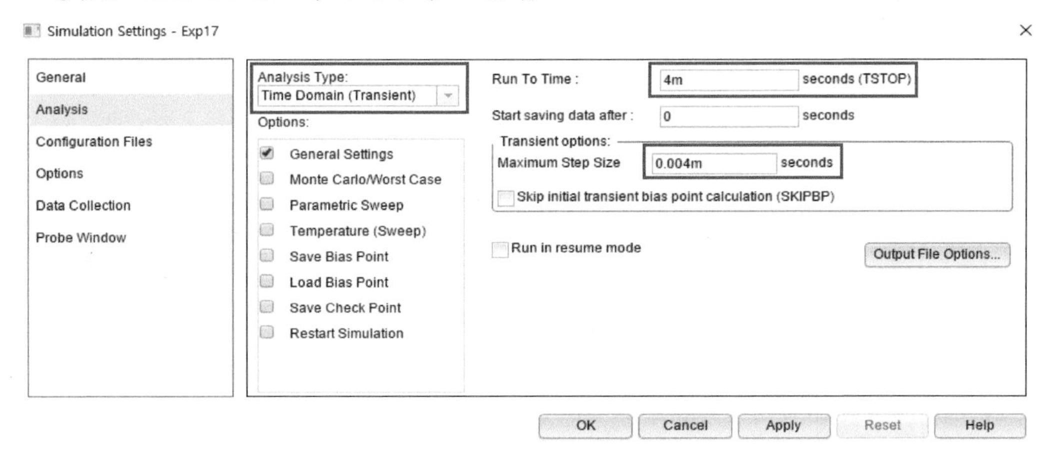

〈그림 5〉 **시뮬레이션 조건 설정**

4) 보통 정현파를 시뮬레이션 하면 파형의 일그러지는 현상이 발생을 한다. 이때, Transient options에서 Maximum Step Size를 Run To Time의 1/1000 수준으로 하면 파형의 일그러짐을 방지할 수 있다. 이번 시뮬레이션에서는 4 ms의 Run To Time을 고려하여 Maximum Step Size를 0.004 ms로 설정하였다.

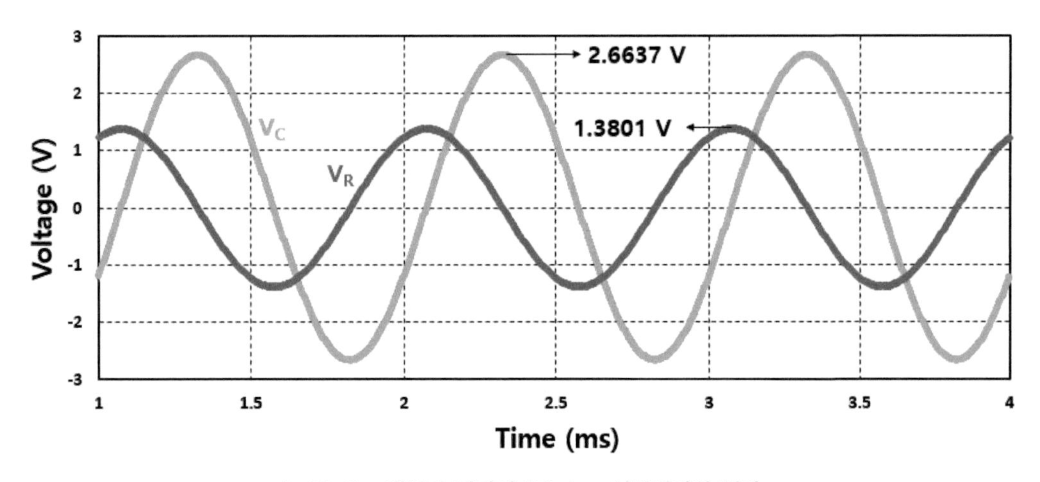

〈그림 6〉 **엑셀로 편집된 PSpice 시뮬레이션 결과**

〈그림 6〉은 〈그림 4〉에 대한 시뮬레이션 결과이다. 이때, V_C는 C_1과 C_2를 포함하는 전압이며 V_C의 최댓값은 2.6637 V이고 V_R의 최댓값은 1.3801 V를 보였다. 첫 번째로, (식 5)를 이용하여 등가 커패시턴스 C_T를 구하면,

$$\frac{1}{C_T}=\frac{1}{C_1}+\frac{1}{C_2}=\frac{1}{0.1\mu F}+\frac{1}{0.47\mu F}$$ 가 되어 $C_T=0.082\mu F$가 된다.

두 번째로, (식 15)를 이용하여 등가 커패시턴스 C_T를 구하면,

$C_T=\left(\frac{1}{2\pi fR}\right)\left(\frac{V_R}{V_C}\right)=\left(\frac{1}{2\pi\times1000\times1000}\right)\left(\frac{1.3801}{2.6637}\right)=0.082\mu F$가 되어 첫 번째 방법으로 구한 값과 같음을 확인 할 수 있다.

[실습 2] 병렬 연결된 커패시터의 등가 커패시턴스, Time Domain(Transient) 해석

1) **시뮬레이션의 목적:** Time Domain(Transient) 해석법으로 용량성 리액턴스 및 등가 커패시턴스 확인

2) 병렬 커패시터 구성에서 커패시턴스와 X_C의 관계를 확인한다. (VSIN 이용, VAMPL=3 [V], FREQ=1 [kHz])

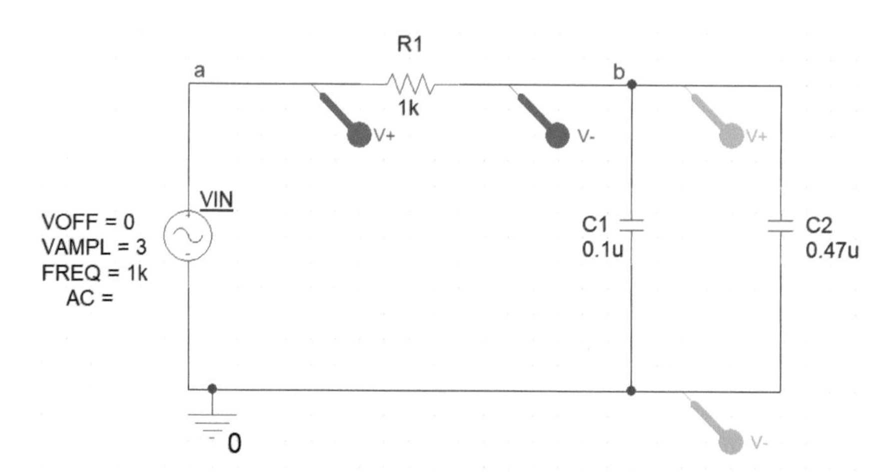

〈그림 7〉 **병렬 연결된 커패시터의 등가 커패시턴스를 구하기 위한 시뮬레이션 회로**

〈그림 7〉은 병렬 연결된 커패시터의 등가 커패시턴스를 구하기 위한 회로로서 저항과 커패시턴스 양단의 전압을 측정하기 위해 프로브를 배치하였다.

3) 〈그림 8〉은 시뮬레이션 설정을 보여준다. 여기에서는 각 노드의 전압을 측정하기 위해 해석 방법을 'Time Domain (Transient)'로 한다.

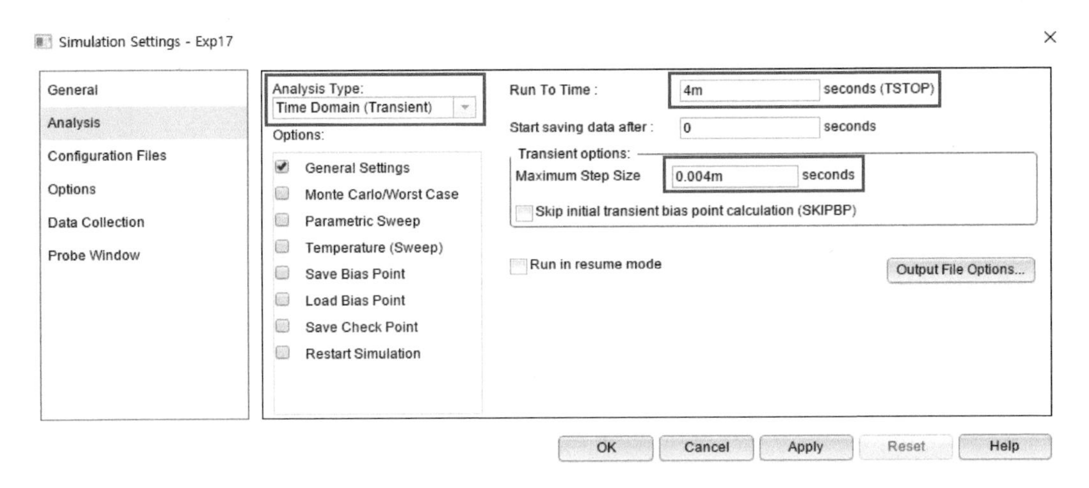

〈그림 8〉 **시뮬레이션 조건 설정**

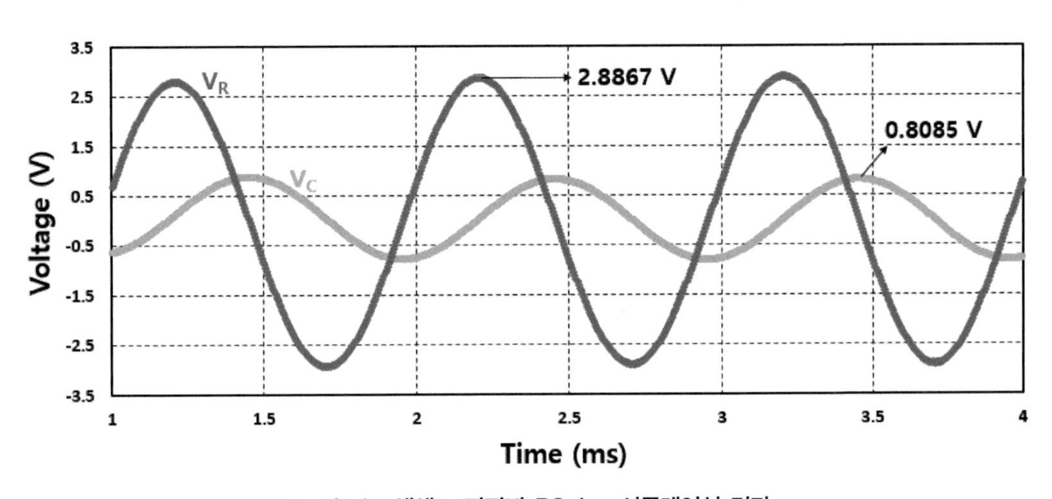

〈그림 9〉 **엑셀로 편집된 PSpice 시뮬레이션 결과**

〈그림 9〉는 〈그림 7〉에 대한 시뮬레이션 결과이다. 이때, V_C의 최댓값은 0.8085 V이고 V_R의 최댓값은 2.8867 V를 보였다. 첫 번째로, (식 10)을 이용하여 등가 커패시턴스 C_T를 구하면,

$C_T = C_1 + C_2 = 0.1\,\mu F + 0.47\,\mu F = 0.57\mu F$이 된다.

두 번째로, (식 15)를 이용하여 등가 커패시턴스 C_T를 구하면,

$C_T=\left(\frac{1}{2\pi fR}\right)\left(\frac{V_R}{V_C}\right)=\left(\frac{1}{2\pi\times1000\times1000}\right)\left(\frac{2.8867}{0.8085}\right)=0.57\,\mu F$이 되어 첫 번째 방법으로 구한 값과 같음을 확인 할 수 있다.

4. 장비 및 부품

1) 오실로스코프 및 함수발생기
2) 디지털 멀티미터 및 LCR 미터
3) 1 kΩ 저항 1개, 0.1 μF 커패시터 1개, 0.47 μF 커패시터 1개

5. 실험과정

[실험 1] 직렬 연결된 커패시터의 등가 커패시턴스

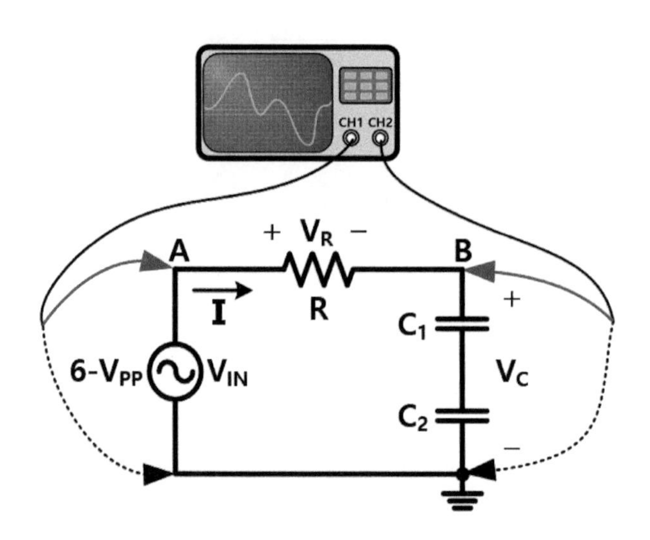

〈그림 10〉 **직렬 연결된 커패시터가 포함된 회로 및 측정 시스템**

1) 함수발생기와 오실로스코프를 이용하여 〈그림 10〉과 같이 회로를 구성한다. 이때, R=1 kΩ, C_1=0.1 μF, C_2=0.47 μF이며 동작 주파수는 1 kHz이다.

2) LCR 미터를 이용하여 저항과 커패시턴스 값을 측정한다. (커패시터 방전 후 측정)

	R=1 kΩ	C=0.1 μF	C=0.47 μF
이론값			
측정값			

3) 각 노드의 전압을 측정하고 아래 표에 결과를 기록한다. 이때, V_R의 실효값은 디지털 멀티미터(DMM)를 이용하여 측정한다. (계산 시, 저항 R은 측정값을 이용한다.)

〈표 1〉 **직렬 연결된 커패시터의 등가 커패시턴스 측정**

$V_{IN}[V]$	$V_C[V]$	$V_R[V]$	$X_T = \frac{V_C}{V_R} \times R\ [kohm]$	$C_T = \frac{1}{2\pi f X_T}\ [\mu F]$
측정값(rms)	측정값(rms)	측정값(rms)	계산값	계산값

4) 위 결과로부터 $C_T = \frac{C_1 C_2}{C_1 + C_2}$ 임을 확인한다.

5) LCR 미터를 이용하여 직렬 연결된 커패시터의 등가 커패시턴스를 측정한다.

	$C_T\ [\mu F]$
측정값	

6) 엑셀을 이용하여 실험 결과표를 시각화하라.

[실험 2] 병렬 연결된 커패시터의 등가 커패시턴스

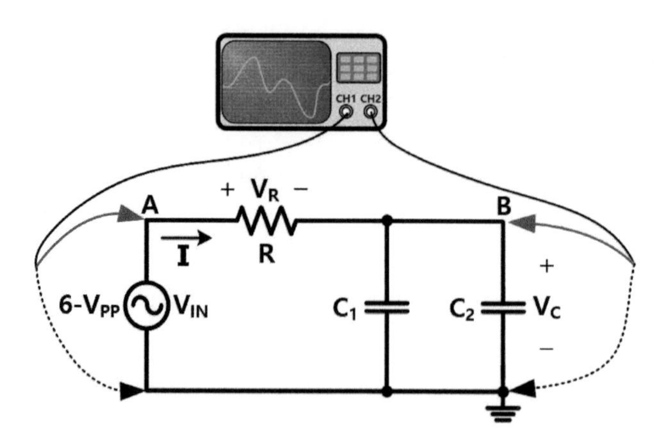

〈그림 11〉 **병렬 연결된 커패시터가 포함된 회로 및 측정 시스템〉**

1) 함수발생기와 오실로스코프를 이용하여 〈그림 11〉과 같이 회로를 구성한다. 이때, R=1 kΩ, C_1=0.1 μF, C_2=0.47 μF이며 동작 주파수는 1 kHz이다.

2) 각 노드의 전압을 측정하고 아래 표에 결과를 기록한다. 이때, V_R의 실횻값은 디지털 멀티미터 (DMM)를 이용하여 측정한다. (계산 시, 저항 R은 측정값을 이용한다.)

〈표 2〉 **병렬 연결된 커패시터의 등가 커패시턴스 측정**

V_{IN} [V]	V_C [V]	V_R [V]	$X_T = \frac{V_C}{V_R} \times R$ [kohm]	$C_T = \frac{1}{2\pi f X_T}$ [μF]
측정값(rms)	측정값(rms)	측정값(rms)	계산값	계산값

3) 위 결과로부터 $C_T = C_1 + C_2$ 임을 확인한다.

4) LCR 미터를 이용하여 병렬 연결된 커패시터의 등가 커패시턴스를 측정한다.

	C_T [μF]
측정값	

5) 엑셀을 이용하여 실험 결과표를 시각화하라.

6. 실험 고찰

1) 직렬로 커패시터가 연결되었을 때, 등가 커패시턴스 C_T를 구하라.
2) 직렬연결 저항과 커패시터 양단 전압을 측정하여 등가 커패시턴스 C_T를 구하라.
3) LCR 미터를 이용하여 직렬연결 커패시터의 등가 커패시턴스 C_T를 측정하라.
4) 위 세 가지 방법으로 구한 등가 커패시턴스는 동일한가? 차이가 있다면 원인은?
5) 병렬로 커패시터가 연결되었을 때, 등가 커패시턴스 C_T를 구하라.
6) 병렬연결 저항과 커패시터 양단 전압을 측정하여 등가 커패시턴스 C_T를 구하라.
7) LCR 미터를 이용하여 병렬연결 커패시터의 등가 커패시턴스 C_T를 측정하라.
8) 위 세 가지 방법으로 구한 등가 커패시턴스는 동일한가? 차이가 있다면 원인은?

실험 이해도 점검

1) 〈그림 10〉에서 C_1=0.1 μF, C_2=0.47 μF일 때 등가 커패시턴스 C_T를 구하라.
2) 문제 1)에서 입력 전원의 주파수가 1 kHz 일 때, C_1의 용량성 리액턴스 X_{C1}을 구하라.
3) 문제 1)에서 입력 전원의 주파수가 1 kHz 일 때, C_2의 용량성 리액턴스 X_{C2}를 구하라.
4) 입력 전원의 주파수가 1 kHz 일 때, 문제 1)에서 구한 등가 커패시턴스 C_T에 대한 용량성 리액턴스 X_T를 구하라.
5) 〈그림 11〉에서 C_1=0.1 μF, C_2=0.47 μF일 때 등가 커패시턴스 C_T를 구하라.

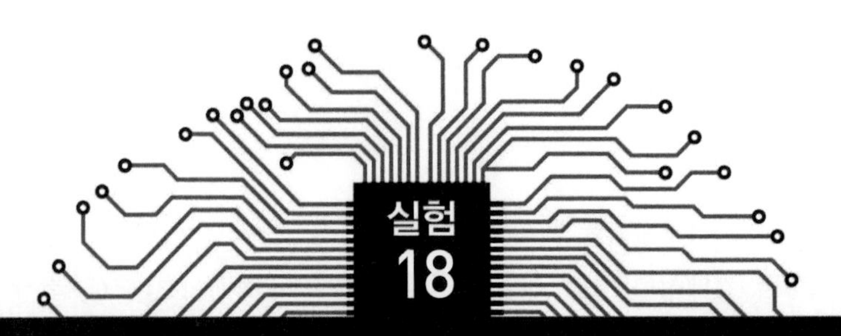

유도성 리액턴스

1. 목적

- 인덕터는 직류에서는 단락, 주파수가 높아질수록 개방처럼 동작함을 확인한다.
- 유도성 리액턴스(inductive reactance, X_L)는 주파수에 비례함을 확인한다.

2. 이론

2-1. 인덕턴스와 리액턴스

리액턴스 성분인 인덕턴스와 커패시턴스는 교류회로에서 전류의 흐름을 방해한다. 인덕턴스는 L로 표기하고 유도성 리액턴스를 X_L이라 한다. 유도성 리액턴스 X_L의 단위는 옴(ohm) $[\Omega]$이다. 인덕터의 유도성 리액턴스 X_L은 인덕턴스 L과 인가 전원의 주파수 f에 비례하며 다음 (식 1)과 같다.

$$X_L = 2\pi f L = \frac{V_L}{I_L} \qquad \text{(식 1)}$$

$L = 1.59[H]$인 인덕터의 X_L과 f의 관계를 예시로 살펴보자.

주파수 $f = 0$일 때 $X_L = 2\pi f L = 2 \times 3.14 \times 0 = 0\,[\Omega]$
주파수 $f = 100[Hz]$일 때 $X_L = 2\pi f L = 2 \times 3.14 \times 100 \times 1.59 \approx 1\,[k\Omega]$
주파수 $f = 200[Hz]$일 때 $X_L = 2\pi f L = 2 \times 3.14 \times 200 \times 1.59 \approx 2\,[k\Omega]$

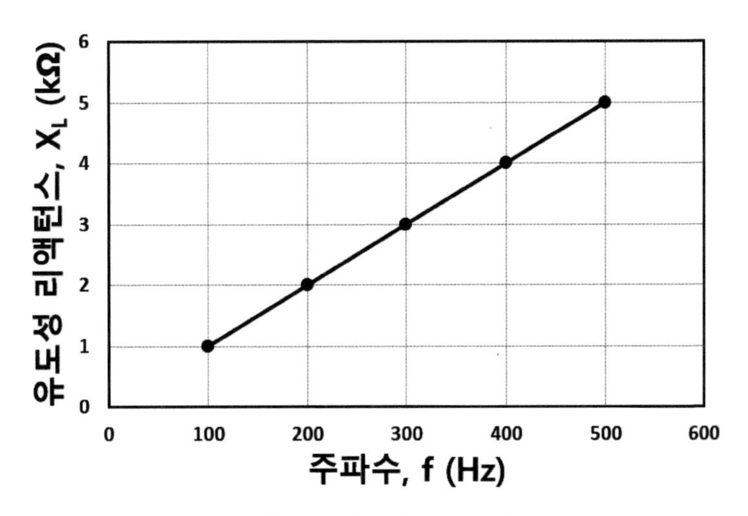

〈그림 1〉 **주파수에 따른 유도성 리액턴스 변화**

2-2. 인덕터의 내부저항 및 읽는 법

인덕터는 철심 둘레에 도선을 감아서 만들며 감긴 횟수가 증가할수록 인덕턴스가 증가한다. 또한, 도선의 저항은 길이에 비례하므로 도선이 많이 감길수록 인덕턴스와 더불어 저항도 증가한다. 즉, 인덕터는 인덕턴스와 저항 성분이 동시에 존재하여 다음과 같은 등가회로를 갖는다.

〈그림 2〉 **인덕터 및 내부저항과 이상적인 인덕터로 구성된 인덕터 부품의 등가회로**

인덕터에 흘릴 수 있는 전류의 양을 초과하면 인덕터가 과열되어 도선이 단락되거나 도선 자체가 끊어져 개방시키므로 인덕터의 저항은 인덕터의 정상 여부를 조사하는 한 가지 방법을 제시한다. 즉, 인덕터에 명시된 저항 값과 측정된 저항 값이 일치하면 인덕터는 정상이라고 판단할 수 있다. 인덕터는 다양한 종류가 있으며 인덕턴스 표시도 종류와 업체마다 다르다. 〈그림 2〉의 왼쪽에 있는 수치 표시 인덕터는 331, 101J와 같이 표면에 숫자가 표시되어 있으며 기본단위로 μH를 사용한다.

이때, 세 자리 표시에서 첫 번째 숫자는 10의 자릿수, 두 번째 숫자는 1의 자릿수, 세 번째 숫자는 제곱수를 나타낸다. 네 자리 표시에서는 첫 번째 숫자는 100의 자릿수, 두 번째 숫자는 10의 자릿수, 세 번째 숫자는 1의 자릿수, 네 번째 숫자는 제곱수를 나타낸다. 숫자 이외에 마지막 자리에 알파벳을 포함하는 경우는 오차를 나타낸다. 예를 들어, 331은 $33 \times 10^1 = 330$ μH를 말한다. 또한, 101J는 $10 \times 10^1 = 100$ μH와 ±5%의 오차를 나타낸다.

오차 기호	오차
F	±1%
G	±2%
J	±5%
K	±10%
M	±20%
Z	80%, −20%

2-3. X_L의 측정

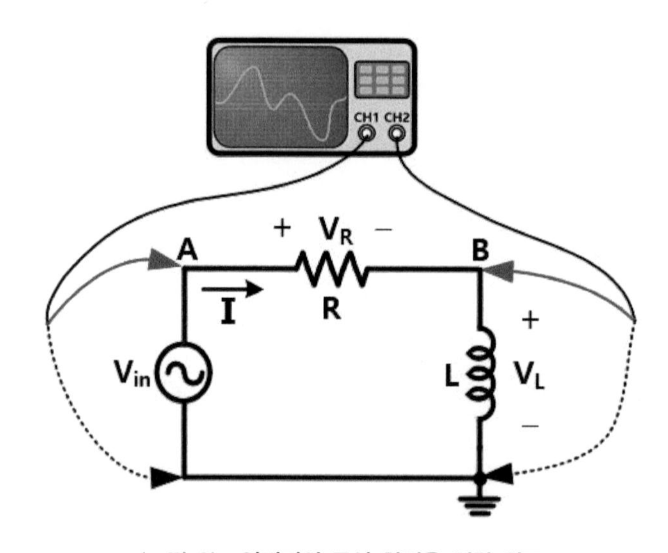

〈그림 3〉 **인덕터의 특성 확인을 위한 회로**

유도성 리액턴스는 교류의 옴의 법칙에 따라, $X_L = \frac{V_L}{I}$로 구할 수 있다. 이때, $I = \frac{V_R}{R}$이므로 유도성 리액턴스는 다음과 같다.

$$X_L = \frac{V_L}{I} = \frac{V_L}{V_R}R \qquad \text{(식 2)}$$

즉, 회로의 동작 주파수에서 계측기를 이용하여 인덕터 양단의 전압과 전류를 측정하여 리액턴스를 구할 수 있으며 전류를 구하기 쉽지 않은 경우, 저항 양단의 전압과 인덕터 양단의 전압을 이용하여 인덕터에 대한 유도성 리액턴스를 구할 수 있다.

3. PSpice 실습

[실습 1] 주파수에 따른 인덕터 특성

1) **시뮬레이션의 목적:** AC Sweep/Noise 해석법으로 주파수 변화에 따른 인덕터 특성 확인

2) 주파수(f)에 따른 인덕터 전압 관계를 확인한다. (VAC 이용, Vac=6 V)

주의 인덕터를 이상적인 전압원에 직접 병렬로 연결하면 에러가 발생하므로 인덕터만 이용하여 시뮬레이션 할 경우 전압 원과 인덕터 사이에 매우 작은 저항(0.01 Ω)을 삽입한다.

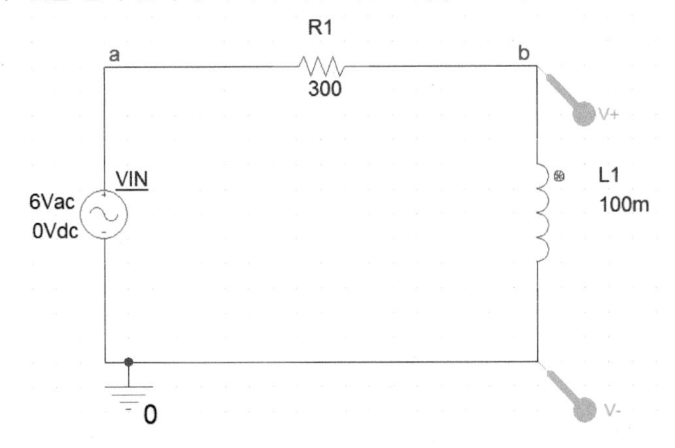

〈그림 4〉 **주파수에 따른 인덕터 특성 확인을 위한 시뮬레이션 회로**

3) 〈그림 5〉는 시뮬레이션 설정을 보여준다. 여기에서는 주파수에 따른 커패시터 전압을 측정하기 위해 해석 방법을 'AC Sweep/Noise'로 한다.

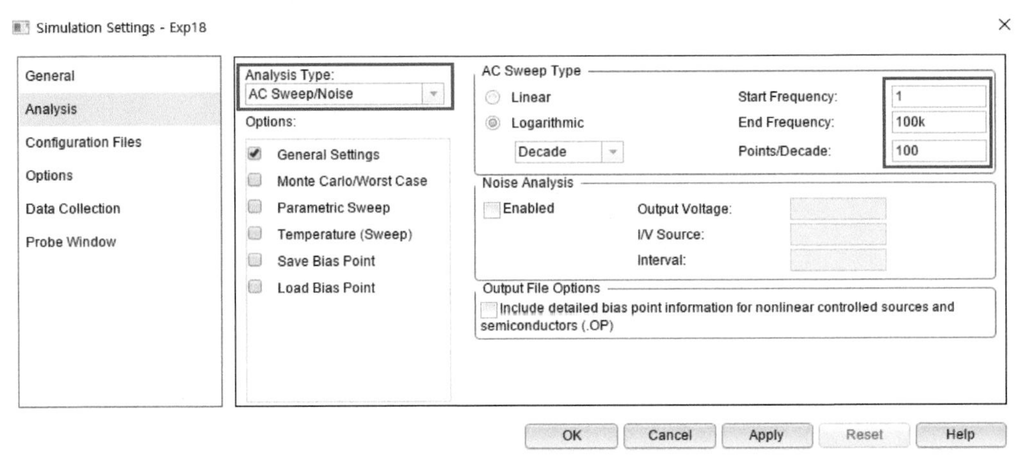

〈그림 5〉 **시뮬레이션 조건 설정**

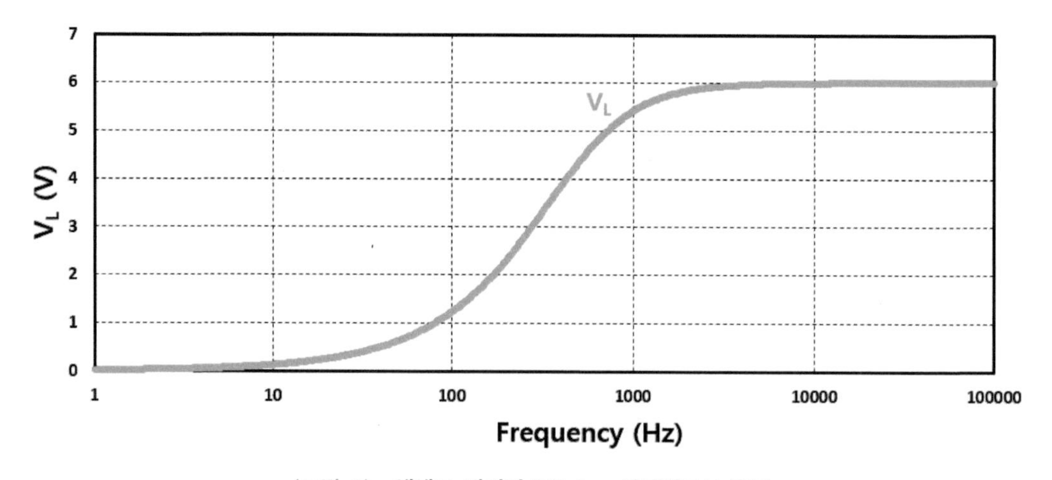

〈그림 6〉 **엑셀로 편집된 PSpice 시뮬레이션 결과**

〈그림 6〉은 주파수에 따른 인덕터 양단 전압을 측정한 시뮬레이션 결과이다. (식 1)에서 보듯이, 유도성 리액턴스 X_L은 주파수에 비례하여 낮은 주파수에서 R_1보다 작은 값을 가져 인가전압 대부분이 저항에 걸리게 된다. 하지만, 주파수가 증가할수록 X_L이 점차 커지며 매우 높은 주파수에서 X_L이 R_1보다 매우 커 인가 전압이 대부분 인덕터 양단에 걸린다.

[실습 2] 인덕턴스 변화에 따른 유도성 리액턴스(X_L) 특성

1) **시뮬레이션의 목적**: Time Domain(Transient) 해석법으로 인덕터 변화에 따른 유도 리액턴스 변화 확인

2) 인덕턴스와 X_L의 관계를 확인한다. (VSIN 이용, VAMPL=6 V, FREQ=1 kHz)

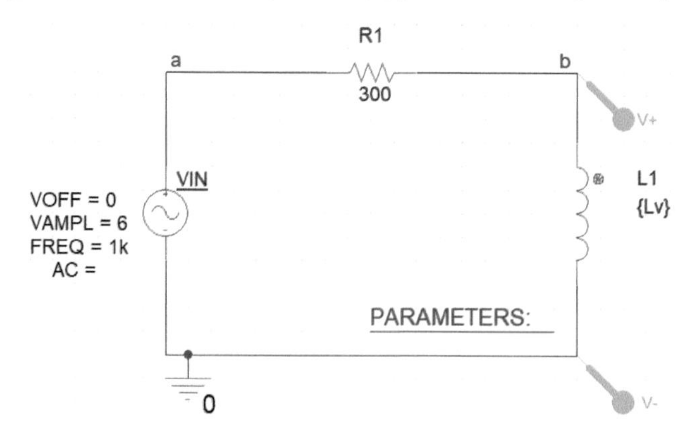

〈그림 7〉 **인덕턴스에 따른 유도 리액턴스 특성 확인을 위한 회로**

〈그림 7〉은 1 kHz의 고정된 주파수에서 인덕턴스의 변화에 따른 유도성 리액턴스 변화를 확인하기 위한 회로이다. 인덕터의 리액턴스 X_L은 인덕턴스 L과 인가 전원의 주파수 f에 비례하며 (식 1)을 이용하여 구할 수 있다.

3) 〈그림 8〉은 시뮬레이션 설정을 보여준다. 여기에서는 인덕터 양단의 전압을 측정하기 위해 해석 방법을 'Time Domain (Transient)'로 한다. 〈그림 8〉 (a)는 General Settings를 보여준다. 보통 정현파를 시뮬레이션 하면 파형의 일그러지는 현상이 발생을 한다. 이때, Transient options에서 Maximum Step Size를 Run To Time의 1/1000 수준으로 하면 파형의 일그러짐을 방지 할 수 있다. 이번 시뮬레이션에서는 4 ms의 Run To Time을 고려하여 Maximum Step Size를 0.004 ms로 설정하였다.

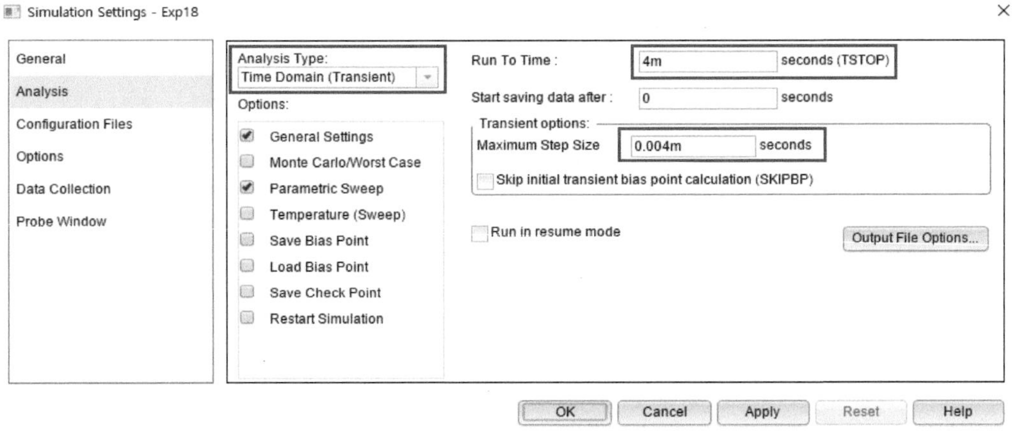

(a) General Settings

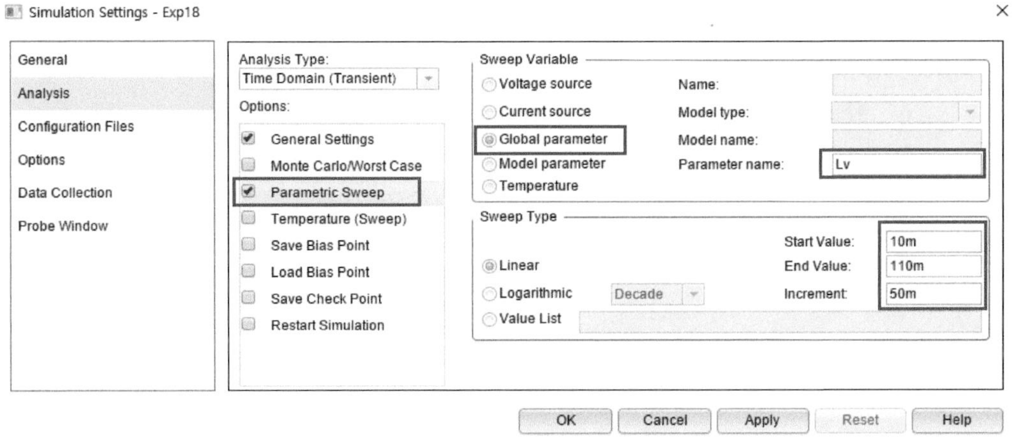

(b) Parametric Sweep

〈그림 8〉 **시뮬레이션 조건 설정**

〈그림 8〉 (b)는 Parametric Sweep을 보여준다. 이때, 인덕턴스는 10 mH에서 110 mH까지 50 mH씩 증가시켰다.

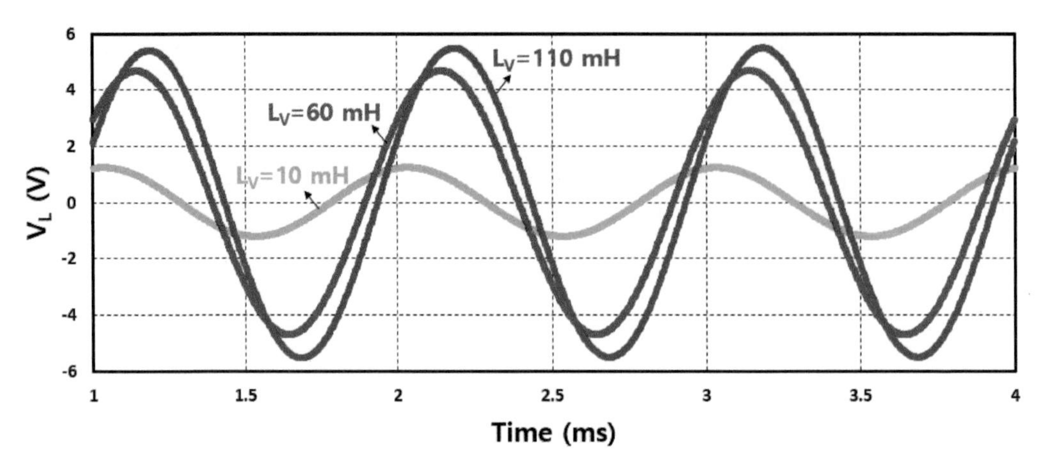

〈그림 9〉 **엑셀로 편집된 PSpice 시뮬레이션 결과**

〈그림 9〉는 인덕턴스 변화에 따른 정현파 시뮬레이션 결과이다. (식 1)에서 보듯이, 인덕턴스가 증가할수록 유도성 리액턴스는 증가한다. 그 결과, 〈그림 9〉처럼 인덕턴스가 증가할수록 인덕터 양단 전압이 증가한다.

4. 장비 및 부품

1) 오실로스코프 및 함수발생기
2) 디지털 멀티미터 및 LCR 미터
3) 300 Ω 저항 1개, 10 mH, 40 mH, 50 mH, 90 mH 인덕터 각 1개

5. 실험과정

[실험 1] 주파수 변화에 따른 인덕터의 특성

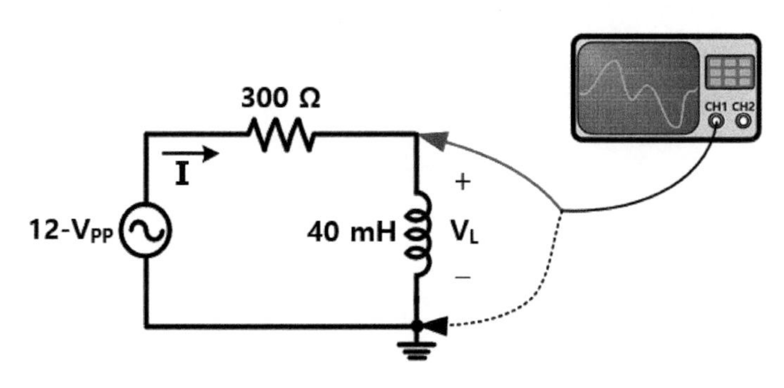

〈그림 6〉 **실험_1을 위한 회로 및 측정 시스템**

1) 함수발생기와 오실로스코프를 이용하여 위 〈그림 6〉과 같이 회로를 구성한다.
2) LCR 미터를 이용하여 저항 값 및 인덕턴스 값을 측정한다.

〈표 1〉 **저항과 인덕턴스 값**

	R=300 Ω	L=40 mH
이론값		
측정값		
내부저항 값	–	

3) 주파수 변화에 따른 인덕터 양단전압을 측정하고 아래 표에 결과를 기록한다.

〈표 2〉 **주파수에 따른 인덕터 양단전압**

주파수	전압, Vrms	주파수	전압, Vrms	주파수	전압, Vrms
100 Hz		1 kHz		10 kHz	
300 Hz		2 kHz		20 kHz	
500 Hz		3 kHz		30 kHz	
700 Hz		5 kHz		50 kHz	
900 Hz		9 kHz		70 kHz	

4) 엑셀을 이용하여 실험 결과표를 시각화하라. (이때, x축은 log로 표현하라)

[실험 2] 인덕턴스 변화에 따른 유도성 리액턴스(X_L) 변화

1) 함수발생기와 오실로스코프를 이용하여 아래 회로를 구성한다.

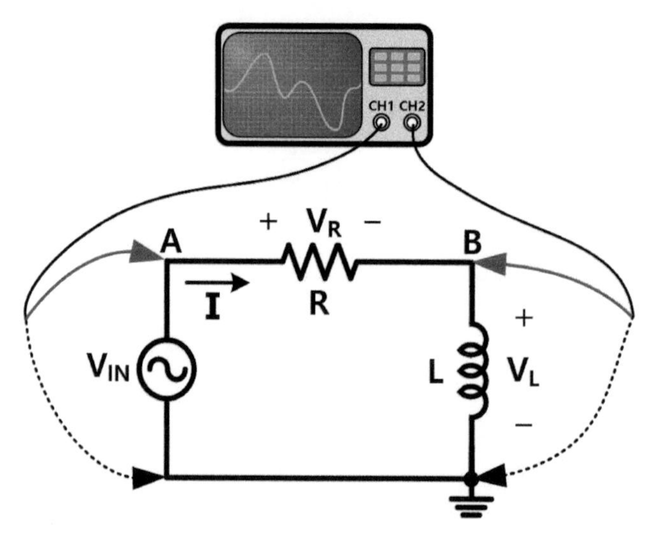

〈그림 7〉 **실험_2를 위한 회로 및 측정 시스템**

2) 주파수 변화에 따른 인덕터 양단전압을 측정한다. 이때, 각 인덕터의 값을 읽고 인덕터의 인덕턴스 및 내부저항을 측정한다.

〈표 3〉 **인덕터의 인덕턴스 및 내부저항**

	L=10 mH	L=50 mH	L=90 mH
이론값			
측정값			
내부저항 값			

3) 동작 주파수가 1 kHz이고 인가전압(V_{IN})이 12 V_{PP}일 때, 인덕턴스 변화에 따른 전압을 측정하고 〈표 4〉에 결과를 기록한다.
이때, V_R의 실횻값(rms값)은 디지털 멀티미터(DMM)를 이용하여 측정한다.
인덕터가 종류별로 없는 경우, 여러 개의 인덕터를 조합하여 원하는 인덕턴스를 갖도록 회로를 구성한다.

〈표 4〉 **주파수 변화에 따른 유도성 리액턴스**

$L\,[mH]$	V_L	V_R	$\frac{V_L}{V_R}\times R\,[\Omega]$	$2\pi fL\,[\Omega]$
	측정값(rms)	측정값(rms)	계산값	계산값
10				
50				
90				

4) 엑셀을 이용하여 실험 결과표를 시각화하라.

6. 실험 고찰

1) 입력 신호의 주파수와 인덕턴스를 알고 있을 때 유도성 리액턴스 X_L을 구하라.
2) 저항과 직렬 연결된 인덕터 각각의 전압을 측정하여 유도성 리액턴스 X_L을 구하라.
3) 위 두 가지방법으로 구한 용량성 리액턴스는 동일한가? 차이가 있다면 원인은?

실험 이해도 점검

1) 인덕터의 교류에 대한 저항을 (   )라 한다.
2) X_L, L의 단위는 각각 (   )과 (   )이다.
3) $L = 50\,[mH]$인 인덕터에 1 kHz인 신호가 인가되었을 때, X_L을 구하라.
4) $L = 50\,[mH]$인 인덕터의 X_L이 1 kΩ일 때, 인가된 신호의 주파수는 얼마인지 구하라.
5) 인덕터에 걸린 전압이 5 V이고 0.1 A의 전류가 흐를 때, X_L을 구하라.

실험 19

인덕터의 직렬 및 병렬 연결

1. 목적

- 직렬 연결된 인덕터의 등가 인덕턴스를 확인한다.
- 병렬 연결된 인덕터의 등가 인덕턴스를 확인한다.

2. 이론

인덕터는 전류의 순간적인 변화를 방해하는 방향으로 전압을 유도하며 자기장 형태로 자기 에너지를 저장할 수 있는 장치로 간단히 "코일"이라고 한다. 일반적으로 인덕터는 구리, 알루미늄과 같은 도선을 절연성 재료 위에 코일 모양으로 감아서 만든 소자이다. 우리는 이전 실험에서 주파수가 낮을수록(직류에 가까울수록) 단락회로처럼 동작하며, 주파수가 높을수록 개방회로처럼 동작함을 확인하였다. 이러한 인덕터는 저항과 마찬가지로 직렬연결 또는 병렬 연결하여 사용할 수 있다.

2-1. 직렬 연결된 인덕터의 등가 인덕턴스

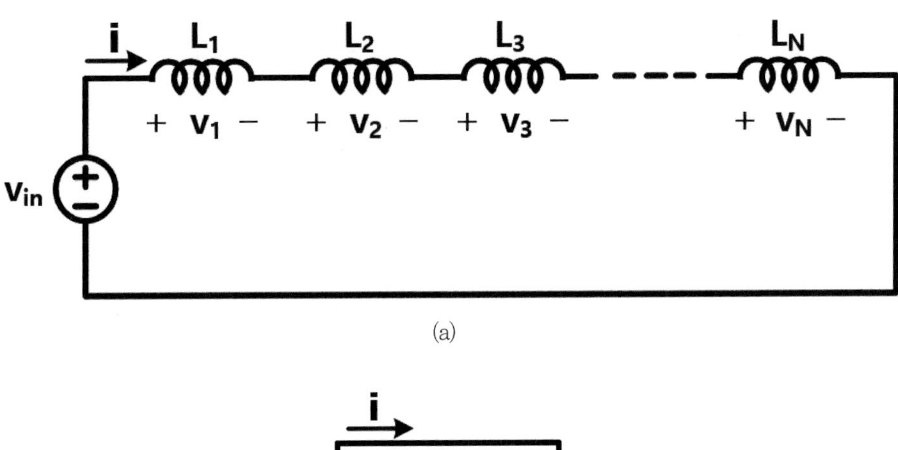

(a)

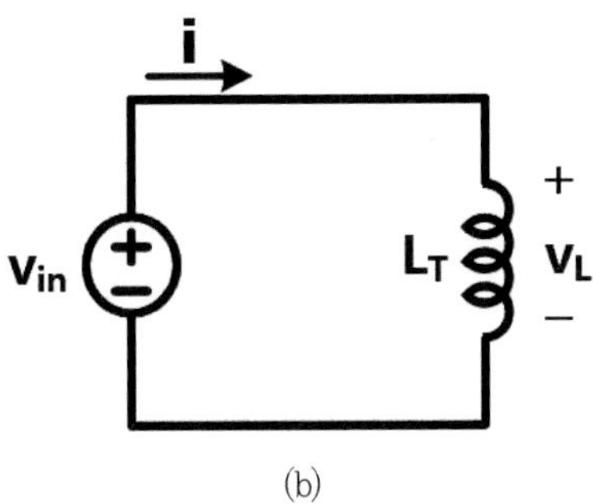

(b)

〈그림 1〉 **(a) 직렬 연결된 N개의 인덕터, (b) 직렬 인덕터의 등가회로**

〈그림 1〉 (a)는 N개의 인덕터가 직렬로 연결된 회로 구성을 보여주며 〈그림 1〉 (b)는 등가 인덕터로 구성된 회로를 보여준다. 직렬로 연결된 인덕터는 두 개 이상의 인덕터가 단일 도선으로 연결되어 있다. 이러한 직렬연결은 인덕터에 감긴 유효 횟수와 유효 길이가 증가한 것처럼 볼 수 있다.

$$
\begin{aligned}
v_{in} &= v_1 + v_2 + v_3 + \cdots + v_N \qquad \text{(식 1)} \\
v_{in} &= L_1\frac{di}{dt} + L_2\frac{di}{dt} + L_3\frac{di}{dt} + \cdots + L_N\frac{di}{dt} \\
&= (L_1 + L_2 + L_3 + \cdots + L_N)\frac{di}{dt}
\end{aligned}
$$

유사하게 〈그림 1〉 (b)에서 등가 인덕터에 걸려있는 전압을 보면 다음과 같다.

$$v_{in} = L_T\frac{di}{dt} \qquad \text{(식 2)}$$

(식 1)과 (식 2)로부터 다음과 같이 직렬 연결된 N개의 인덕터에 대한 등가 인덕턴스를 구할 수 있다.

$$L_T = L_1 + L_2 + L_3 + \cdots + L_N \qquad \text{(식 3)}$$

다른 한편으로, 유도성 리액턴스 X_L을 이용하여 등가 인덕턴스를 구할 수 있다. 총 유도성 리액턴스는 각 유도성 리액터스의 합으로 주어진다.

$$X_T = X_1 + X_2 + X_3 + \cdots + X_N \qquad \text{(식 4)}$$

이때, $X_L = 2\pi f L$을 (식 4)에 대입하여 정리하면 다음과 같다.

$$\begin{aligned} 2\pi f L_T &= 2\pi f L_1 + 2\pi f L_2 + 2\pi f L_3 + \cdots + 2\pi f L_N \\ L_T &= L_1 + L_2 + L_3 + \cdots + L_N \end{aligned} \qquad \text{(식 5)}$$

이는 (식 3)의 결과와 같다.

2-2. 병렬 연결된 인덕터의 등가 인덕턴스

병렬 인덕터로 구성된 회로는 두 개 이상의 인덕터를 병렬 방식으로 연결하기 때문에 모든 인덕터는 동일한 전압을 갖는다.

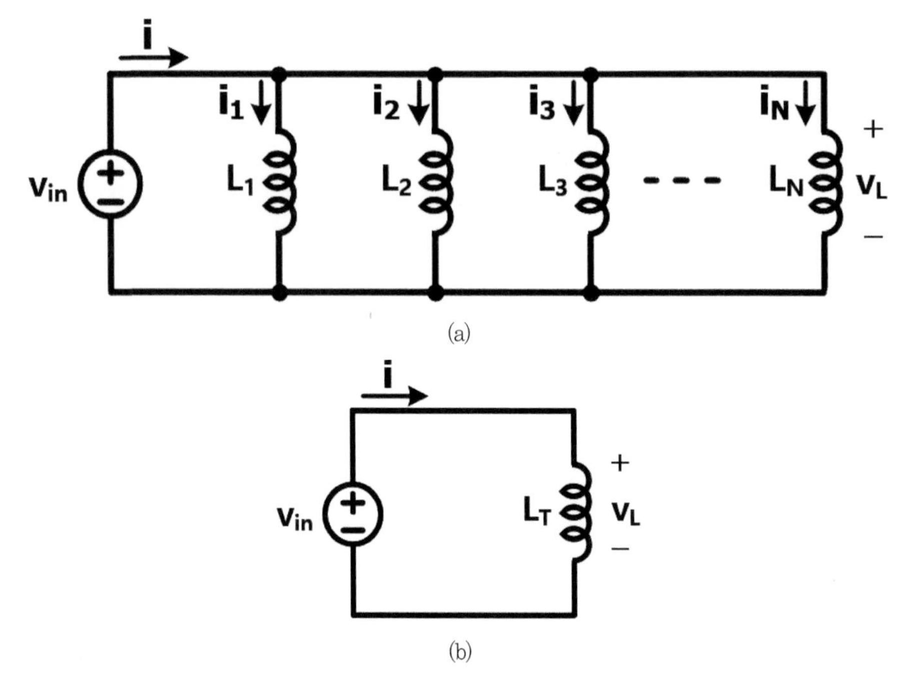

〈그림 2〉 **(a) 병렬 연결된 N개의 인덕터, (b) 병렬 인덕터의 등가회로**

〈그림 2〉 (a)는 N개의 인덕터가 병렬로 연결된 회로 구성을 보여주며 〈그림 2〉 (b)는 등가 인덕터로 구성된 회로를 보여준다. 〈그림 2〉 (a)에서 키르히호프 전류 법칙(KCL)을 적용하면 다음과 같다.

$$i = i_1 + i_2 + i_3 + \cdots + i_N \qquad \text{(식 6)}$$

$$i = \frac{1}{L_1}\int_{-\infty}^{t} v_L(\tau)d\tau + \frac{1}{L_2}\int_{-\infty}^{t} v_L(\tau)d\tau + \frac{1}{L_3}\int_{-\infty}^{t} v_L(\tau)d\tau + \cdots + \frac{1}{L_N}\int_{-\infty}^{t} v_L(\tau)d\tau$$
$$= \left(\frac{1}{L_1} + \frac{1}{L_2} + \frac{1}{L_3} + \cdots + \frac{1}{L_N}\right)\int_{-\infty}^{t} v_L(\tau)d\tau$$

유사하게 〈그림 2〉 (b)에서 등가 인덕터의 전류를 보면 다음과 같다.

$$i = \frac{1}{L_T}\int_{-\infty}^{t} v_L(\tau)d\tau \qquad \text{(식 7)}$$

(식 8)과 (식 9)로부터 다음과 같이 등가 인덕턴스를 구할 수 있다.

$$\frac{1}{L_T} = \frac{1}{L_1} + \frac{1}{L_2} + \frac{1}{L_3} + \cdots + \frac{1}{L_N} \qquad \text{(식 8)}$$

다른 한편으로, 유도성 리액턴스 X_L을 이용하여 등가 인덕턴스를 구할 수 있다. 총 유도성 리액턴스는 각 유도성 리액턴스의 역수의 합을 다시 역수로 계산하여 구한다.

$$\frac{1}{X_T} = \frac{1}{X_1} + \frac{1}{X_2} + \frac{1}{X_3} + \cdots + \frac{1}{X_N} \qquad \text{(식 9)}$$

이때, $X_L = 2\pi f L$을 (식 9)에 대입하여 정리하면 다음과 같다.

$$\frac{1}{2\pi f L_T} = \frac{1}{2\pi f L_1} + \frac{1}{2\pi f L_2} + \frac{1}{2\pi f L_3} + \cdots + \frac{1}{2\pi f L_N} \qquad \text{(식 10)}$$
$$\frac{1}{L_T} = \frac{1}{L_1} + \frac{1}{L_2} + \frac{1}{L_3} + \cdots + \frac{1}{L_N}$$

이는 (식 8)의 결과와 같다.

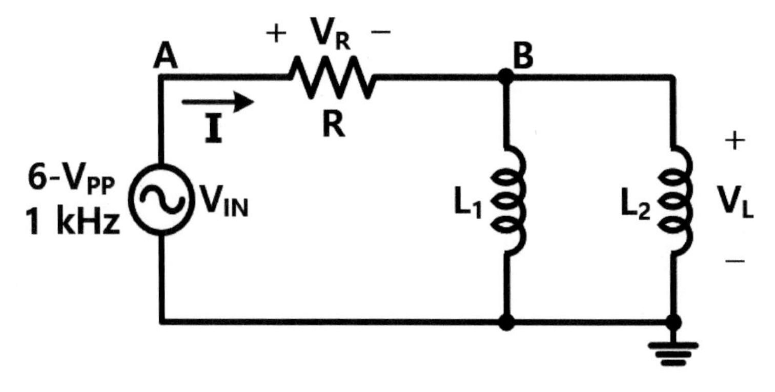

〈그림 3〉 **병렬 연결된 2개의 인덕터**

우리는 이전 실험에서 R과 L_T가 직렬로 연결된 회로에서 등가 유도성 리액턴스(X_T)를 다음과 같이 구할 수 있음을 알았다.

$$X_T = \frac{V_L}{I} = \frac{V_L}{V_R} R = 2\pi f L_T \quad \text{(식 11)}$$

또한, (식 11)을 통해 다음과 같이 등가 인덕턴스를 구할 수 있다.

$$L_T = \frac{1}{2\pi f} \cdot \frac{V_L}{V_R} R \quad \text{(식 12)}$$

우리는 (식 8)과 (식 12)를 통해 다음의 관계를 알 수 있다.

$$L_T = \frac{L_1 L_2}{L_1 + L_2} = \frac{1}{2\pi f} \cdot \frac{V_L}{V_R} R \quad \text{(식 13)}$$

3. PSpice 실습

[실습 1] 직렬 연결된 인덕터의 등가 인덕턴스, Time Domain(Transient) 해석

1) **시뮬레이션의 목적:** Time Domain(Transient) 해석법으로 유도성 리액턴스 및 등가 인덕턴스 확인

2) 직렬연결 인덕터에서 인덕턴스와 X_T의 관계를 확인한다. (VSIN 이용, VAMPL=3 [V], FREQ=1 [kHz])

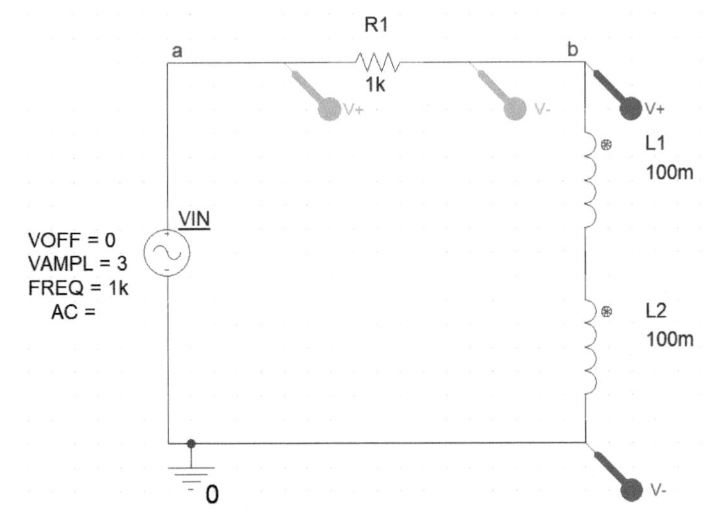

〈그림 4〉 **직렬 연결된 인덕터의 등가 인덕턴스를 구하기 위한 시뮬레이션 회로**

〈그림 4〉는 직렬 연결된 인덕터의 등가 인덕턴스를 구하기 위한 회로이다. 회로에서 저항 양단의 전압 V_R과 직렬 연결된 인덕터의 양단 전압 V_L를 측정하여 등가 인덕턴스를 구한다.

3) 〈그림 5〉는 시뮬레이션 설정을 보여준다. 여기에서는 각 노드의 전압을 측정하기 위해 해석 방법을 'Time Domain (Transient)'로 한다.

Simulation Settings - Exp19

General
Analysis
Configuration Files
Options
Data Collection
Probe Window

Analysis Type:
Time Domain (Transient)
Options:
General Settings
Monte Carlo/Worst Case
Parametric Sweep
Temperature (Sweep)
Save Bias Point
Load Bias Point
Save Check Point
Restart Simulation

Run To Time : 4m seconds (TSTOP)
Start saving data after : 0 seconds
Transient options:
Maximum Step Size 0.004m seconds
Skip initial transient bias point calculation (SKIPBP)
Run in resume mode
Output File Options...

OK Cancel Apply Reset Help

〈그림 5〉 **시뮬레이션 조건 설정**

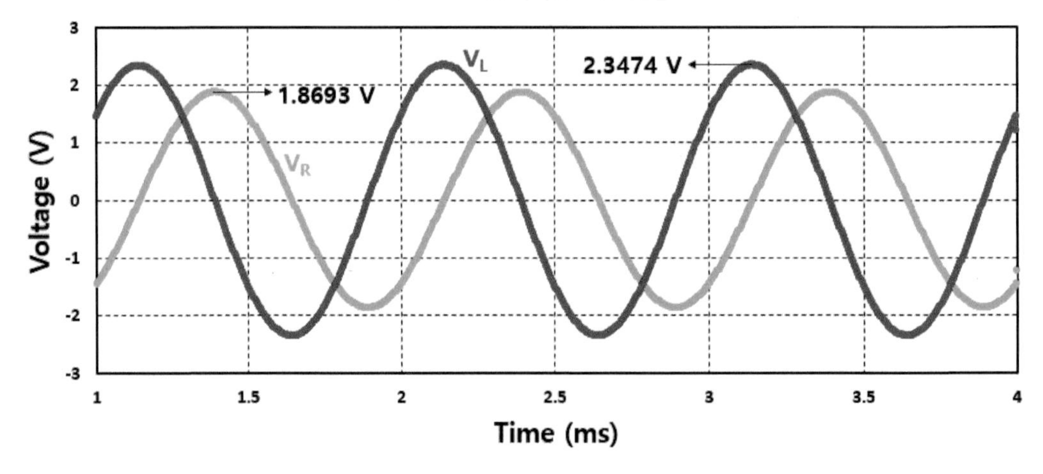

〈그림 6〉 **엑셀로 편집된 PSpice 시뮬레이션 결과**

〈그림 6〉은 〈그림 4〉에 대한 시뮬레이션 결과이다. 이때, V_L의 최댓값은 2.3474 V이고 V_R의 최댓값은 1.8693 V를 보였다. 첫 번째로, (식 3)을 이용하여 등가 인덕턴스 L_T를 구하면,

$L_T = L_1 + L_2 = 100\,mH + 100\,mH = 200\,mH$가 된다.

두 번째로, (식 13)을 이용하여 등가 인덕턴스 L_T를 구하면,

$L_T = \left(\frac{R}{2\pi f}\right)\left(\frac{V_L}{V_R}\right) = \left(\frac{1000}{2\pi \times 1000}\right)\left(\frac{2.3474}{1.8693}\right) = 200\,mH$이 되어 첫 번째 방법으로 구한 값과 같음을 확인할 수 있다.

[실습 2] 병렬연결 된 인덕터의 등가 인덕턴스, Time Domain(Transient) 해석

1) **시뮬레이션의 목적:** Time Domain(Transient) 해석법으로 유도성 리액턴스 및 등가 인덕턴스 확인

2) 병렬연결 인덕터에서 인덕턴스와 X_T의 관계를 확인한다. (VSIN 이용, VAMPL=3 [V], FREQ=1 [kHz])

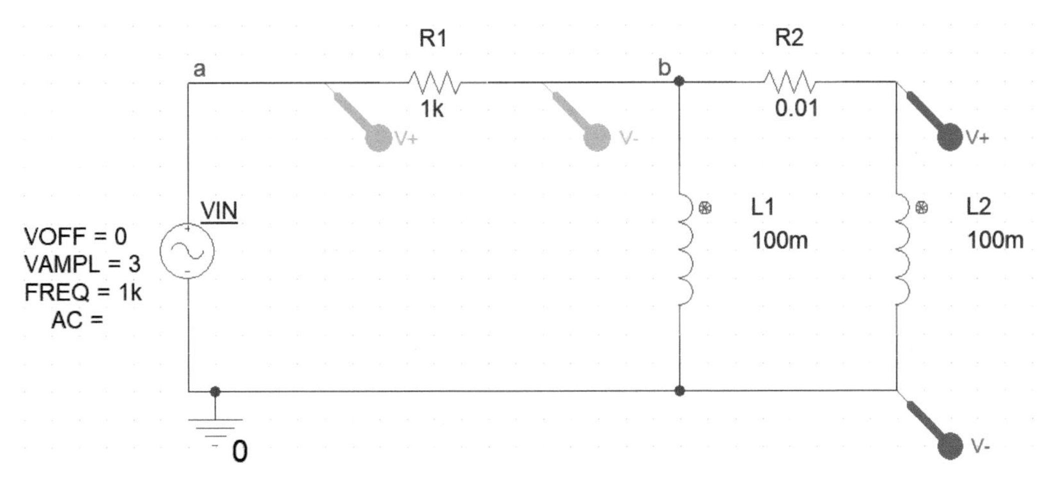

〈그림 7〉 **병렬연결 된 인덕터의 등가 인덕턴스를 구하기 위한 시뮬레이션 회로**

〈그림 7〉은 병렬연결 된 인덕터의 등가 인덕턴스를 구하기 위한 회로이다. 이때, 회로에서 인덕터를 병렬로 연결 시 실행 오류를 방지하기 위해 인덕터 사이에 0.01 Ω을 삽입하여야 한다. 회로에서 저항 양단의 전압 V_R 과 직렬 연결된 인덕터 양단 전압 V_L 을 측정하여 등가 인덕턴스를 구한다.

3) 〈그림 8〉은 시뮬레이션 설정을 보여준다. 여기에서는 각 노드의 전압을 측정하기 위해 해석 방법을 'Time Domain (Transient)'로 한다.

〈그림 8〉 **시뮬레이션 조건 설정**

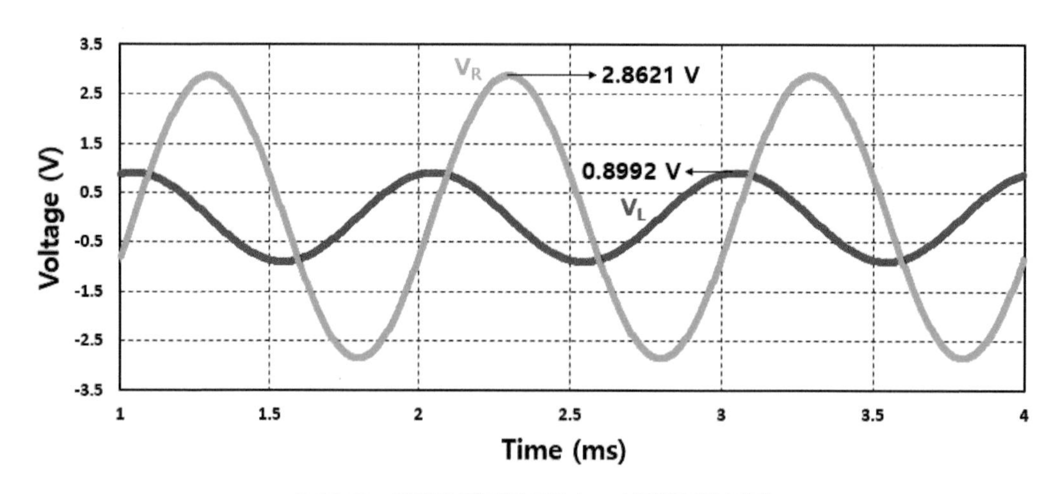

〈그림 9〉 **엑셀로 편집된 PSpice 시뮬레이션 결과**

〈그림 9〉는 〈그림 7〉에 대한 시뮬레이션 결과이다. 이때, V_L의 최댓값은 0.8992 V이고 V_R의 최댓값은 2.8621 V를 보였다. 첫 번째로, (식 8)을 이용하여 등가 인덕턴스 L_T를 구하면,

$\frac{1}{L_T} = \frac{1}{L_1} + \frac{1}{L_2} = \frac{1}{100\,mH} + \frac{1}{100\,mH}$가 되어 $L_T = 50\,mH$가 된다.

두 번째로, (식 12)를 이용하여 등가 인덕턴스 L_T를 구하면,

$L_T = \left(\frac{R}{2\pi f}\right)\left(\frac{V_L}{V_R}\right) = \left(\frac{1000}{2\pi \times 1000}\right)\left(\frac{0.8992}{2.8621}\right) = 50\,mH$가 되어 첫 번째 방법으로 구한 값과 같음을 확인 할 수 있다.

4. 장비 및 부품

1) 오실로스코프 및 함수발생기
2) 디지털 멀티미터 및 LCR 미터
3) 1 kΩ 저항 1개, 40 mH 인덕터 2개

5. 실험과정

[실험 1] 직렬 연결된 인덕터의 등가 인덕턴스

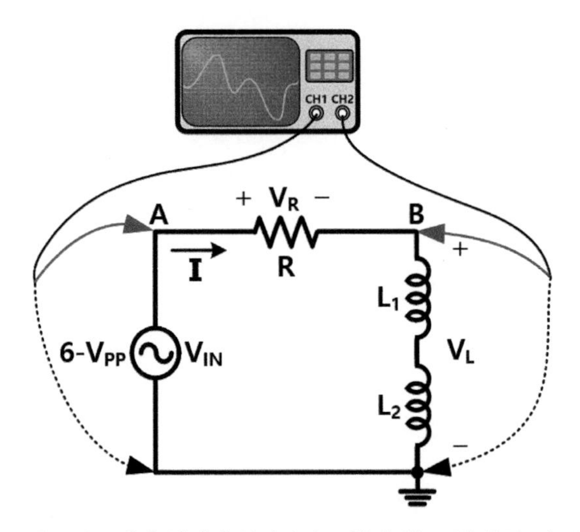

〈그림 10〉 **직렬 연결된 인덕터가 포함된 회로 및 측정 시스템**

1) 함수발생기와 오실로스코프를 이용하여 〈그림 10〉과 같이 회로를 구성한다. 이때, $R = 1\,k\Omega$, $L_1 = L_2 = 40\,mH$이며 동작 주파수(f)는 1 kHz이다.

2) LCR 미터를 이용하여 저항 값 및 인덕턴스 값을 측정한다.

〈표 1〉 **저항과 인덕턴스 값**

	R=1 kΩ	L_1=40 mH	L_2=40 mH
이론값			
측정값			
내부저항 값	−		

3) 각 노드의 전압을 측정하고 아래 표에 결과를 기록한다. 이때, V_R의 실횻값은 디지털 멀티미터 (DMM)를 이용하여 측정한다. (계산 시, 저항 R은 측정값을 이용한다.)

〈표 2〉 **직렬 연결된 인덕터의 등가 인덕턴스 측정**

$V_{IN}\,[V]$	$V_L\,[V]$	$V_R\,[V]$	$X_T = \frac{V_L}{V_R} \times R\,[\Omega]$	$L_T = \frac{X_T}{2\pi f}\,[H]$
측정값(rms)	측정값(rms)	측정값(rms)	계산값	계산값

4) 위 결과로부터 $L_T = L_1 + L_2$임을 확인한다.

5) LCR 미터를 이용하여 직렬 연결된 인덕터의 등가 인덕턴스를 측정한다.

	L_T [mH]
측정값	

6) 엑셀을 이용하여 실험 결과표를 시각화하라.

[실험 2] 병렬 연결된 인덕터의 등가 인덕턴스

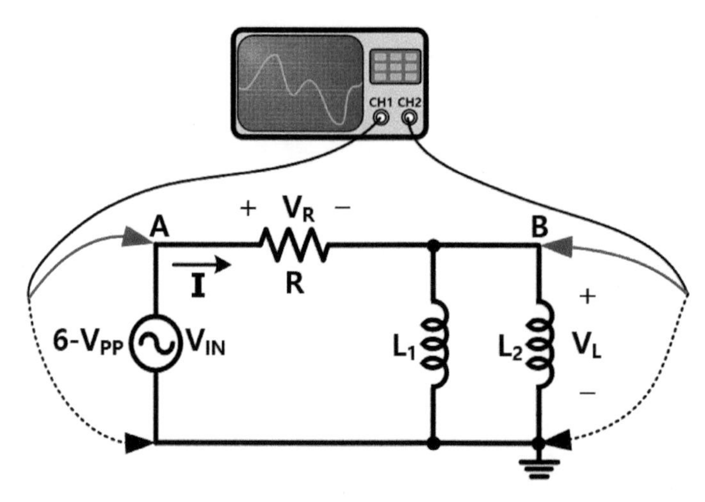

〈그림 11〉 **병렬 연결된 인덕터가 포함된 회로 및 측정 시스템**

1) 함수발생기와 오실로스코프를 이용하여 〈그림 11〉과 같이 회로를 구성하며 두 인덕터 L_1, L_2는 상호 인덕턴스 영향을 줄이기 위해 너무 가까이 붙이지 않는다. 이때, $R=1k\Omega$, $L_1=L_2=40mH$이며 동작 주파수(f)는 1 kHz이다.

2) 각 노드의 전압을 측정하고 아래 표에 결과를 기록한다. 이때, V_R의 실횻값은 디지털 멀티미터(DMM)를 이용하여 측정한다. (계산 시, 저항 R은 측정값을 이용한다.)

〈표 3〉 **병렬 연결된 인덕터의 등가 인덕턴스 측정**

$V_{IN}[V]$	$V_L[V]$	$V_R[V]$	$X_T=\frac{V_L}{V_R}\times R[\Omega]$	$L_T=\frac{X_T}{2\pi f}[H]$
측정값(rms)	측정값(rms)	측정값(rms)	계산값	계산값

3) 위 결과로부터 $L_T=\frac{L_1L_2}{L_1+L_2}$임을 확인한다.

4) LCR 미터를 이용하여 병렬 연결된 인덕터의 등가 인덕턴스를 측정한다.

	L_T [mH]
측정값	

5) 엑셀을 이용하여 실험 결과표를 시각화하라.

6. 실험 고찰

1) 직렬로 인덕터가 연결되었을 때, 등가 인덕턴스 L_T를 구하라.
2) 직렬연결 저항과 인덕터 양단 전압을 측정하여 등가 인덕턴스 L_T를 구하라.
3) LCR 미터를 이용하여 직렬연결 인덕터의 등가 인덕턴스 L_T를 측정하라.
4) 위 세 가지 방법으로 구한 등가 인덕턴스는 동일한가? 차이가 있다면 원인은 무엇인가?
5) 병렬로 인덕터가 연결되었을 때, 등가 인덕턴스 L_T를 구하라.
6) 병렬연결 저항과 인덕터 양단 전압을 측정하여 등가 인덕턴스 L_T를 구하라.
7) LCR 미터를 이용하여 병렬연결 인덕터의 등가 인덕턴스 L_T를 측정하라.
8) 위 세 가지 방법으로 구한 등가 인덕턴스는 동일한가? 차이가 있다면 원인은 무엇인가?

실험 이해도 점검

1) 직렬 연결된 인덕터 L_1=10 mH, L_2=20 mH, L_3=30 mH의 등가 인덕턴스 L_T를 구하라.
2) V_{IN}의 f=1 kHz이고 L_1=40 mH일 때, 유도성 리액턴스 X_{L1}을 구하라.
3) V_{IN}의 f=1 kHz이고 L_2=60 mH일 때, 유도성 리액턴스 X_{L2}를 구하라.
4) V_{IN}의 f=1 kHz일 때, 문제 1)에서 구한 등가 인덕턴스 L_T의 유도성 리액턴스 X_T를 구하라.
5) 〈그림 11〉에서 L_1=30 mH, L_2=60 mH일 때 등가 인덕턴스 L_T를 구하라.

RC 시정수

1. 목적

- 저항을 통하여 전하가 커패시터에 충전되는 시간을 실험적으로 결정한다.
- 저항을 통하여 커패시터에 충전된 전하가 방전되는 시간을 실험적으로 결정한다.

2. 이론

2-1. 커패시터와 커패시턴스

커패시터(capacitor)는 전기장으로 에너지를 저장하기 위한 수동소자로 메모리, 통신, 컴퓨터 등 광범위한 분야에 사용된다. 커패시터는 두 도체판 사이에 비전도 물질(절연체)이 삽입되어 있으며 그 용량을 커패시턴스(capacitance)라 한다. 커패시턴스의 기호는 C이고 단위는 영국의 과학자 마이클 패러데이(Michael Faraday)의 이름을 따 F(패럿, Farad)로 정하였다. 커패시터는 주로 $10^{-6}[F]$인 $[\mu F]$, $10^{-9}[F]$인 $[nF]$, $10^{-12}[F]$인 $[pF]$을 사용한다.

2-2. RC 시정수

저항과 직렬 연결된 커패시터로 구성된 RC 회로에서, 커패시터가 초기에 충전되어 있어 $t=0$에서 $v(0)=V_0$이라 가정하면 방전 시 커패시터의 자연응답은 다음 (식 1)과 같다.

$$v_c(t)=V_0e^{-\frac{t}{\tau}}=V_0e^{-\frac{t}{RC}}\,[V] \qquad \text{(식 1)}$$

$t=\tau$일 때, 커패시터 양단전압 $v_c(\tau)=V_0e^{-1}=0.368\,V_0\,[V]$이 되며 초기값의 $1/e$ 또는 36.8 %로 감소하는데 걸리는 시간을 시정수(time constant) τ라 하며 직렬 RC 회로에서 $\tau=RC$이다. 즉, 전기회로에서 시정수는 초기 전압으로 충전되어 있던 커패시터를 저항을 통해 방전시킬

때, 커패시터의 전압이 초기 전압의 "36.8%"까지 방전되는 시간 또는, RC 직렬 회로에서 전원 전압을 인가했을 때, 커패시터의 충전 전압이 전원 전압의 "63.2%"까지 충전되는 시간을 말하기도 한다.

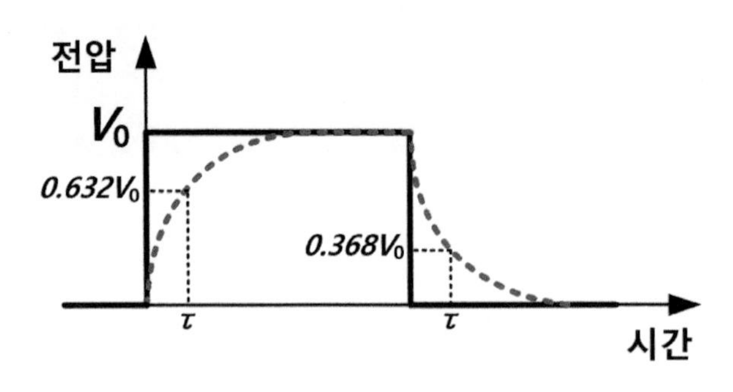

〈그림 1〉 **RC 직렬회로의 충전 및 방전**

시정수의 기하학적 의미는 $t=0$에서 $v_c(t)$의 접선이 시간 축과 만나는 점이다.

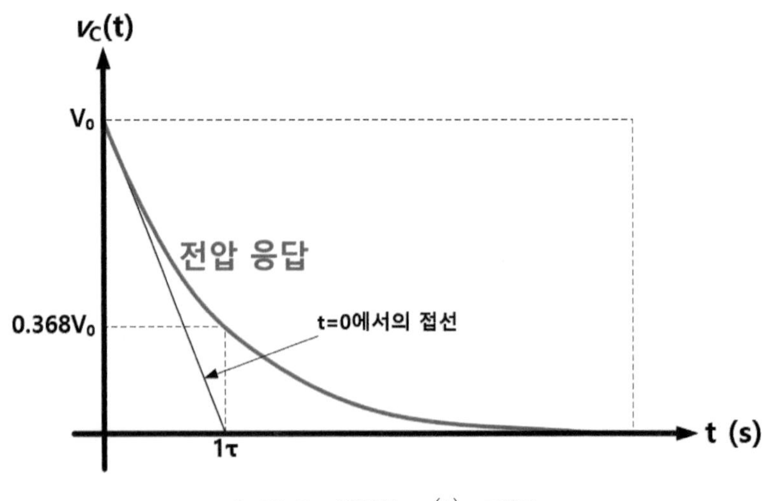

〈그림 2〉 **방전시 $v_c(t)$ 그래프**

이를 식으로 나타내면 다음 (식 2)와 같다.

$$v_c(t) = V_0 e^{-\frac{t}{\tau}} \quad \Rightarrow \quad \frac{dv_c}{dt}\Big|_{t=0} = -\frac{V_0}{\tau} \qquad \text{(식 2)}$$

RC 회로에서 방전인 경우 다양한 시정수 값은 아래 표와 같다. 5τ에서 초기 값의 0.67%(1% 미만)에 도달하며 이는 초기 값의 99.3%가 방전되었기 때문에 일반적으로 5τ에서 정상상태(목표값)에 도달했다고 본다.

〈표 1〉 초기값 V_0인 커패시터의 방전 시 전압 응답 및 시정수 값

시정수	방전인 경우의 시정수 값			
1τ	$V_0e^{-\frac{\tau}{\tau}}$	$0.3679V_0$	36.79%	63.2% 감소
2τ	$V_0e^{-\frac{2\tau}{\tau}}$	$0.1353V_0$	13.53%	86.5% 감소
3τ	$V_0e^{-\frac{3\tau}{\tau}}$	$0.0498V_0$	4.98%	95.0% 감소
4τ	$V_0e^{-\frac{4\tau}{\tau}}$	$0.0183V_0$	1.83%	98.2% 감소
5τ	$V_0e^{-\frac{5\tau}{\tau}}$	$0.0067V_0$	0.67%	99.3% 감소
6τ	$V_0e^{-\frac{6\tau}{\tau}}$	$0.0025V_0$	0.25%	99.8% 감소

앞에서 언급한 것처럼, 직렬 RC 회로에서 시정수는 $\tau = RC\,[s]$가 되며 $R = 100\,[k\Omega]$인 회로에서 커패시턴스 $C = 1\,\mu F$인 경우 시정수(τ)는 $\tau = RC = (100 \times 10^3)(1 \times 10^{-6}) = 0.1\,[s]$로 계산할 수 있다.

〈그림 3〉은, 커패시턴스에 따른 시정수 변화를 나타낸 것으로 예상한 것처럼 커패시턴스와 시정수가 선형관계임을 알 수 있다.

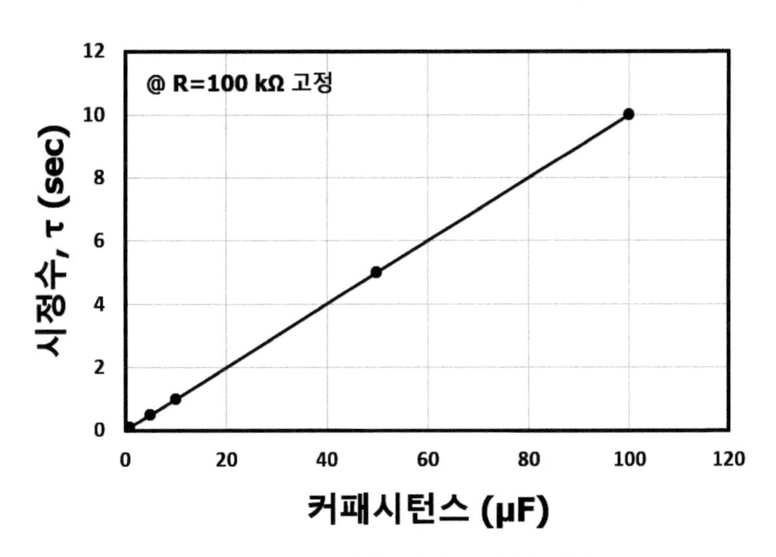

〈그림 3〉 커패시턴스에 따른 시정수 변화

2-3. 시정수의 측정

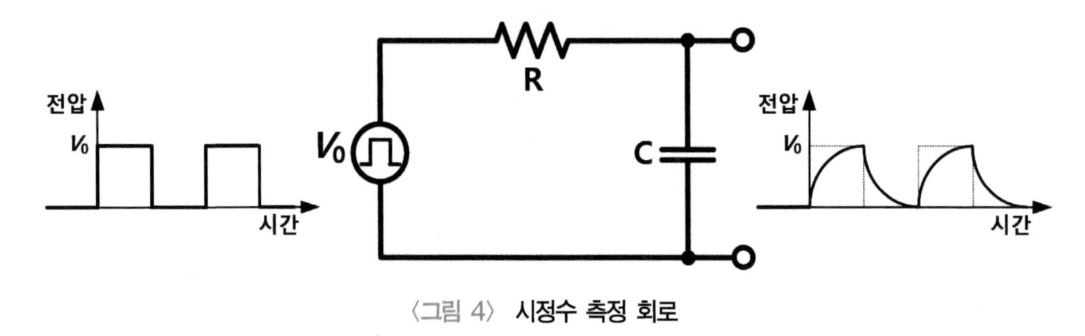

〈그림 4〉 **시정수 측정 회로**

커패시터의 충전과 방전에 대한 시정수는 구형파 입력전압에 대한 커패시터 양단전압을 측정하여 구할 수 있다. 우리는 커패시터의 방전 전압은 (식 1)로 구할 수 있다. 반면, 커패시터에 전하를 충전할 때의 충전 전압은 다음 (식 3)과 같다.

$$v_c(t) = V_0(1-e^{-\frac{t}{\tau}}) = V_0(1-e^{-\frac{t}{RC}})\,[V] \quad \text{(식 3)}$$

3. PSpice 실습

[실습 1] 커패시턴스 변화에 따른 커패시터 전압 확인, Time Domain (Transient) 해석

1) **시뮬레이션의 목적:** Time Domain(Transient) 해석법으로 커패시턴스 변화에 따른 커패시터 전압 및 시정수 확인

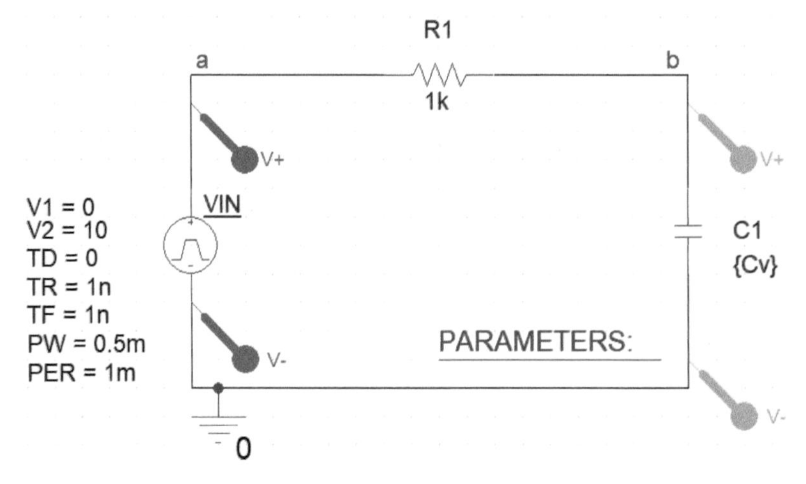

〈그림 5〉 **시정수 확인을 위한 직렬 RC 회로 구성**

〈그림 5〉는 시정수 확인을 위한 직렬 RC 회로이다. 이때, 저항은 1 kΩ으로 고정하고 커패시턴스는 33~99 nF(33 nF-step)로 sweep하기 위해 가변 커패시터(Cv)를 설정한다. 인가되는 VPULSE는 0~10 V로 설정하고 주기(T)는 1 ms로 설정한다.

2) 〈그림 6〉은 시뮬레이션 설정을 보여준다. 여기에서는 시간에 따른 커패시터 전압을 측정하기 위해 해석 방법을 'Time Domain (Transient)'로 한다. 〈그림 6〉 (a)는 General Settings를 보여준다. 보통 정현파를 시뮬레이션 하면 파형의 일그러지는 현상이 발생을 한다. 이때, Transient options에서 Maximum Step Size를 Run To Time의 1/1000 수준으로 하면 파형의 일그러짐을 방지할 수 있다. 이번 시뮬레이션에서는 1.6 ms의 Run To Time을 고려하여 Maximum Step Size를 0.0016 ms로 설정하였다.

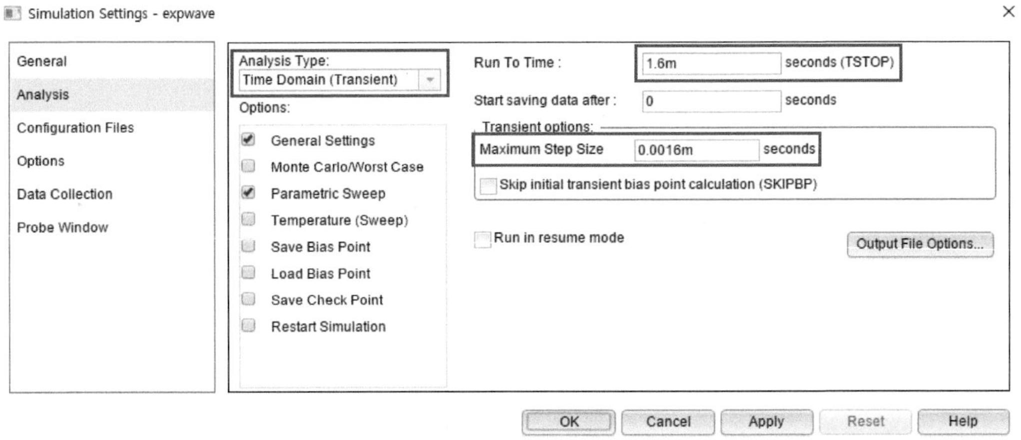

(a) General Settings

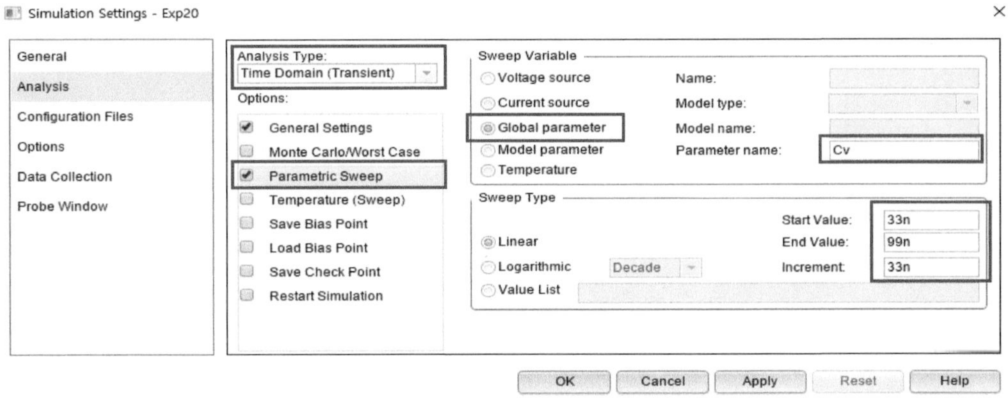

(b) Parameter Sweep

〈그림 6〉 **시뮬레이션 조건 설정**

〈그림 6〉 (b)는 Parametric Sweep을 보여준다. 이때, 커패시턴스는 33 nF에서 99 nF까지 33 nF씩 증가시켰다.

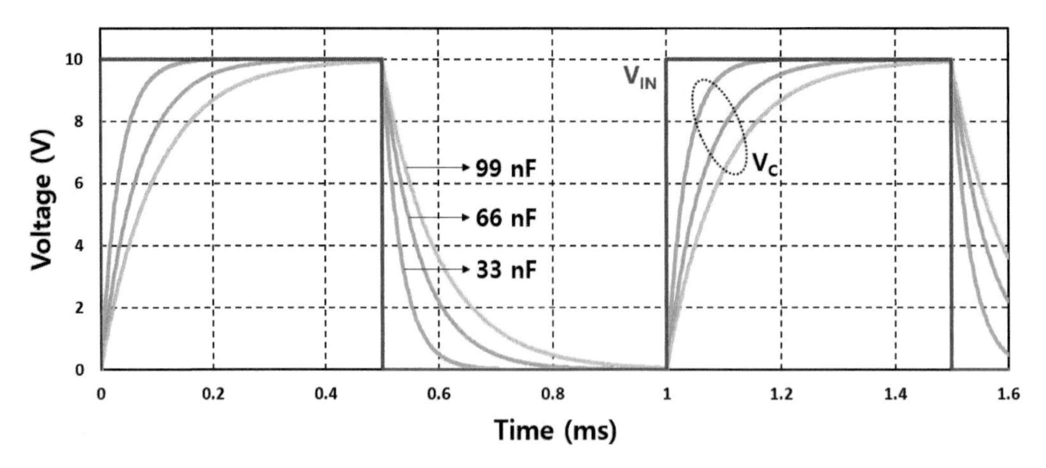

〈그림 7〉 **엑셀로 편집된 PSpice 시뮬레이션 결과**

〈그림 7〉은 커패시턴스 변화에 따른 커패시터 양단 전압 시뮬레이션 결과이다. 그림에서 보듯이, 커패시턴스가 증가할수록 충전 및 방전 시간이 증가한다. 이때, 입력 전압이 10 V이므로 충전 시 시정수(τ)는 6.32 V가 되는 시간이 되며 방전 시 시정수(τ)는 3.68 V가 되는 시간이다. 〈그림 7〉에서 시정수를 찾기 위해 다음과 같은 찾기 기능을 이용한다.

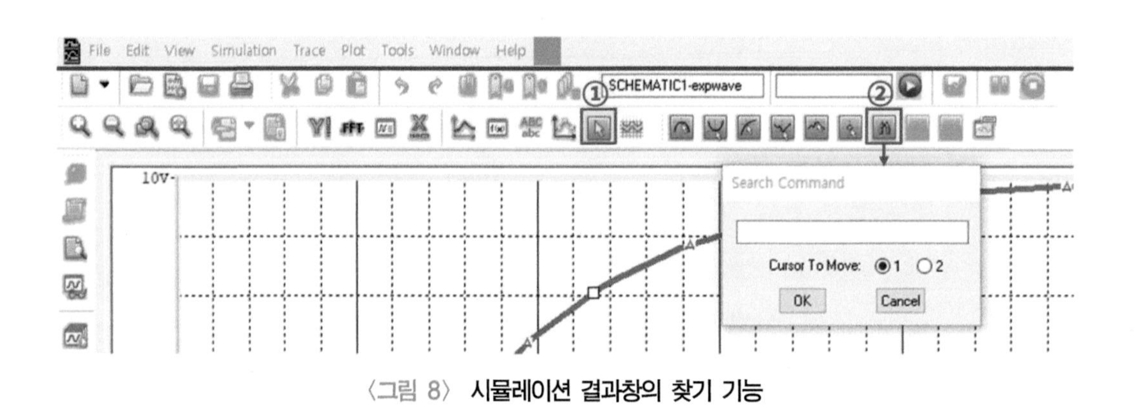

〈그림 8〉 **시뮬레이션 결과창의 찾기 기능**

〈그림 8〉처럼, 원하는 값을 찾기 위해 ①을 선택하고 ②를 눌러 아래와 같이 진행한다.

x축의 값을 기준으로 찾을 경우 Search Command 창에 다음을 입력한다.

search backward/forward xvalue(값)

y축의 값을 기준으로 찾을 경우 Search Command 창에 다음을 입력한다.

search backward/forward level(값)

이때, forward를 쓰면 커서의 오른쪽(x값이 증가하는 방향)으로 조건을 검색하고 backward를 쓰면 왼쪽(x값이 감소하는 방향)으로 조건을 검색한다. 예를 들어, y축 전압값이 6.32 V인 지점을 찾기 위해서는 search forward level(6.32)을 입력한다.

4. 장비 및 부품

1) 오실로스코프 및 함수발생기
2) 디지털 멀티미터 및 LCR 미터
3) 1 kΩ 저항 1개, 33 nF 커패시터 3개

5. 실험과정

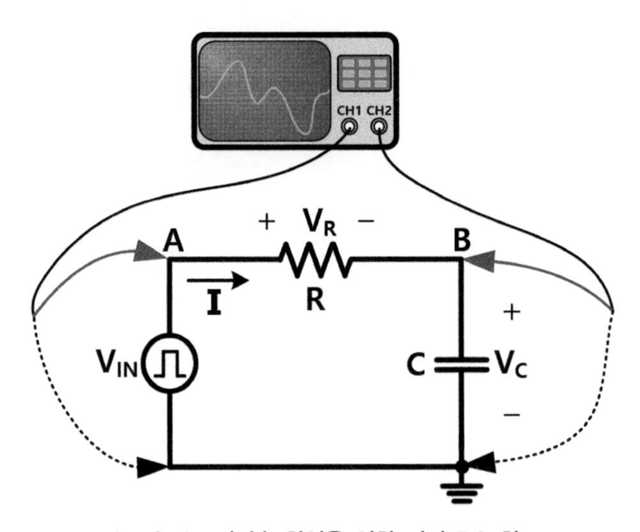

〈그림 9〉 **시정수 확인을 위한 직렬 RC 회로**

[실험 1] 시정수에 따른 커패시터 전압 변화

1) 함수발생기와 오실로스코프(채널 2 개)를 이용하여 〈그림 9〉와 같이 회로를 구성한다. 이때, 구형파 인가전압은 V_{pp}=10 V이고 $f = 1\,kHz$, $R = 1\,k\Omega$, $C = 33\,nF$이다.

2) LCR 미터를 이용하여 저항과 커패시턴스 값을 측정한다. (커패시터 방전 후 측정)

〈표 1〉 **저항과 커패시턴스 값**

	R=1 kΩ	C_1=33 nF	C_2=33 nF	C_3=33 nF
이론값				
측정값				

3) C_1으로 회로를 꾸미고, 방전 시 커패시터 피크 간 전압 측정 결과를 표에 기록한다.

〈표 2〉 **시정수 및 커패시터 전압**

	시정수		커패시터 전압, $V_{C,PP}$ [V]	
	이론값		이론값	측정값
1τ		→		
2τ		→		
3τ		→		
4τ		→		
5τ		→		

4) 엑셀을 이용하여 실험 결과표를 시각화하라.

[실험 2] 커패시턴스 변화에 따른 시정수 변화

1) 커패시턴스 변화에 따른 인가전압 및 커패시터 양단전압(피크 간 전압)을 측정하고 아래 표에 방전 및 충전시의 시정수 측정 결과를 기록한다.

〈표 3〉 **커패시턴스 변화에 따른 시정수**

커패시턴스		시정수	충전 시(@ $0.632\,V_{IN}$)	방전 시(@ $0.368\,V_{IN}$)
이론값	측정값	1τ (이론값)	1τ (측정값)	1τ (측정값)
33 nF				
66 nF				
99 nF				

* 이때, 시정수 이론값은 커패시터와 저항의 측정값을 이용하여 구하라.

2) 엑셀을 이용하여 실험 결과표를 시각화하라.

6. 실험 고찰

1) 충전과 방정 시, RC 시정수에 대해 설명하라.
2) 구형파 입력 시, 커패시터 양단 전압을 측정하고 커패시턴스 변화에 따라 상승시간과 하강시간을 확인하라.
3) 구형파 입력 시, 커패시턴스 변화에 따른 시정수 변화를 확인하라.

실험 이해도 점검

1) 시정수의 기하학적 의미는 $t=0$에서 $v_c(t)$의 (   )이 시간 축과 만나는 점이다.
2) 10 V의 인가전압에 1 kΩ 저항과 99 nF의 커패시터가 직렬로 연결되어 충전되고 있을 때, 시정수는 얼마인가? (단, 초기에 커패시터는 완전 방전되었다고 가정한다.)
3) RC 회로에서 거의 완전히 충전되었다고 말하기 위해 시정수의 몇 배 시간이 필요한가?
4) 문제 2)의 회로에서, 커패시터는 (   )초 후에 8 V로 충전되는가?

직렬 RC 회로의 임피던스

1. 목적

- 직렬 RC회로의 위상차를 실험을 통해 확인한다.
- 직렬 RC회로의 임피던스를 실험을 통해 확인한다.

2. 이론

부하의 종류	회로	전압과 전류 파형	벡터도
저항, R	V_{IN}, I, R	V, I	I, V
인덕터, L	V_{IN}, I, L	V, I, 90°	V, I
커패시터, C	V_{IN}, I, C	V, I, 90°	I, V

〈그림 1〉 **부하의 종류와 전압, 전류의 위상차**

〈그림 1〉은 부하의 종류에 따른 전압과 전류의 파형 및 위상차를 나타낸 것이다. 저항(R)로 구성된 회로를 통과한 전류는 전압과 위상이 같지만, 인덕터(L)로 구성된 회로를 통과한 전류는 전압보다 90° 느리고, 커패시터(C)로 구성된 회로를 통과한 전류는 전압보다 90° 빠르다. 교류회로에

서 교류전류가 흐를 때 인덕터와 커패시터를 통해 위상차를 갖고 전류의 흐름을 방해하는 정도를 리액턴스(reactance)라 한다.

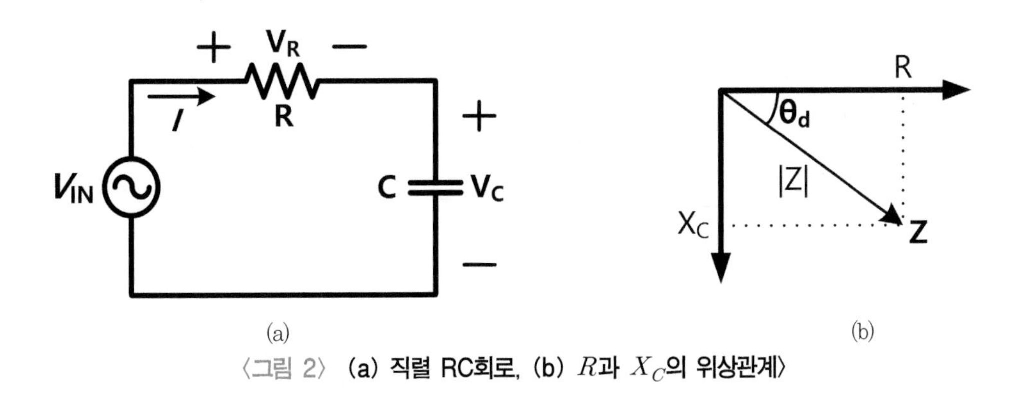

〈그림 2〉 (a) 직렬 RC회로, (b) R과 X_C의 위상관계〉

2-1. 임피던스의 크기와 위상

커패시터 C의 리액턴스 $\boldsymbol{X_C}$는 실수인 저항 R과는 $-90°$ 위상차를 갖는다. RC 직렬회로의 임피던스 $\boldsymbol{Z}$는 (식 1)과 같이 R과 $-jX_C$의 합으로 구할 수 있다.

$$\boldsymbol{Z} = R - j\frac{1}{\omega C} = R - j\frac{1}{2\pi f C} = R - jX_C \qquad (식\ 1)$$

여기서 f는 인가된 정현파 신호의 주파수이며, ω는 인가된 정현파 신호의 각 주파수이다. 용량성 리액턴스는 교류회로의 옴의 법칙에 따라, $X_C = \frac{V_C}{I}$로 구할 수 있다. 이때, $I = \frac{V_R}{R}$이므로 용량성 리액턴스는 (식 2)와 같다. 커패시터의 페이저 전압 V_C는 전류 I와 V_R에 비하여 90° 지연되며 인가전압 V_{IN}은 V_R과 V_C의 페이저 합이므로 $V_{IN} = \sqrt{V_R^2 + V_C^2}$의 관계를 이용하여 $V_R = \sqrt{V_{IN}^2 - V_C^2}$로 구한다.

$$X_C = \frac{V_C}{I} = \frac{V_C}{V_R}R \qquad (식\ 2)$$

임피던스 $\boldsymbol{Z}$는 복소수이므로 크기 $|Z|$와 위상각 θ_d을 갖는나.

$$\boldsymbol{Z} = |Z|\,e^{j\theta_d} \qquad (식\ 3)$$

여기서, $\theta_d = \tan^{-1}\left(-\frac{X_C}{R}\right) = \tan^{-1}\left(-\frac{V_C}{V_R}\right)$이다.

(식 3)의 임피던스의 크기 $|Z|$는 다음과 같이 세 가지 방법으로 구할 수 있다.

방법 1 복소수의 크기 계산을 이용하여 임피던스의 크기 $|Z|$를 구하면

$$|Z| = \sqrt{R^2 + \left(\frac{1}{2\pi f C}\right)^2} = \sqrt{R^2 + X_C^2} \quad \text{(식 4)}$$

방법 2 〈그림 2〉 (b)에서 R과 위상각 θ_d를 알고 있을 경우에, 임피던스의 크기 $|Z|$를 구하면

$$|Z| = \frac{R}{\cos\theta_d} \quad \text{(식 5)}$$

방법 3 교류에서의 옴의 법칙을 이용하여 임피던스의 크기 $|Z|$를 구하면

$$|Z| = \frac{V_{IN,m}}{I_m} = \frac{V_{IN,rms}}{I_{rms}} \quad \text{(식 6)}$$

여기서 $V_{IN,m}$, I_m은 정현파 신호의 진폭(최댓값)이며 $V_{IN,rms}$, I_{rms}는 실횻값을 나타낸다.

예시로, 직렬 RC회로에서 $R = 50[\Omega]$, $X_C = 100[\Omega]$, $V_{IN,m} = 10[V]$일 때 회로에 흐르는 전류의 진폭이 $I_m = 89.45[mA]$로 측정되었다. 이때 앞에서 설명한 세 가지 방법으로 $|Z|$를 구해보면 다음과 같다.

- 위상각 θ_d를 구하면

$$\theta_d = \tan^{-1}\left(-\frac{X_C}{R}\right) = \tan^{-1}\left(-\frac{100}{50}\right) = -63.435^\circ$$

- 방법 1로 $\boldsymbol{Z}$ 크기 $|Z|$를 구하면,

$$|Z| = \sqrt{R^2 + X_C^2} = \sqrt{50^2 + 100^2} = 111.8\,[\Omega]$$

- 방법 2로 $\boldsymbol{Z}$ 크기 $|Z|$를 구하면,

$$|Z| = \frac{R}{\cos\theta_d} = \frac{50\,[\Omega]}{\cos(-63.435^\circ)} = 111.8\,[\Omega]$$

– 방법 3으로 $\boldsymbol{Z}$ 크기 $|Z|$를 구하면,

$$|Z| = \frac{V_{IN,m}}{I_m} = \frac{10\,[V]}{89.45 \times 10^{-3}\,[A]} = 111.8\,[\Omega]$$

이 되어 여러 방법으로 구한 임피던스의 크기 $|Z|$가 동일함을 알 수 있다.

〈그림 3〉은 V_A와 V_B의 파형을 나타낸다. 파형에서 보면 V_B가 V_A보다 앞서며 $\Delta t = 250\,\mu s$이다. 이때, 파형의 주기(T)는 1 ms이며 이는 360°이므로 두 파형간의 위상차 ϕ는 다음 (식 6)을 이용하여 구할 수 있다.

$$T : 360^o = \Delta t : \phi \qquad \text{(식 6)}$$

$$\phi = \frac{\Delta t}{T} \times 360^o = \frac{250\,\mu s}{1\,ms} \times 360^o = 90^o$$

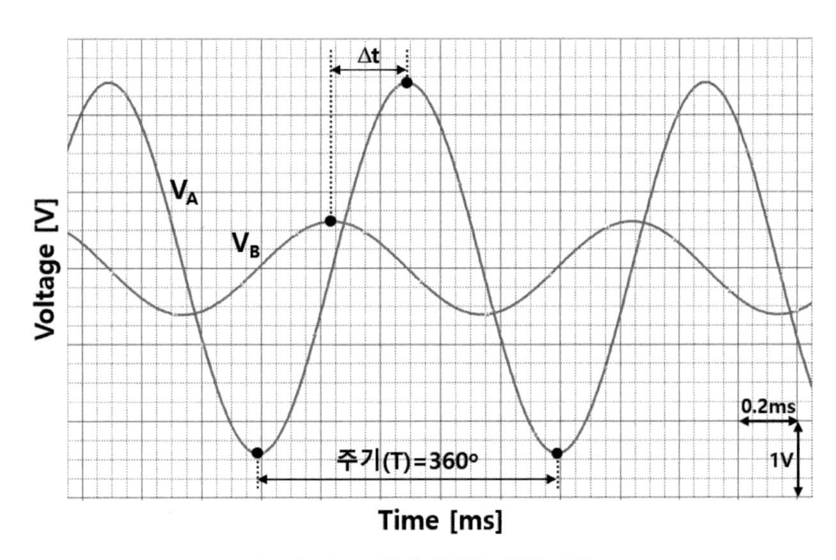

〈그림 3〉 **위상차 확인을 위한 파형**

3. PSpice 실습

[실습 1] 커패시터로 구성된 회로의 전압, 전류 위상차 확인, Time Domain (Transient) 해석

1) **시뮬레이션의 목적:** Time Domain(Transient) 해석법으로 커패시터로 구성된 회로에서 전류의 위상이 전압보다 90° 앞섬을 확인

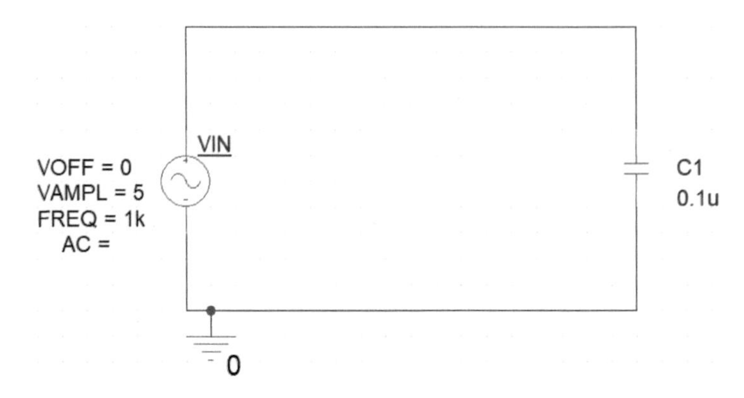

〈그림 4〉 **커패시터로 구성된 회로의 전압, 전류 위상차 확인을 위한 회로 구성**

〈그림 4〉는 커패시터로만 구성된 회로로서 커패시터 양단의 전압과 커패시터에 흐르는 전류의 위상차를 확인 할 수 있다.

2) 〈그림 5〉는 시뮬레이션 설정을 보여준다. 여기에서는 커패시터 양단의 전압과 회로에 흐르는 전류를 측정하기 위해 해석 방법을 'Time Domain (Transient)'로 한다.

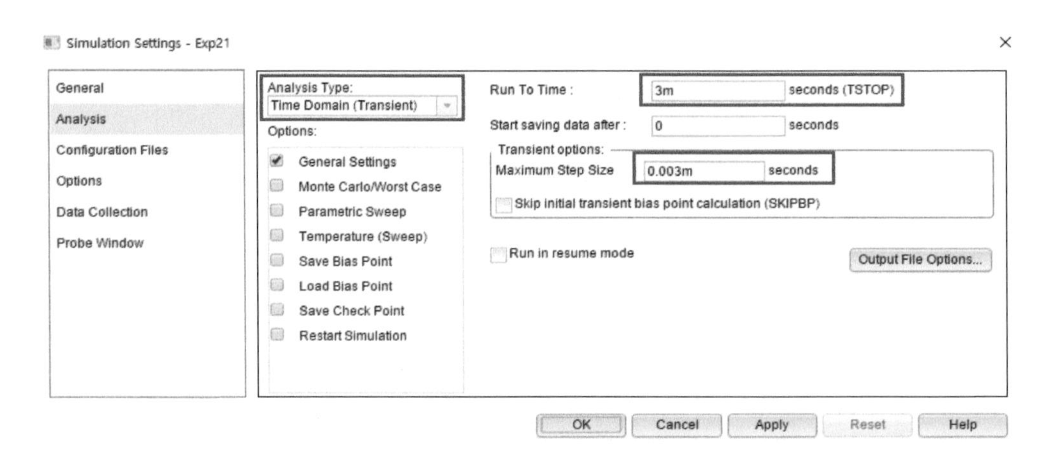

〈그림 5〉 **시뮬레이션 조건 설정**

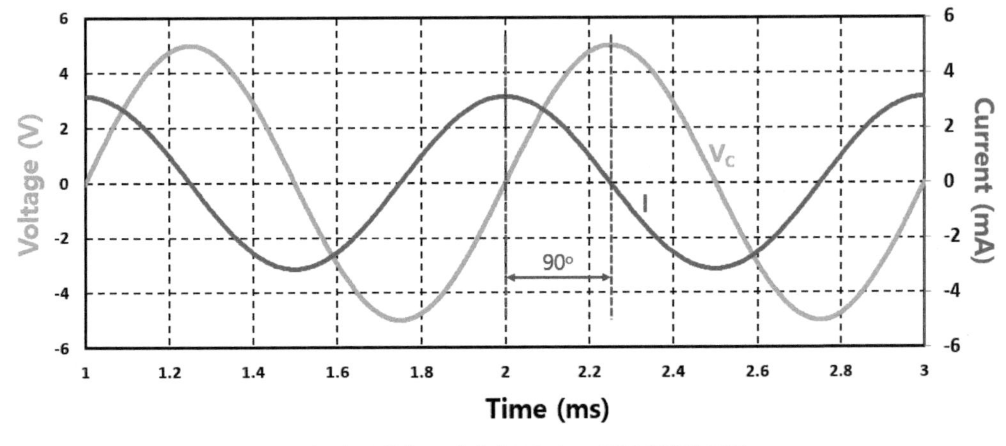

〈그림 6〉 **엑셀로 편집된 PSpice 시뮬레이션 결과**

〈그림 6〉은 정현파 신호가 주어졌을 때 커패시턴스 양단의 전압과 커패시터에 흐르는 전류를 시뮬레이션 한 결과이다. 위 결과로부터, 커패시터(C)로 구성된 회로를 통과한 전류의 위상이 전압의 위상보다 90° 앞섬을 확인할 수 있다.

[실습 2] 직렬 RC 회로의 임피던스 확인, Time Domain(Transient) 해석

1) **시뮬레이션의 목적:** Time Domain(Transient) 해석법으로 직렬 RC 회로의 임피던스 확인

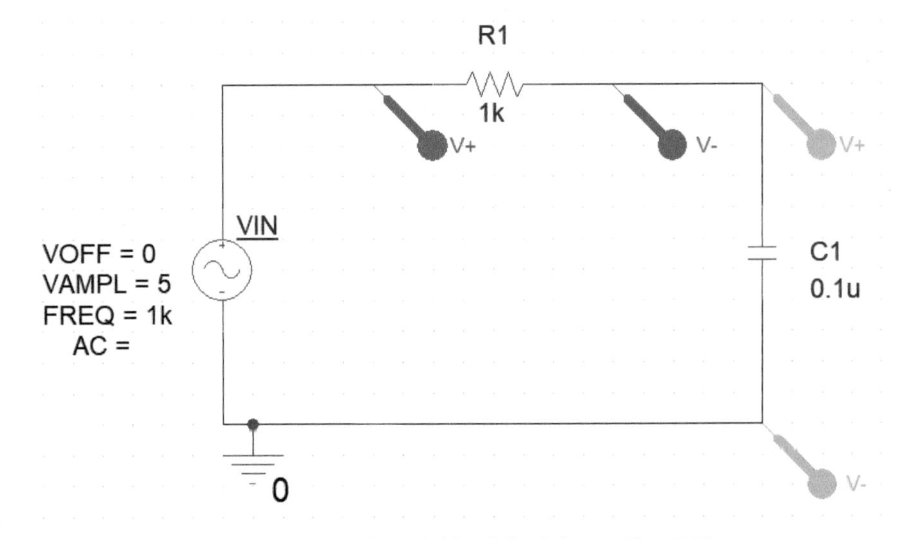

〈그림 7〉 **임피던스 확인을 위한 직렬 RC 회로 구성**

〈그림 7〉은 임피던스 확인을 위한 직렬 RC 회로이다. 이때, 저항 양단 전압은 V_R, 커패시터 양단 전압은 V_C이라하며 두 전압을 측정하여 임피던스를 구할 수 있다.

2) 〈그림 8〉은 시뮬레이션 설정을 보여준다. 여기에서는 커패시터 양단의 전압을 측정하기 위해 해석 방법을 'Time Domain (Transient)'로 한다.

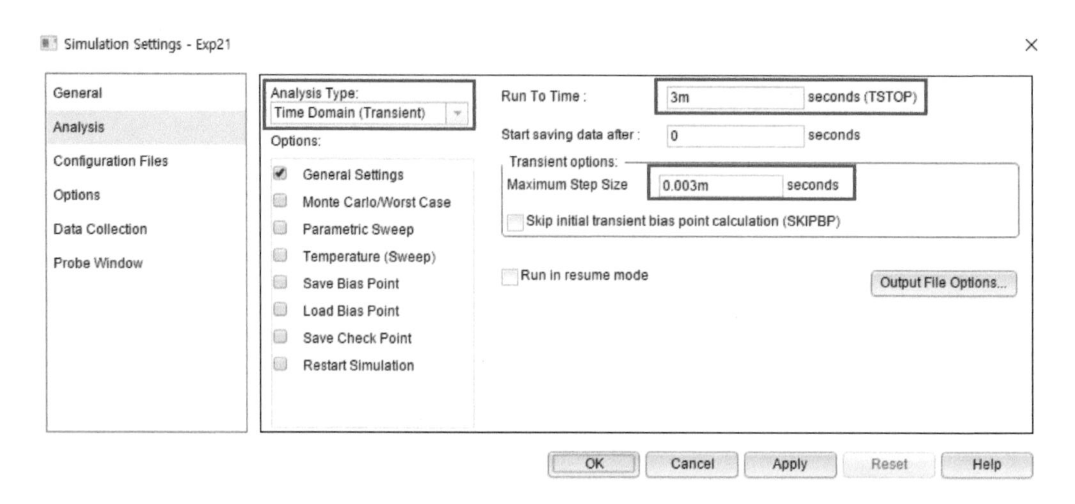

〈그림 8〉 **시뮬레이션 조건 설정**

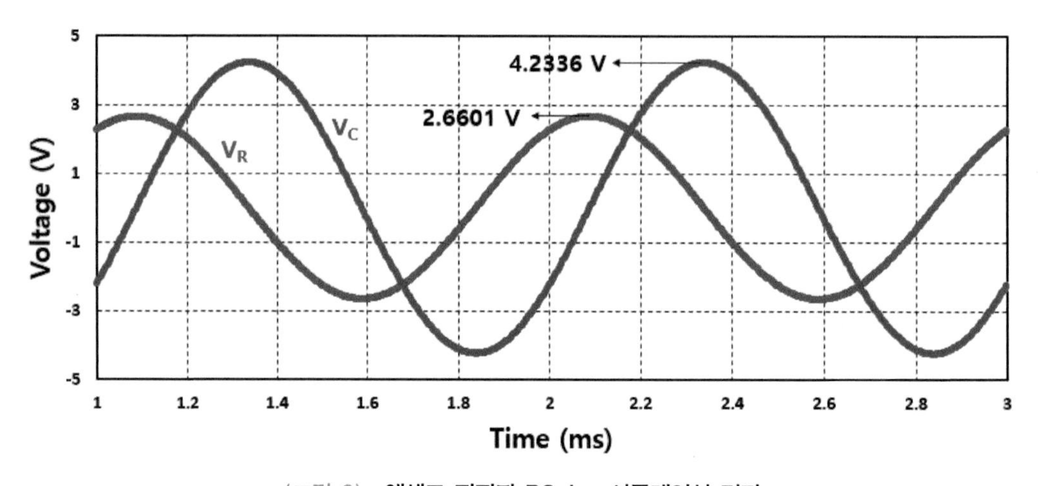

〈그림 9〉 **엑셀로 편집된 PSpice 시뮬레이션 결과**

〈그림 9〉는 직렬 RC 회로의 시뮬레이션 결과이다. 그림에서 보듯이, V_R 최댓값은 2.6601 V이며 V_C 최댓값은 4.2336 V이다. 임피던스를 구하기 위해 (식 2)로부터 X_C를 구해보면 다음과 같다.

$$X_C = \frac{V_C}{V_R}R = \frac{4.2336}{2.6601} \times 1000 = 1.592\,k\Omega$$

이를 (식 4)에 대입하여 임피던스의 크기를 구하면 다음과 같다.

$$|Z| = \sqrt{R^2 + X_C^2} = \sqrt{(1000)^2 + (1592)^2} = 1.88\,k\Omega$$

한편, 위상차를 이용하여 임피던스를 구할 수 있다. 앞에서, 저항과 임피던스의 위상차는 다음과 같다.

$$\theta_d = \tan^{-1}\left(-\frac{X_C}{R}\right) = \tan^{-1}\left(-\frac{1592}{1000}\right) = -57.865^o$$

이를 (식 5)에 대입하여 임피던스의 크기를 구하면 다음과 같다.

$$|Z| = \frac{R}{\cos\theta_d} = \frac{1000}{\cos(-57.865^o)} = 1.88\,k\Omega$$

이는 (식 4)를 이용하여 구한 결과와 같다.

4. 장비 및 부품

1) 오실로스코프 및 함수발생기
2) 디지털 멀티미터 및 LCR 미터
3) 1 kΩ 저항 1개 및 0.1, 0.2, 0.3, 0.4 μF 커패시터 각 1개

5. 실험과정

직렬 RC회로의 위상차 및 임피던스 확인

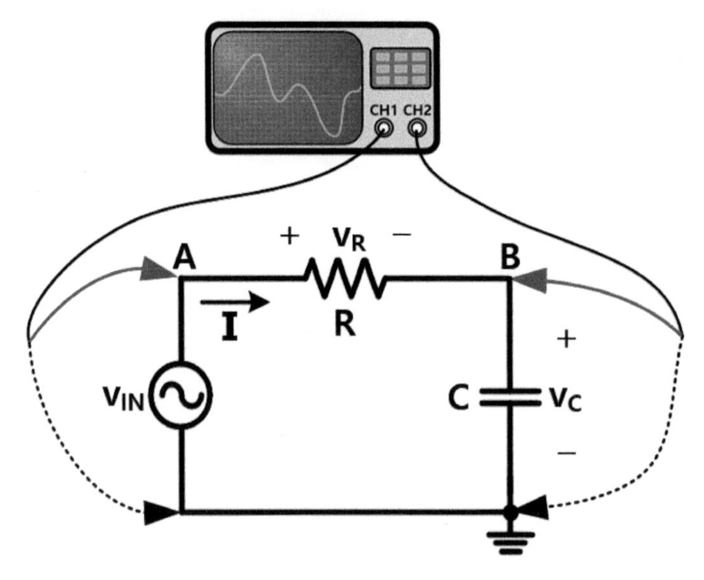

〈그림 10〉 **실험을 위한 회로 및 측정 시스템**

1) 함수발생기와 오실로스코프를 이용하여 〈그림 10〉과 같이 회로를 구성한다. 이때, $R = 1\,k\Omega$, $C = 0.1, 0.2, 0.3, 0.4\,\mu F$이며 $V_{IN} = 10\,V_{PP}$, 동작 주파수(f)는 1 kHz이다.

2) LCR 미터를 이용하여 저항과 커패시턴스 값을 측정한다. (커패시터 방전 후 측정)

〈표 1〉 **저항과 커패시턴스 값**

	R=1 kΩ	C=0.1 μF	C=0.2 μF	C=0.3 μF	C=0.4 μF
이론값					
측정값					

3) 커패시턴스 변화에 따른 회로내 전압(최댓값)을 측정하고 〈표 2〉에 결과를 기록한다.

〈표 2〉 **직렬 RC회로의 위상차**

C	V_{IN}	V_C	V_R	$I_m = \frac{V_R}{R}$	$X_C = \frac{V_C}{I_m}$	위상차 θ_d
정격	측정 값	측정 값	계산 값	계산 값	계산 값	계산 값
0.1 μF						
0.2 μF						
0.3 μF						
0.4 μF						

이때, $V_{IN} = \sqrt{V_R^2 + V_C^2}$ 관계를 이용하여 저항에 걸리는 전압 V_R을 구하고, 위상차 θ_d는 $\theta_d = \tan^{-1}\left(-\frac{X_C}{R}\right) = \tan^{-1}\left(-\frac{V_C}{V_R}\right)$을 이용하여 구한다.

4) 앞의 과정 3에서 구한 값을 이용하여 〈표 3〉에 결과를 기록한다.

〈표 3〉 **직렬 RC회로의 임피던스**

C	$\vert Z \vert$		
정격	$\sqrt{R^2+X_C^2}$	$\frac{R}{\cos\theta_d}$	$\vert Z \vert = \frac{V_{in}}{I_m}$
0.1 μF			
0.2 μF			
0.3 μF			
0.4 μF			

5) 커패시턴스 변화에 따른 V_{IN}과 V_C를 측정한 후, 〈그림 3〉을 참고하여 T와 Δt를 추출해 〈표 4〉에 기록하고 (식 6)을 활용하여 위상차 ϕ를 구하라.

〈표 4〉 **직렬 RC회로의 위상차**

C	T	Δt	ϕ
정격	측정 값	측정 값	계산 값
0.1 μF			
0.2 μF			
0.3 μF			
0.4 μF			

6) 엑셀을 이용하여 실험 결과표를 시각화하라.

6. 실험 고찰

1) 직렬 RC 회로에서 X_C를 구하라.
2) 복소수의 크기 계산을 이용하여 임피던스의 크기 $|Z|$를 확인하라.
3) R과 Z의 위상관계(즉, 위상각 θ_d)를 이용하여 임피던스의 크기 $|Z|$를 확인하라.
4) 교류에서의 옴의 법칙을 이용하여 임피던스의 크기 $|Z|$를 확인하라.
5) 위 세 가지 방법으로 구한 임피던스는 동일한가? 차이가 있다면 원인은 무엇인가?
6) 커패시턴스 변화에 따른 V_{IN}과 V_C의 위상차를 확인하라.

실험 이해도 점검

1) 직렬 RC 회로에서 $V_{IN} = 5\ V_m$ 이고 $V_C = 3\ V_m$ 때, 저항 양단 전압 $V_R = (\quad)\ V_m$ 이다.
2) 커패시터(C)로 구성된 회로를 통과한 전류는 전압보다 90° 만큼 (   ).
3) 문제 1)의 결과를 이용하여 R과 Z의 위상각(θ_d)을 구하라.
4) 직렬 RC 회로에서 f=1 kHz, R=1 kΩ, C=0.1 μF일 때 임피던스의 크기 $|Z|$를 구하라.

직렬 RL 회로의 임피던스

1. 목적

- 직렬 RL 회로의 위상차를 실험을 통해 확인한다.
- 직렬 RL 회로의 임피던스를 실험을 통해 확인한다.

2. 이론

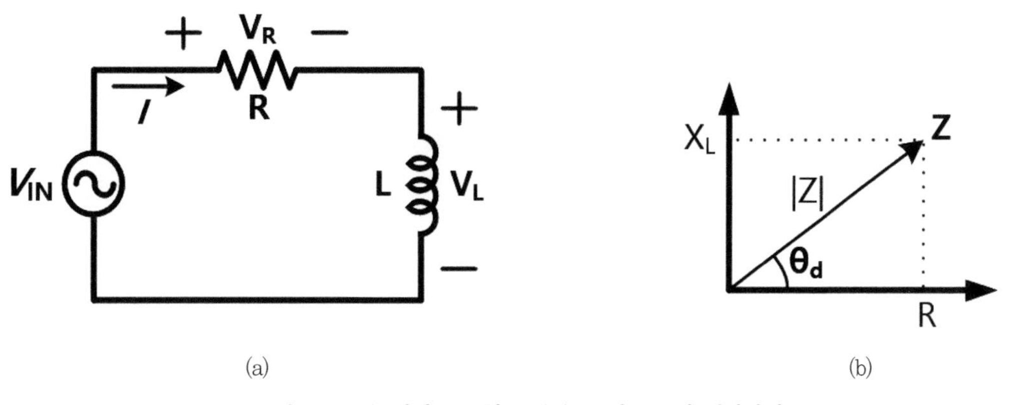

〈그림 1〉 **(a) 직렬 RL 회로, (b) R과 X_L의 위상관계**

〈그림 1〉 (a)는 R과 L이 직렬로 연결된 직렬 RL 회로를 나타낸 것이며 〈그림 1〉 (b)는 R과 유동성 리액턴스(X_L)의 위상관계를 나타낸 것이다. 인덕터에서는 커패시터 경우와 반대로 전압의 위상이 전류의 위상보다 90° 앞선다. 인덕터에 흐르는 전류는 저항에 흐르는 전류와 같으며 저항의 전류 위상과 전압 위상이 같으므로 〈그림 2〉와 같이 인덕터 전압 V_L은 저항 전압 V_R은 보다 90° 앞서게 된다. 이때, 〈그림 2〉처럼 V_R과 V_L의 페이저 합은 회로에 인가된 전압 V_{IN}과 같고 V_R과 V_L은 직각을 이루므로 $V_{IN} = \sqrt{V_R^2 + V_L^2}$ 의 관계를 갖는다.

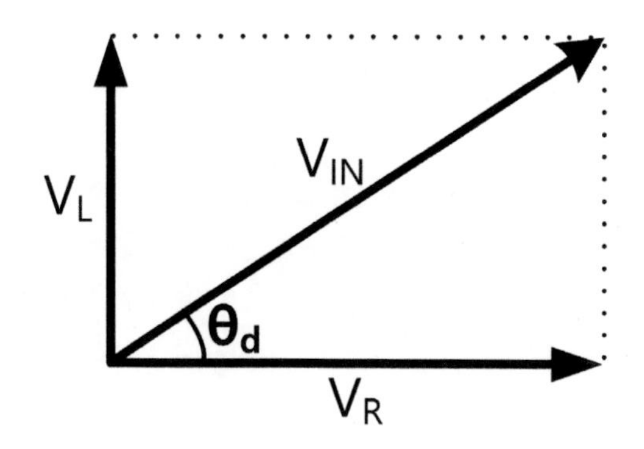

〈그림 2〉 **직렬 RL 회로의 전압 페이저도**

2-1. 임피던스의 크기와 위상

인덕터 L의 리액턴스 X_L은 실수인 저항 R과는 90° 위상차를 갖는다. 저항과 리액턴스를 포함한 회로 전체의 전류 흐름을 방해하는 성분을 임피던스라 하며 RL 직렬회로의 임피던스 $\boldsymbol{Z}$는 다음 (식 1)과 같이 R과 jX_L의 합으로 구할 수 있다.

$$\boldsymbol{Z} = R + j\omega L = R + j2\pi f L = R + jX_L \qquad \text{(식 1)}$$

여기서 f는 인가된 정현파 신호의 주파수이며, ω는 인가된 정현파 신호의 각 주파수이다. 유도성 리액턴스는 교류회로의 옴의 법칙에 따라, $X_L = \dfrac{V_L}{I}$로 구할 수 있다. 이때, $I = \dfrac{V_R}{R}$이므로 유도성 리액턴스는 (식 2)와 같다. 이때, $V_{IN} = \sqrt{V_R^2 + V_L^2}$이므로 $V_R = \sqrt{V_{IN}^2 - V_L^2}$이 된다.

$$X_L = \frac{V_L}{I} = \frac{V_L}{V_R} R \qquad \text{(식 2)}$$

임피던스 $\boldsymbol{Z}$는 복소수이므로 크기 $|Z|$와 위상각 θ_d을 갖는다.

$$\boldsymbol{Z} = |Z| e^{j\theta_d} \qquad \text{(식 3)}$$

여기서, $\theta_d = \tan^{-1}\left(\dfrac{X_L}{R}\right) = \tan^{-1}\left(\dfrac{V_L}{V_R}\right)$이다.

(식 3)의 임피던스의 크기 $|Z|$는 커패시터의 경우와 같이 세 가지 방법으로 구할 수 있다.

방법 1 복소수의 크기 계산을 이용하여 임피던스의 크기 $|Z|$를 구하면

$$|Z| = \sqrt{R^2 + (2\pi fL)^2} = \sqrt{R^2 + X_L^2} \tag{식 4}$$

방법 2 〈그림 1〉 (b)에서 R과 위상각 θ_d를 알고 있을 경우에, 임피던스의 크기 $|Z|$를 구하면

$$|Z| = \frac{R}{\cos\theta_d} \tag{식 5}$$

방법 3 교류에서의 옴의 법칙을 이용하여 임피던스의 크기 $|Z|$를 구하면

$$|Z| = \frac{V_{IN,m}}{I_m} = \frac{V_{IN,rms}}{I_{rms}} \tag{식 6}$$

여기서 $V_{IN,m}$, I_m은 정현파 신호의 진폭(최댓값)이며 $V_{IN,rms}$, I_{rms}는 실횻값을 나타낸다.

3. PSpice 실습

[실습 1] 직렬 RL 회로의 위상차 및 임피던스 확인, Time Domain(Transient) 해석

1) **시뮬레이션의 목적:** Time Domain(Transient) 해석방법으로 직렬 RL 회로에서 V_R와 V_L의 위상차 및 임피던스를 확인한다. (VSIN 이용, VAMPL=5 [V], FREQ=1 [kHz])

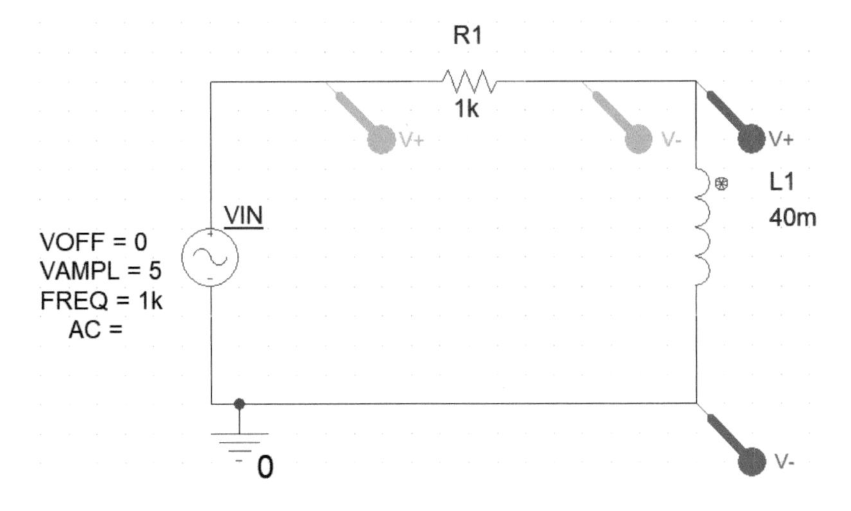

〈그림 3〉 **인덕터로 구성된 직렬 RL 회로 구성**

〈그림 3〉은 임피던스 확인을 위한 직렬 RL 회로이다. 이때, 저항 양단 전압은 V_R, 인덕터 양단 전압은 V_L이라 하며 두 전압을 측정하여 임피던스를 구할 수 있다.

2) 〈그림 4〉는 시뮬레이션 설정을 보여준다. 여기에서는 인덕터 양단의 전압을 측정하기 위해 해석 방법을 'Time Domain (Transient)'로 한다.

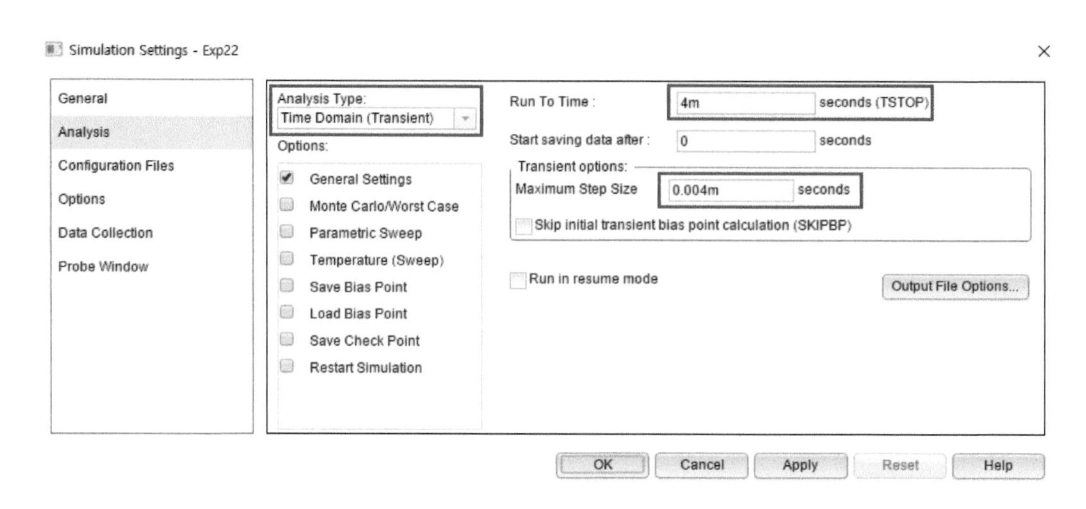

〈그림 4〉 **시뮬레이션 조건 설정**

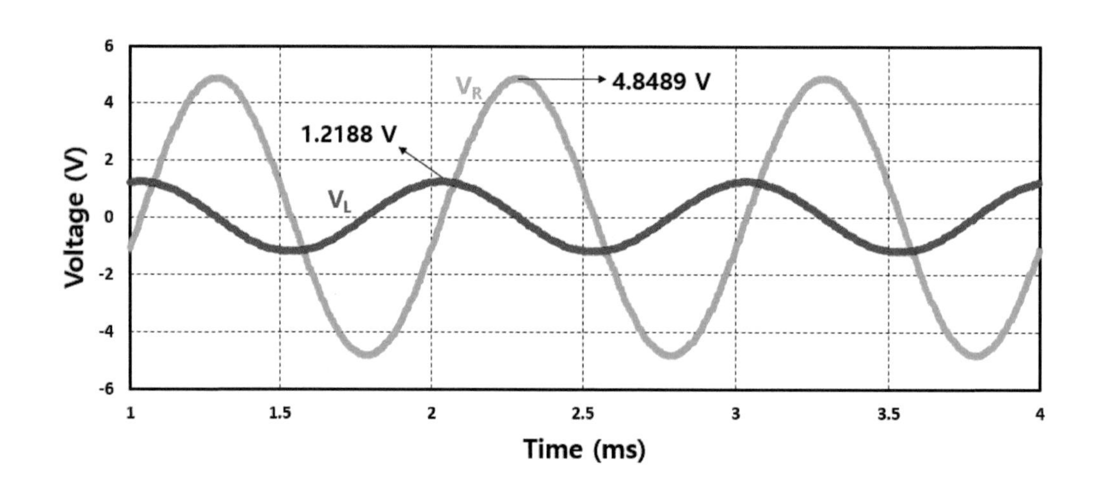

〈그림 5〉 **엑셀로 편집된 PSpice 시뮬레이션 결과**

〈그림 5〉는 V_R과 V_L의 시뮬레이션 결과 파형을 나타낸다. 시뮬레이션 결과 V_L이 V_R보다 90° 앞선다. 위 그래프에서 V_R 최댓값은 4.8489 V이며 V_L 최댓값은 1.2188 V이다. 임피던스를 구하기 위해 (식 2)로부터 X_L을 구해보면 다음과 같다.

$$X_L = \frac{V_L}{V_R} R = \frac{1.2188}{4.8489} \times 1000 = 251.36\,\Omega$$

이를 (식 4)에 대입하여 임피던스의 크기를 구하면 다음과 같다.

$$|Z| = \sqrt{R^2 + X_L^2} = \sqrt{(1000)^2 + (251.36)^2} = 1.031\,k\Omega$$

한편, 위상차를 이용하여 임피던스를 구할 수 있다. 앞에서, 저항과 임피던스의 위상차는 다음과 같다.

$$\theta_d = \tan^{-1}\left(\frac{X_L}{R}\right) = \tan^{-1}\left(\frac{251.36}{1000}\right) = 14.11^o$$

이를 (식 5)에 대입하여 임피던스의 크기를 구하면 다음과 같다.

$$|Z| = \frac{R}{\cos\theta_d} = \frac{1000}{\cos(14.11^o)} = 1.031\,k\Omega$$

이는 (식 4)를 이용하여 구한 결과와 같다.

4. 장비 및 부품

1) 오실로스코프 및 함수발생기
2) 디지털 멀티미터 및 LCR 미터
3) 1 kΩ 저항 1개 및 40 mH, 80 mH, 120 mH, 160 mH 인덕터 각 1개

5. 실험과정

직렬 RL 회로의 위상차 및 임피던스 확인

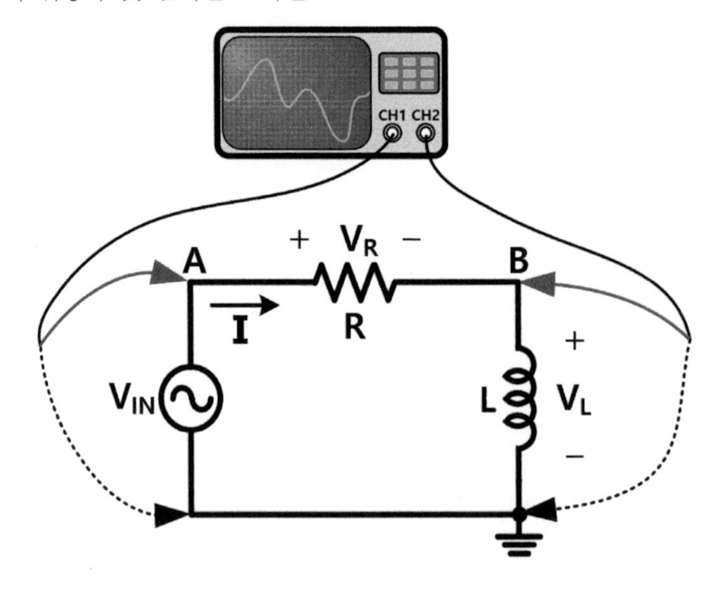

〈그림 6〉 **실험을 위한 회로 및 측정 시스템**

1) 함수발생기와 오실로스코프를 이용하여 〈그림 6〉과 같이 회로를 구성한다. 이때, $R=1\,k\Omega$, $L=40, 80, 120, 160\,mH$이며 $V_{IN}=10\,V_{PP}$, 동작 주파수(f)는 1 kHz이다.

2) LCR 미터를 이용하여 저항 값 및 인덕턴스 값을 측정한다.

〈표 1〉 **저항과 인덕턴스 값**

	R=1 kΩ	L=40 mH	L=80 mH	L=120 mH	L=160 mH
이론값					
측정값					
내부저항 값	−				

3) 인덕턴스 변화에 따른 회로내 전압(최댓값)을 측정하고 〈표 2〉에 결과를 기록한다.

〈표 2〉 **직렬 RL 회로의 위상차**

L	V_{IN}	V_L	V_R	$I_m = \frac{V_R}{R}$	$X_L = \frac{V_L}{I_m}$	위상차 θ_d
정격	측정 값	측정 값	계산 값	계산 값	계산 값	계산 값
40 mH						
80 mH						
120 mH						
160 mH						

이때, $V_{IN} = \sqrt{V_R^2 + V_L^2}$ 관계를 이용하여 저항에 걸리는 전압 V_R을 구하고, 위상차 θ_d는 $\theta_d = \tan^{-1}\left(\frac{X_L}{R}\right) = \tan^{-1}\left(\frac{V_L}{V_R}\right)$을 이용하여 구한다.

4) 앞의 과정 3에서 구한 값을 이용하여 〈표 3〉에 결과를 기록한다.

〈표 3〉 **직렬 RL 회로의 임피던스**

L	$\lvert Z \rvert$		
정격	$\sqrt{R^2 + X_L^2}$	$\frac{R}{\cos\theta_d}$	$\lvert Z \rvert = \frac{V_{IN}}{I_m}$
40 mH			
80 mH			
120 mH			
160 mH			

5) 인덕턴스 변화에 따른 V_{IN}과 V_L을 측정한 후, T와 Δt를 추출해 〈표 4〉에 기록하고 위상차 ϕ를 구하라.

〈표 4〉 **직렬 RL회로의 위상차**

L	T	Δt	ϕ
정격	측정 값	측정 값	계산 값
40 mH			
80 mH			
120 mH			
160 mH			

6) 엑셀을 이용하여 실험 결과표를 시각화하라.

6. 실험 고찰

1) 직렬 RL 회로에서 X_L을 구하라.
2) 복소수의 크기 계산을 이용하여 임피던스의 크기 $|Z|$를 확인하라.
3) R과 Z의 위상관계(즉, 위상각 θ_d)를 이용하여 임피던스의 크기 $|Z|$를 확인하라.
4) 교류에서의 옴의 법칙을 이용하여 임피던스의 크기 $|Z|$를 확인하라.
5) 위 세 가지방법으로 구한 임피던스는 동일한가? 차이가 있다면 원인은 무엇인가?
6) 인덕턴스 변화에 따른 V_{IN}과 V_L의 위상차를 확인하라.

실험 이해도 점검

1) 직렬 RL 회로에서 $V_{IN} = 5\ V_m$이고 $V_L = 3\ V_m$ 때, 저항 양단 전압 $V_R = (\quad)\ V_m$이다.
2) 직렬 RL 회로에서 인덕터 양단 전압은 저항 양단 전압보다 90° 만큼 (　　　).
3) 문제 1)의 결과를 이용하여 R과 Z의 위상각(θ_d)을 구하라.
4) 직렬 RL 회로에서 f=1 kHz, R=1 kΩ, L=40 mH일 때 임피던스의 크기 $|Z|$를 구하라.

직렬 RLC 회로의 임피던스

1. 목적

- 직렬 RLC회로의 위상차를 실험을 통해 확인한다.
- 직렬 RLC회로의 임피던스를 실험을 통해 확인한다.

2. 이론

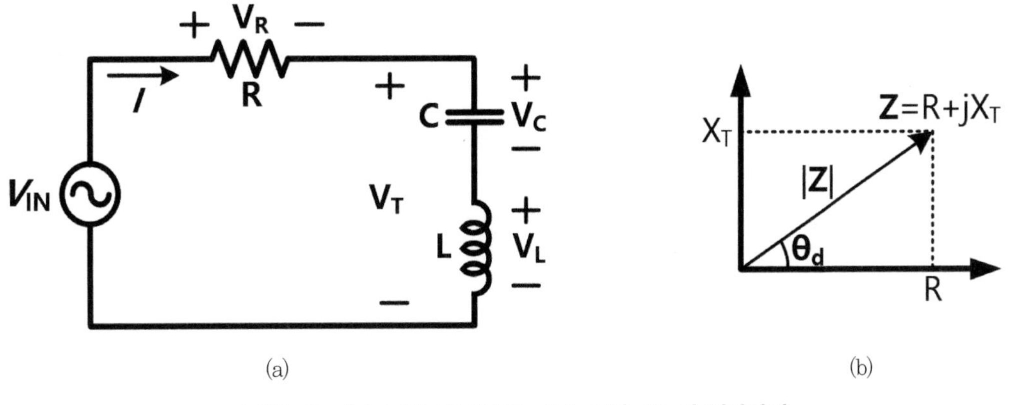

(a) (b)

〈그림 1〉 **(a) 직렬 RLC회로, (b) R과 X_T의 위상관계**

〈그림 1〉 (a)는 R, L, C가 직렬로 연결된 직렬 RLC 회로를 나타낸 것이며 〈그림 1〉 (b)는 R과 총 리액턴스(X_T)의 위상관계를 나타낸 것이다. 이때, X_T는 인덕터의 유도성 리액턴스 X_L과 커패시터의 용량성 리액턴스 X_C의 뺄셈으로 구한다. 즉, $X_T = X_L - X_C$. 만약, $X_L > X_C$이면 X_T는 양의 값을 가져 유도성 리액턴스가 되며 $X_L < X_C$이면 X_T는 음의 값을 가져 용량성 리액턴스가 된다. 인덕터 양단전압의 위상은 저항 양단전압의 위상보다 90° 앞서며 커패시터 양단전압의 위상은 저항 양단전압의 위상보다 90° 느리므로 〈그림 2〉와 같이 인덕터 전압 V_L은 커패시터 전압 V_C 보다 180° 앞서게 된다.

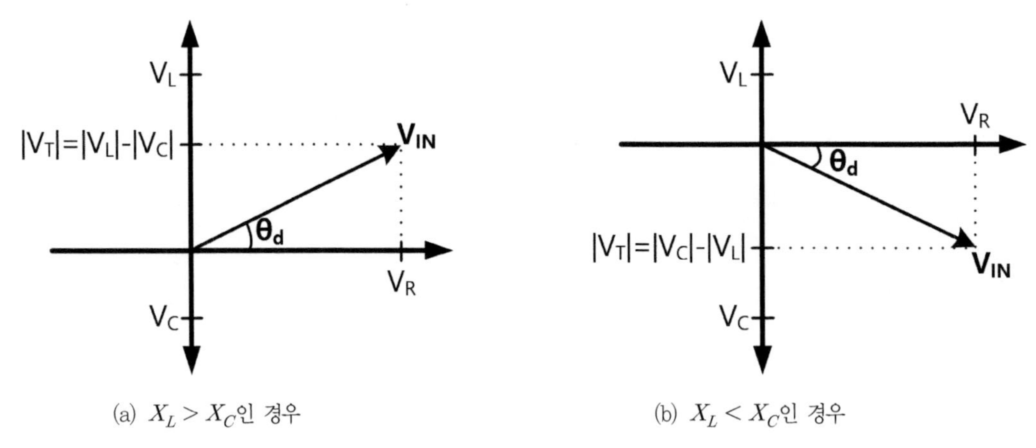

(a) $X_L > X_C$인 경우　　　(b) $X_L < X_C$인 경우

〈그림 2〉 **직렬 RLC 회로의 전압 페이저도. (a) 유도성, (b) 용량성**

2-1. 직렬 RLC 회로에서 전압 관계

직렬 RLC에서 리액턴스 크기가 클수록 양단에 인가된 전압의 크기도 크다. 〈그림 2〉는 리액턴스 크기에 따른 각 전압의 크기와 위상을 나타낸 것이다. 그림에서 보듯이, 만약 유도성 리액턴스가 용량성 리액턴스보다 크다면 (즉, $X_L > X_C$), 〈그림 2〉 (a)처럼 V_L과 V_C의 페이저 합 V_T는 V_L과 V_C가 반대 방향이기 때문에 서로 상쇄되는 방향으로 되어 $|V_T| = |V_L| - |V_C|$가 되며 V_R과 V_T사이에 양의 위상각(θ_d)을 갖는다. 따라서 이 경우에 회로에 인가된 전압 V_{IN}은 다음의 관계를 갖는다.

$$V_{IN} = \sqrt{V_R^2 + V_T^2} = \sqrt{V_R^2 + (|V_L| - |V_C|)^2} \qquad \text{(식 1)}$$

반면, 용량성 리액턴스가 유도성 리액턴스보다 크다면 (즉, $X_L < X_C$), 〈그림 2〉 (b)처럼 V_L과 V_C의 페이저 합 V_T는 V_L과 V_C가 반대 방향이기 때문에 서로 상쇄되는 방향으로 되어 $|V_T| = |V_C| - |V_L|$가 되며 V_R과 V_T사이에 음의 위상각(θ_d)을 갖는다. 따라서 이 경우에 회로에 인가된 전압 V_{IN}은 다음의 관계를 갖는다.

$$V_{IN} = \sqrt{V_R^2 + V_T^2} = \sqrt{V_R^2 + (|V_C| - |V_L|)^2} \qquad \text{(식 2)}$$

직렬 RLC 회로에서 L과 C에 변화에 따라 총 리액턴스가 유도성인지 용량성인지는 〈그림 1〉 (a)의 V_T와 V_L의 파형 비교를 통해 확인할 수 있다.

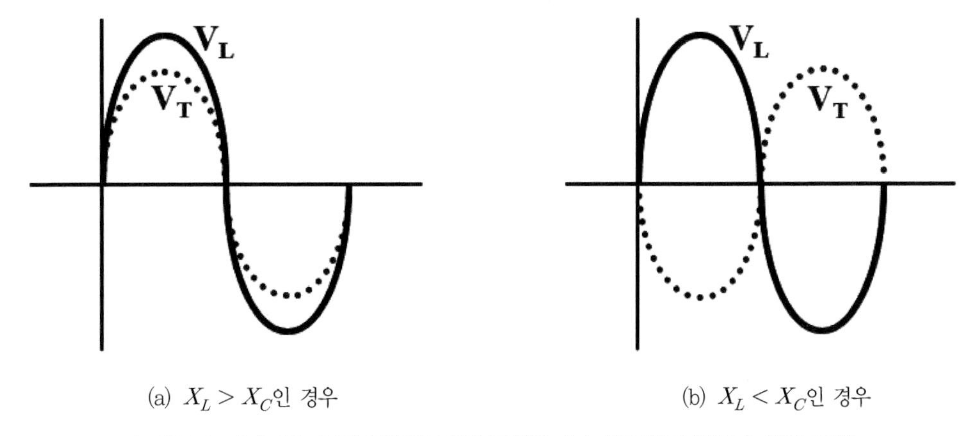

(a) $X_L > X_C$인 경우 (b) $X_L < X_C$인 경우

〈그림 3〉 **(a) 유도성인 경우의 전압 파형과 (b) 용량성인 경우의 전압 파형**

〈그림 3〉 (a)처럼 V_T의 위상이 V_L과 같다면 $|V_L| > |V_C|$을 뜻하며 이는 총 리액턴스가 유도성으로 $X_L > X_C$임을 말한다. 반면에, 〈그림 3〉 (b)처럼 V_T의 위상이 V_L과 180° 차이가 난다면 $|V_L| < |V_C|$을 뜻하며 이는 총 리액턴스가 용량성으로 $X_L < X_C$임을 말한다. 실제 실험에서 측정하여 파형 비교 시 인덕터 내부저항으로 인해 V_L과 V_T사이에 추가적인 위상차가 발생하며 X_L이 감소할수록 추가적인 위상차는 더욱 커진다.

2-2. 임피던스의 크기와 위상

직렬 RLC 회로의 임피던스는 각 소자의 임피던스의 합이 된다. X_L은 X_C보다 180° 앞서므로 두 리액턴스의 합은 두 허수의 뺄셈으로 구할 수 있으며 직렬 RLC 회로의 임피던스 $\boldsymbol{Z}$는 다음 식 3과 같이 구할 수 있다.

$$\boldsymbol{Z} = R + j(wL - \frac{1}{wC}) = R + j(X_L - X_C) = R + jX_T \quad \text{(식 3)}$$

여기서 ω는 인가된 정현파 신호의 각 주파수이다.

총 리액턴스는 교류회로의 옴의 법칙에 따라, $X_T = \frac{V_T}{I}$이다. 이때, $I = \frac{V_R}{R}$이므로 총 리액턴스는 (식 4)와 같다. 이때, (식 1)과 (식 2)로부터 $V_R = \sqrt{V_{IN}^2 - V_T^2}$ 이 된다.

$$X_T = \frac{V_T}{I} = \frac{V_T}{V_R}R \quad \text{(식 4)}$$

임피던스 $\boldsymbol{Z}$는 복소수이므로 크기 $|Z|$와 위상각 θ_d을 갖는다.

$$\boldsymbol{Z} = |Z|\, e^{j\theta_d} \qquad \text{(식 5)}$$

여기서, $\theta_d = \tan^{-1}\left(\frac{X_T}{R}\right) = \tan^{-1}\left(\frac{X_L - X_C}{R}\right)$이다. 이때, 총 리액턴스 X_T는 위상각 θ_d가 양수이면 유도성 리액턴스가 되며 θ_d가 음수이면 용량성 리액턴스가 된다.

(식 5)의 임피던스의 크기 $|Z|$는 다음과 같이 세 가지 방법으로 구할 수 있다.

방법 1 복소수의 크기 계산을 이용하여 임피던스의 크기 $|Z|$를 구하면

$$|Z| = \sqrt{R^2 + X_T^2} = \sqrt{R^2 + (X_L - X_C)^2} \qquad \text{(식 6)}$$

방법 2 〈그림 1〉 (b)에서 R과 위상각 θ_d를 알고 있을 경우에, 임피던스의 크기 $|Z|$를 구하면

$$|Z| = \frac{R}{\cos\theta_d} \qquad \text{(식 7)}$$

방법 3 교류에서의 옴의 법칙을 이용하여 임피던스의 크기 $|Z|$를 구하면

$$|Z| = \frac{V_{IN,m}}{I_m} = \frac{V_{IN,rms}}{I_{rms}} \qquad \text{(식 8)}$$

여기서 $V_{IN,m}$, I_m은 정현파 신호의 진폭(최댓값)이며 $V_{IN,rms}$, I_{rms}는 실횻값을 나타낸다.

3. PSpice 실습

[실습 1] 커패시터로 구성된 회로의 전압, 전류 위상차 확인, Time Domain (Transient) 해석

1) **시뮬레이션의 목적:** Time Domain(Transient) 해석법으로 직렬 RLC로 구성된 회로에서 각 소자 간 전압 관계 및 임피던스 확인

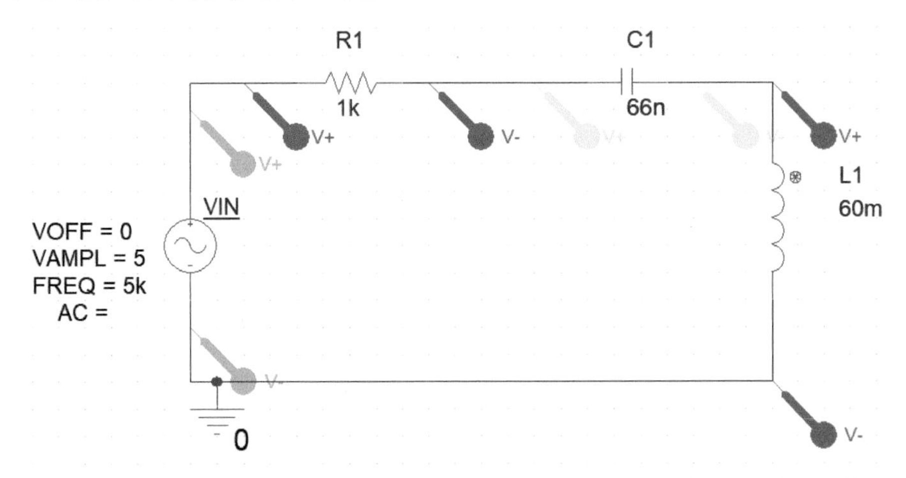

〈그림 4〉 **직렬 RLC로 구성된 회로의 전압 관계 및 임피던스 확인을 위한 회로 구성**〉

〈그림 4〉는 직렬 RLC 회로 내 각 소자의 전압 관계 및 임피던스 확인을 위한 회로이다. 이때, 저항 양단 전압은 V_R, 커패시터 양단 전압은 V_C, 인덕터 양단 전압은 V_L라 한다.

2) 〈그림 5〉는 시뮬레이션 설정을 보여준다. 여기에서는 인덕터 양단의 전압을 측정하기 위해 해석 방법을 'Time Domain (Transient)'로 한다.

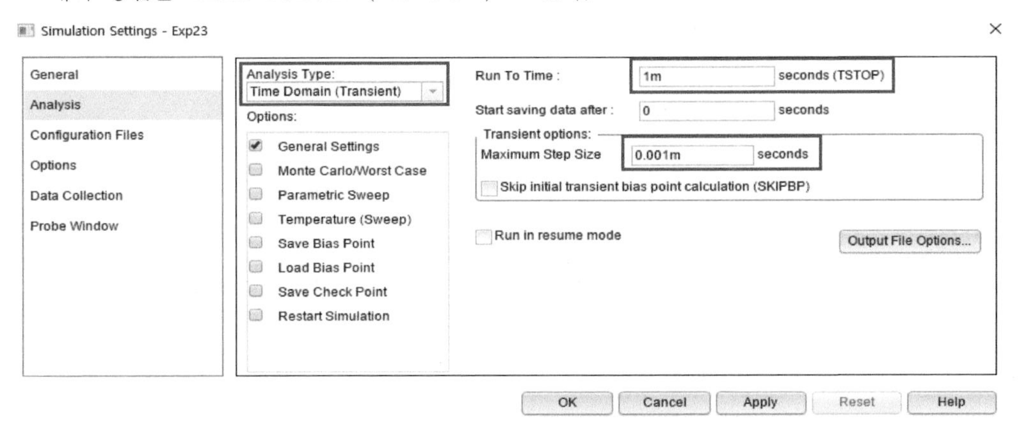

〈그림 5〉 **시뮬레이션 조건 설정**

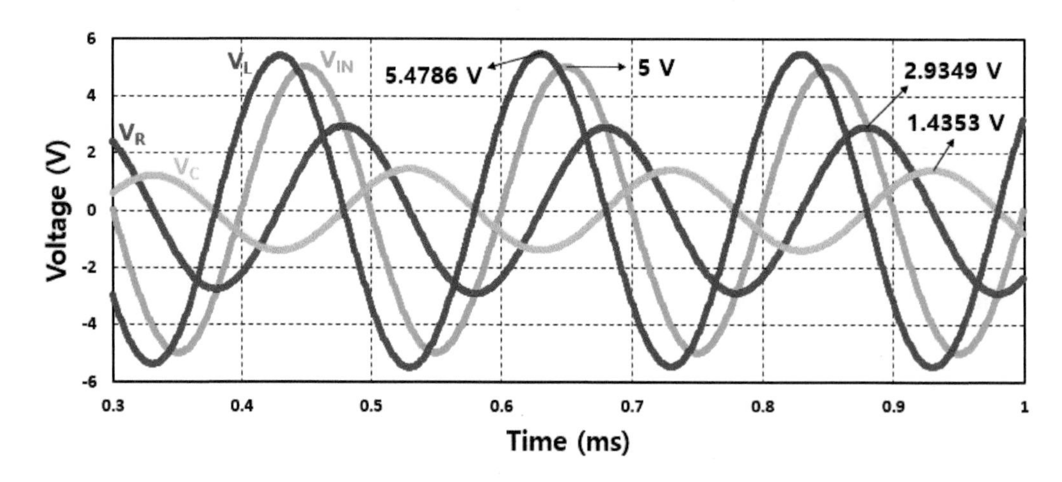

〈그림 6〉 **엑셀로 편집된 PSpice 시뮬레이션 결과**

〈그림 6〉은 직렬 RLC 회로 내 각 소자의 전압 시뮬레이션 결과 파형을 나타낸다. 위 그래프에서 V_{IN} 최댓값은 5 V, V_R 최댓값은 2.9349 V, V_C 최댓값은 1.4353 V, V_L 최댓값은 5.476 V이다. 직렬 RLC 회로의 임피던스는 각 소자의 임피던스의 합이 된다. 이때, V_L과 V_C가 반대 방향이기 때문에 서로 상쇄되는 방향으로 되어 $|V_T| = |V_L| - |V_C| = 4.0433\ V$가 된다. X_L은 X_C보다 180° 앞서므로 두 리액턴스의 합은 두 허수의 뺄셈으로 구할 수 있으며 총 리액턴스는 (식 4)를 이용하여 구할 수 있다.

$$X_T = \frac{V_T}{V_R} R = \frac{4.0433}{2.9349} \times 1000 = 1377.66\, ohm$$

(식 6)을 이용하여 임피던스의 크기 $|Z|$를 구하면 다음과 같다.

$$|Z| = \sqrt{R^2 + X_T^2} = \sqrt{1000^2 + 1377.66^2} = 1702.34\, ohm$$

(식 1)을 이용하여 각 소자의 전압 관계를 살펴보면 다음과 같다.

$$V_{IN} = \sqrt{V_R^2 + V_T^2} = \sqrt{V_R^2 + (|V_L| - |V_C|)^2} = \sqrt{(2.9349)^2 + (5.4786 - 1.4353)^2} = 5\ V$$

이때, V_L과 V_C가 반대 방향으로 서로 상쇄되므로 입력 전압이 5 V이지만 V_L은 5 V보다 큰 값을 가질 수 있다.

4. 장비 및 부품

1) 오실로스코프 및 함수발생기
2) 디지털 멀티미터 및 LCR 미터
3) 1 kΩ 저항 1개, 33 nF 커패시터, $10\,mH, 20\,mH, 30\,mH, 40\,mH, 50\,mH$ 인덕터 각 1개

5. 실험과정

직렬 RC회로의 위상차 및 임피던스 확인

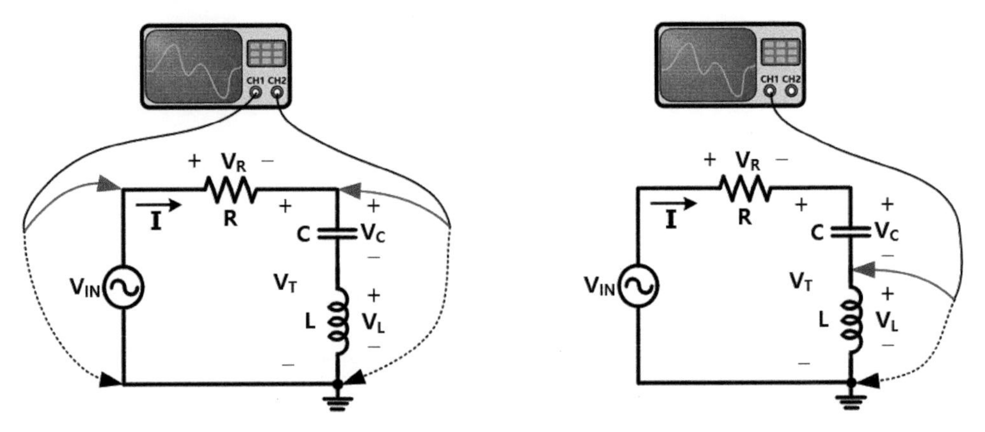

〈그림 7〉 **실험을 위한 회로 및 측정 시스템**

1) 함수발생기와 오실로스코프를 이용하여 〈그림 7〉과 같이 회로를 구성한다. 이때, $R = 1\,k\Omega$, $C = 33\,nF$, $L = 10, 20, 30, 40, 50\,mH$이며 $V_{IN} = 10\,V_{PP}$, 동작 주파수(f)는 5 kHz이다.

2) LCR 미터를 이용하여 저항, 커패시턴스 및 인덕턴스 값을 측정한다.

〈표 1〉 **저항, 커패시턴스 및 인덕턴스 값**

	R=1 kΩ	C=33 nF	L=10 mH	L=20 mH	L=30 mH	L=40 mH	L=50 mH
이론값							
측정값							
내부저항 값	−	−					

3) 커패시턴스 변화에 따른 회로내 전압(최댓값)을 측정하고 아래 표에 결과를 기록한다. 이때, 오실로스코프의 파형으로부터 V_T와 V_L의 위상을 먼저 비교하여 총 리액턴스가 유도성인지 용량성인지 확인한다.

〈표 2〉 **직렬 RLC 회로의 전압**

L	종류	V_{IN}	$\lvert V_T \rvert$	$\lvert V_L \rvert$	$\lvert V_C \rvert$	V_R	$I_m = \frac{V_R}{R}$
정격	유도/용량	측정 값	측정 값	측정 값	계산 값	계산 값	계산 값
10 mH							
20 mH							
30 mH							
40 mH							
50 mH							

- 유도성이면 $\lvert V_T \rvert = \lvert V_L \rvert - \lvert V_C \rvert$, 용량성이면 $\lvert V_T \rvert = \lvert V_C \rvert - \lvert V_L \rvert$임을 이용하여 V_C를 구한다.
- $V_R = \sqrt{V_{IN}^2 - V_T^2}$ 임을 이용하여 V_R을 구한다.

4) 앞의 과정 3에서 구한 값을 이용하여 아래 표에 결과를 기록한다.

〈표 3〉 **직렬 RLC회로의 리액턴스, 위상차 및 임피던스**

L	$X_L = \frac{V_L}{I_m}$	$X_C = \frac{V_C}{I_m}$	위상차 θ_d	$\lvert Z \rvert$		
정격	계산 값	계산 값	계산 값	$\sqrt{R^2 + (X_L - X_C)^2}$	$\frac{R}{\cos\theta_d}$	$\lvert Z \rvert = \frac{V_{IN}}{I_m}$
10 mH						
20 mH						
30 mH						
40 mH						
50 mH						

이때, 위상차는 $\theta_d = \tan^{-1}\left(\frac{X_T}{R}\right) = \tan^{-1}\left(\frac{X_L - X_C}{R}\right)$를 이용하여 구한다.

5) 엑셀을 이용하여 실험 결과표를 시각화하라.

6. 실험 고찰

1) 직렬 RLC 회로에서 총 리액턴스 X_T를 구하라.
2) 복소수의 크기 계산을 이용하여 임피던스의 크기 $|Z|$를 확인하라.
3) R과 Z의 위상관계(즉, 위상각 θ_d)를 이용하여 임피던스의 크기 $|Z|$를 확인하라.
4) 교류에서의 옴의 법칙을 이용하여 임피던스의 크기 $|Z|$를 확인하라.
5) 위 세 가지방법으로 구한 임피던스는 동일한가? 차이가 있다면 원인은 무엇인가?

실험 이해도 점검

1) V_T와 V_L의 위상이 180° 차이가 난다면 총 리액턴스가 용량성인가? 아니면 유도성인가? 그렇게 생각한 이유를 설명하라.
2) 직렬 RLC 회로에서 $R = 60\Omega$, $X_L = 50\Omega$, $X_C = 80\Omega$일 때, 이 RLC 회로의 총 리액턴스는 용량성인가? 아니면 유도성인가? 그렇게 생각한 이유를 설명하라.
3) 직렬 RLC 회로에서 $R = 60\Omega$, $X_L = 80\Omega$, $X_C = 50\Omega$일 때, 이 RLC 회로의 총 리액턴스는 용량성인가? 아니면 유도성인가? 그렇게 생각한 이유를 설명하라.
4) 문제 3)의 결과를 이용하여 R과 Z의 위상각(θ_d)을 구하라.
5) $V_{IN} = 6\,V_m$이고 $V_L = 7\,V_m$, $V_C = 4\,V_m$일 때, $V_R = (\quad)\,V_m$이다.

직렬 RLC 회로의 주파수응답과 공진주파수

1. 목적

- 직렬 RLC 회로의 공진주파수 f_r을 실험적으로 결정한다.
- 직렬 RLC 회로의 공진주파수 f_r은 다음과 같음을 실험적으로 확인한다.

$$f_r = \frac{1}{2\pi\sqrt{LC}}$$

2. 이론

저항과 인덕터 및 커패시터를 직렬 또는 병렬로 연결한 RLC 회로는 전압과 전류 위상이 반대인 커패시터와 인덕터가 함께 연결되어 RC 또는 RL 회로와는 다른 특성을 나타낸다. 이 RLC 회로는 특정 주파수에서 유도성 리액턴스 X_L과 용량성 리액턴스 X_C가 상쇄되어(즉, $X_L - X_C = 0$) 저항(R)만 남는 공진(resonance) 상태를 가지며 이러한 공진이 일어나는 특정 주파수를 공진주파수(resonance frequency, f_r)라 한다.

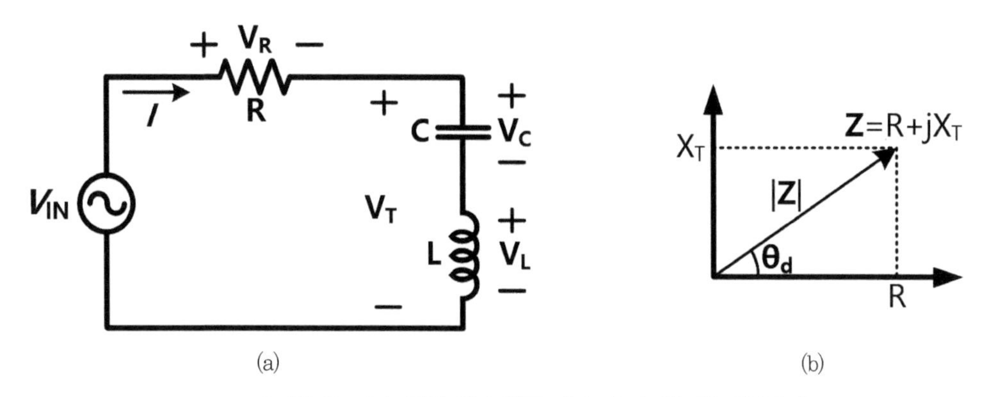

〈그림 1〉 (a) 직렬 RLC회로, (b) R과 X_T의 위상관계

2-1. 직렬 RLC 회로의 공진주파수, f_r

〈그림 1〉 (a)는 RLC 직렬회로이고 〈그림 1〉 (b)는 이 회로에 대한 임피던스 Z를 복소평면(complex plane)에 나타낸 것이며 $\boldsymbol{Z} = R + jX = R + j(X_L - X_C)$로 나타낼 수 있다. 다음 (식 1)의 조건을 만족하는 주파수를 "공진주파수" f_r이라 한다.

$$X_L = X_C \quad \text{(식 1)}$$

이때, X_L과 X_C는 다음과 같다.

$$X_L = w_r L = 2\pi f_r L \quad \text{(식 2)}$$

$$X_C = \frac{1}{2\pi f_r C} \quad \text{(식 3)}$$

따라서, (식 1), (식 2), (식 3)을 이용하여 공진주파수를 구하면 다음과 같다.

$$2\pi f_r L = \frac{1}{2\pi f_r C} \quad \text{(식 4)}$$

$$f_r^2 = \frac{1}{(2\pi)^2 LC} \quad \text{(식 5)}$$

$$f_r = \frac{1}{2\pi\sqrt{LC}} \quad \text{(식 6)}$$

직렬 RLC 회로에서 L과 C를 알 경우 위 식을 이용하여 공진주파수(f_r)를 구할 수 있다.

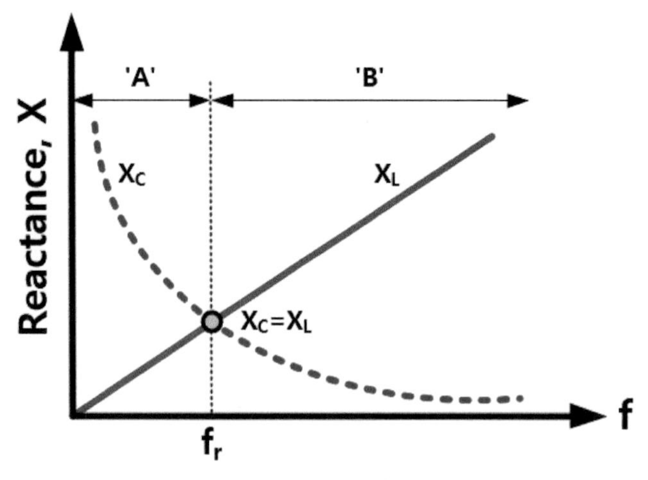

〈그림 2〉 **주파수에 따른 리액턴스 변화**

〈그림 2〉는 주파수에 따른 리액턴스 변화를 나타낸 것으로, 공진주파수에서 직렬 RLC 회로는 '저항' 특성을 가지며 영역의 각 조건에 따라 다음과 같은 특성을 가진다.

['A' 조건] 공진주파수 f_r보다 작은 주파수를 가지는 영역 : $X_C > X_L$ 이므로 '용량성 리액턴스' 특성을 가지며 V_R의 위상이 V_T보다 앞선다.
['B' 조건] 공진주파수 f_r보다 높은 주파수를 가지는 영역 : $X_C < X_L$ 이므로 '유도성 리액턴스' 특성을 가지며 V_R의 위상이 V_T보다 늦다.
[공진 조건] 임피던스의 크기 $Z = \sqrt{R^2 + (X_L - X_C)^2}$ 이며, 식 1의 조건을 만족하는 공진상태에서 임피던스의 크기는 다음과 같다.

$$Z = \sqrt{R^2 + 0^2} = R \quad \text{(식 7)}$$

따라서 리액턴스 성분이 제거되고 저항만 남아 다음과 같은 특성을 보인다.

공진일 때 나타나는 회로 특성

- 이론적으로, 리액턴스 성분이 상쇄되므로 $V_T = 0$이 되어 단락으로 보인다.
- 저항(R) 성분만 보이므로 위상차가 발생하지 않으며 V_R이 최대가 된다. ($V_T = 0$)
- 임피던스 $Z = R$로 최소가 되므로 직렬 RLC 회로의 전류 I는 최대가 된다. ($I = \frac{V}{Z} = \frac{V}{R}$)
- V_L과 V_C의 파형을 측정하면, 크기는 같고 위상차는 180°이다.

3. PSpice 실습

[실습 1] 직렬 RL 회로의 위상차 및 임피던스 확인, AC Sweep/Noise 해석

1) **시뮬레이션의 목적:** AC Sweep 해석법으로 직렬 RLC 회로에서 주파수에 따른 V_R과 V_T 관계 및 주파수 f에 따른 전류 I를 확인

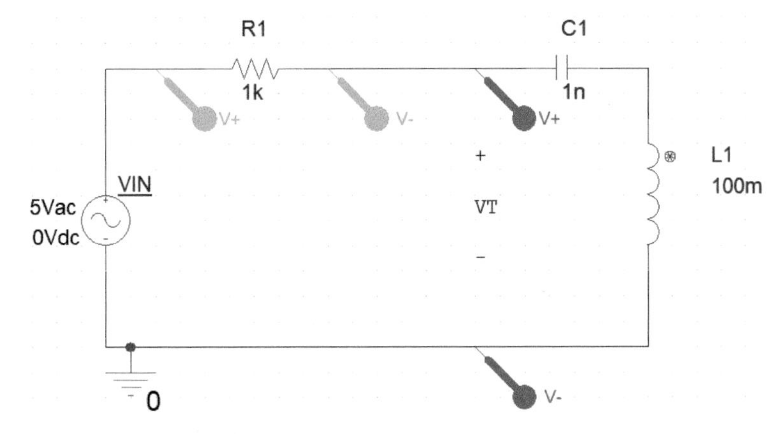

〈그림 3〉 **직렬 RLC로 구성된 회로의 전압 관계 및 전류 확인을 위한 회로 구성**

〈그림 3〉은 직렬 RLC 회로 내 각 소자의 전압 관계 및 임피던스 확인을 위한 회로이다. 이때, 저항 양단 전압은 V_R, 커패시터와 인덕터를 포함하는 전압은 V_T라 한다.

2) 〈그림 4〉는 시뮬레이션 설정을 보여준다. 여기에서는 직렬 RLC 회로의 주파수 응답을 측정하기 위해 해석 방법을 'AC Sweep/Noise'로 한다. 이때, 좁은 시뮬레이션 측정 구간에서 공진주파수의 위치를 정확히 파악하기 위해 AC Sweep Type은 Linear로 하였고 Total Points는 10,000으로 하였다.

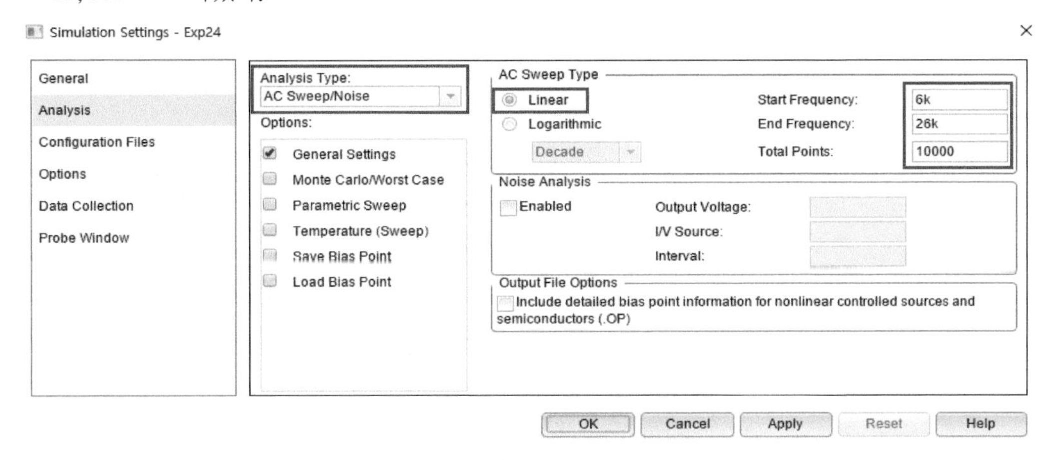

〈그림 4〉 **시뮬레이션 조건 설정**

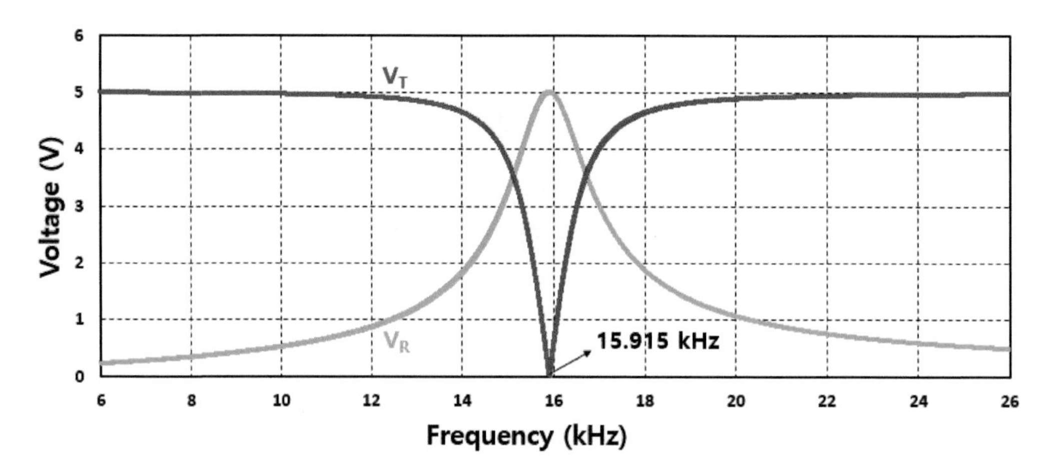

〈그림 5〉 **엑셀로 편집된 PSpice 시뮬레이션 결과**

〈그림 5〉는 직렬 RLC 회로의 주파수에 따른 전압 특성을 보여준다. 이때, V_T는 커패시터와 인덕터를 포함하는 전압이다. 이때, 15.915 kHz에서 V_T는 0의 값을 가졌으며 V_R은 5 V의 전압을 가져 입력 전압이 모두 저항에 걸렸음을 알았다. 우리는 이러한 특성을 보이는 주파수를 공진주파수(f_r)라 한다. 공진주파수를 (식 6)을 이용하여 구하면 다음과 같다.

$$f_r = \frac{1}{2\pi\sqrt{LC}} = \frac{1}{2\pi\sqrt{(100\times10^{-3})(1\times10^{-9})}} = 15.915\,kHz$$

이는 시뮬레이션 결과와 동일하다.

4. 장비 및 부품

1) 오실로스코프 및 함수발생기
2) 디지털 멀티미터 및 LCR 미터
3) 1 kΩ 저항, 1 nF 및 10 nF 커패시터, 40 mH 인덕터 1개

5. 실험과정

직렬 RLC회로의 공진주파수 확인

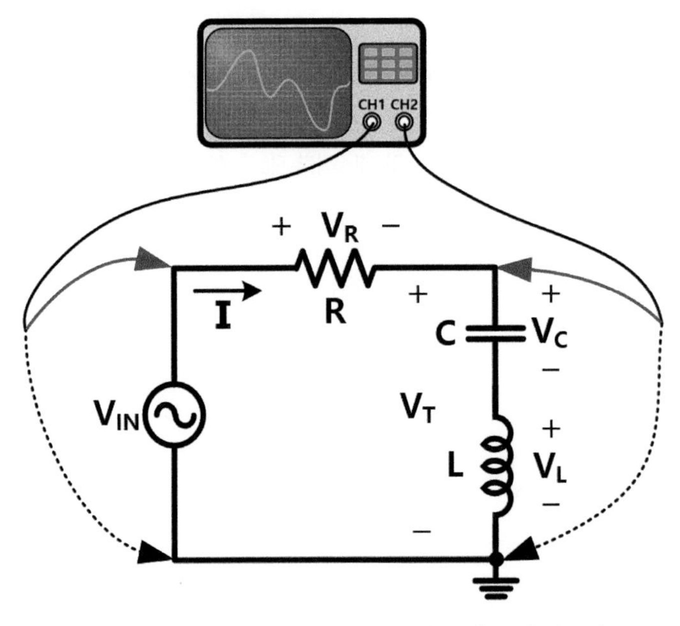

〈그림 6〉 **실험을 위한 직렬 RLC 회로 및 측정 시스템**

1) LCR 미터를 이용하여 저항, 커패시턴스 및 인덕턴스 값을 측정한다.

〈표 1〉 **저항, 커패시턴스 및 인덕턴스 값**

	R=1 kΩ	C=1 nF	C=10 nF	L=40 mH
이론값				
측정값				
내부저항 값	–	–	–	

2) 함수발생기와 오실로스코프를 이용하여 〈그림 6〉과 같이 회로를 구성한다.
이때, $R=1\,k\Omega$, $C=1\,nF$, $L=40\,mH$이며 $V_{IN}=10\,V_{PP}$이다.

3) C가 다음과 같을 때, 공진주파수를 각각 계산해본다.

계산 값	$C=1\,nF$	$C=10\,nF$
공진주파수, f_r (kHz)		

– 이때, 공진주파수 $f_r = \dfrac{1}{2\pi\sqrt{LC}}$ 임을 이용한다.

4) 주파수 f 변화가 〈표 2〉와 같을 때, 회로내 각 전압(최댓값) V_{IN}과 V_T를 측정하고 표에 기입한다. 측정 결과로부터 공진주파수를 확인하고 계산 값과 비교해 본다.

〈표 2〉 $C = 1\,nF$**일 때, 직렬 RLC 회로의 주파수응답**

$f\,[kHz]$	V_{IN}	V_T	V_R	$I_m = \dfrac{V_R}{R}$
인가 값	측정 값	측정 값	계산 값	계산 값
5				
10				
15				
20				
25				
26				
26.5				
27				
27.5				
28				
28.5				
29				
29.5				
30				
35				
40				
45				
50				
55				

– $V_R = \sqrt{V_{IN}^2 - V_T^2}$ 임을 이용하여 V_R을 구한다.

5) $C = 10\,nF$로 변경한 후, 위 실험을 반복하여 〈표 3〉에 기입한다. 측정 결과로부터 공진주파수를 확인하고 계산 값과 비교해 본다.

〈표 3〉 $C = 10\,nF$**일 때, 직렬 RLC 회로의 주파수응답**

$f\,[kHz]$	V_{IN}	V_T	V_R	$I_m = \frac{V_R}{R}$
인가 값	측정 값	측정 값	계산 값	계산 값
2				
3				
4				
5				
6				
6.5				
7				
7.5				
8				
8.5				
9				
9.5				
10				
11				
12				
13				
14				
15				

- $V_R = \sqrt{V_{IN}^2 - V_T^2}$ 임을 이용하여 V_R을 구한다.

6) 엑셀을 이용하여 실험 결과표를 시각화하라.

6. 실험 고찰

1) 공진주파수의 의미와 공진주파수가 발생하는 이유를 설명하라.
2) 측정된 주파수 영역에서 V_T가 변화하는 이유를 설명하라.
3) 공진주파수에서 이상적인 경우 V_T가 0이 되는 이유를 설명하라.
4) R과 L을 고정시키고 C만 변화시킬 때 공진주파수는 어떻게 바뀌는지 설명하라.
5) 공진주파수 계산 값과 측정값이 동일한가? 차이가 있다면 원인은 무엇인가?

실험 이해도 점검

1) 직렬 공진회로에서 X_L=120 Ω이다. 공진시 X_C=__________ Ω 이다.
2) 직렬 RLC 회로에 공진주파수보다 큰 주파수를 갖는 전원을 인가하였을 때, X_L은 X_C보다(크며 / 작으며 / 동일하며) 회로는 (유도성 / 용량성)이다.
3) 직렬 RLC 회로에서 R=1 kΩ, L=100 μH, C=0.001 μF이며 인가전압은 12 V이다. 이 회로의 공진주파수는 __________Hz 이다.
4) 문제 3)에서 공진 시 전류 I=__________mA 이다.
5) 문제 3)에서 인덕터 양단전압 V_L=__________V 이다.
6) 문제 3)에서 공진 시 임피던스 Z=__________kΩ 이다.

저역통과 및 고역통과 필터

1. 목적

- 저역통과 필터의 주파수응답을 실험적으로 확인한다.
- 고역통과 필터의 주파수응답을 실험적으로 확인한다.

2. 이론

필터(filter)란 입력된 여러 주파수 성분 중에서 ① 원하지 않는 주파수를 차단(또는 감쇄)하거나 ② 원하는 신호만 통과시키는 역할을 한다. 따라서 필터는 주파수 선택을 위해 꼭 필요하다. 수동필터는 수동소자인 RLC를 이용하여 설계되며 최대 이득은 1이다. 반면, 능동필터는 증폭기를 이용하여 설계된 회로로서 1 이상의 이득을 가질 수 있다. 필터는 차단하는 주파수 성분과 통과하는 주파수 성분으로 다음과 같이 네 종류로 분류할 수 있다.

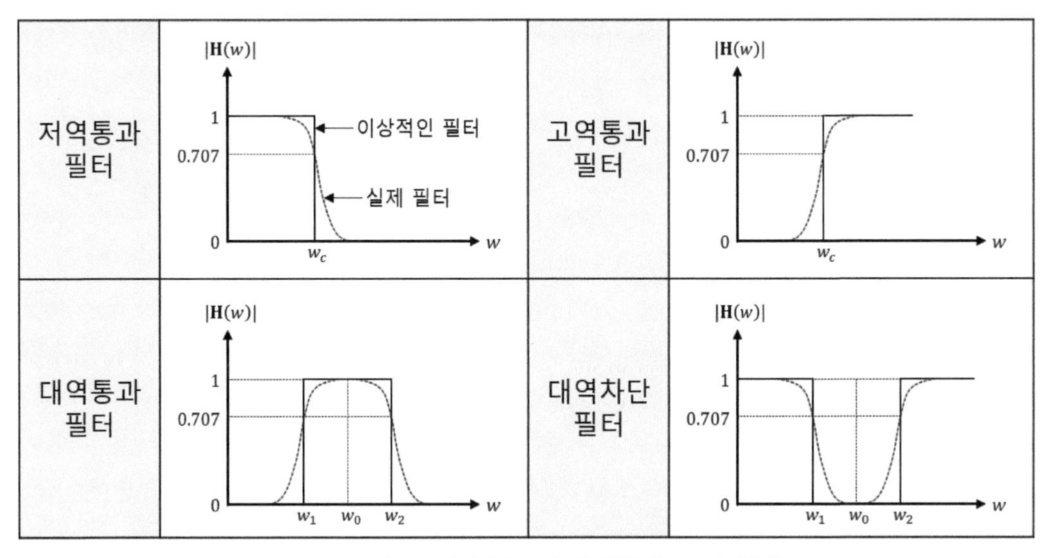

〈그림 1〉 **수동필터의 종류 및 각 종류별 주파수 응답**

〈그림 1〉은 주파수 응답의 크기 특성으로 구분한 네 종류의 수동필터이다. 이상적인 필터는 실선으로 표현되어 있으며 주파수의 차단과 통과가 명확히 구분된다. 실제 필터는 점선으로 표현되어 있으며 그 주파수 응답의 크기가 주파수에 대해 연속이므로 주파수의 차단과 통과가 명확히 나누어지지 않는다. 이때, 최대 주파수 응답 크기($|H(w)|$)는 1이며 크기의 $1/\sqrt{2}$ 배인 0.707이 되는 주파수를 차단 주파수(cutoff frequency, w_c) 또는 3 dB 주파수라 하며 이 주파수에서 최대 전력의 1/2이 되므로 반전력 주파수(half-power frequency)라고도 한다.

2-1. 저역통과 필터

저역통과 필터는 모든 필터의 기본형이라 할 수 있으며 가장 간단한 형태로 구현된다. 저역통과 필터는 차단 주파수(w_c)보다 낮은 주파수의 신호는 통과시키고 그보다 높은 주파수를 가진 신호는 차단한다.

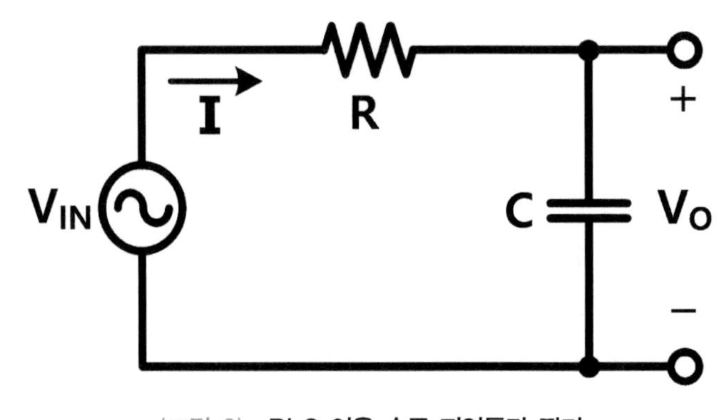

〈그림 2〉 RLC 이용 수동 저역통과 필터

〈그림 2〉는 RLC로 구성된 수동 저역통과 필터 회로이다. 저역통과 필터의 전달함수($H(w)$)는 다음과 같다.

$$V_O = \frac{\frac{1}{jwC}}{R + \frac{1}{jwC}} V_{IN} \quad (식\ 1)$$

$$V_O = \left(\frac{1}{1 + jwRC}\right) V_{IN} \quad (식\ 2)$$

$$H(w) = \frac{V_O}{V_{IN}} = \frac{1}{1 + jwRC} \quad (식\ 3)$$

앞에서 언급한 것처럼, 차단 주파수에서 전달함수의 크기($|\mathrm{H}(w)|$)는 $1/\sqrt{2}(=0.707)$이 되므로, 다음과 같다.

$$|\mathrm{H}(w)| = \frac{1}{\sqrt{1+(w_c RC)^2}} = \frac{1}{\sqrt{2}} \qquad \text{(식 4)}$$

따라서, 저역통과 필터의 차단 주파수는 다음과 같다.

$$w_c = 2\pi f_c = \frac{1}{RC}\,[rad/s] \qquad \text{(식 5)}$$

2-2. 고역통과 필터

고역통과 필터는 차단 주파수(w_c)보다 높은 주파수의 신호는 통과시키고 그보다 낮은 주파수를 가진 신호는 차단한다.

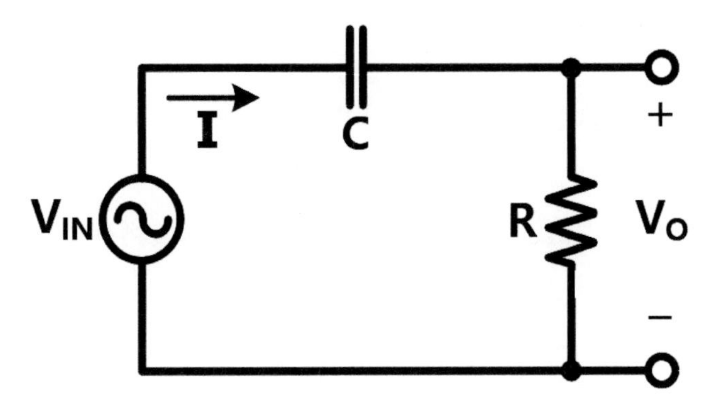

〈그림 3〉 **RLC 이용 수동 고역통과 필터**

〈그림 3〉은 RLC로 구성된 수동 고역통과 필터 회로이다. 고역통과 필터의 전달함수($\mathrm{H}(w)$)는 다음과 같다.

$$\mathrm{V}_{\mathrm{O}} = \frac{R}{R+\frac{1}{jwC}}\mathrm{V}_{\mathrm{IN}} \qquad \text{(식 6)}$$

$$\mathrm{V}_{\mathrm{O}} = \left(\frac{jwRC}{1+jwRC}\right)\mathrm{V}_{\mathrm{IN}} \qquad \text{(식 7)}$$

$$H(w) = \frac{V_O}{V_{IN}} = \frac{jwRC}{1 + jwRC} \qquad (식\ 8)$$

앞에서 언급한 것처럼, 차단 주파수에서 전달함수의 크기($|H(w)|$)는 $1/\sqrt{2}(=0.707)$이 되므로, 다음과 같다.

$$|H(w)| = \frac{\sqrt{(w_c RC)^2}}{\sqrt{1 + (w_c RC)^2}} = \frac{1}{\sqrt{2}} \qquad (식\ 9)$$

따라서, 고역통과 필터의 차단 주파수는 다음과 같다.

$$w_c = 2\pi f_c = \frac{1}{RC}\,[rad/s] \qquad (식\ 10)$$

3. PSpice 실습

[실습 1] 저역통과 필터의 출력 특성 확인, AC Sweep/Noise 해석

1) **시뮬레이션의 목적:** AC Sweep 해석법으로 저역통과 필터 회로에서 주파수 f에 따른 출력 전압 V_{out} 확인

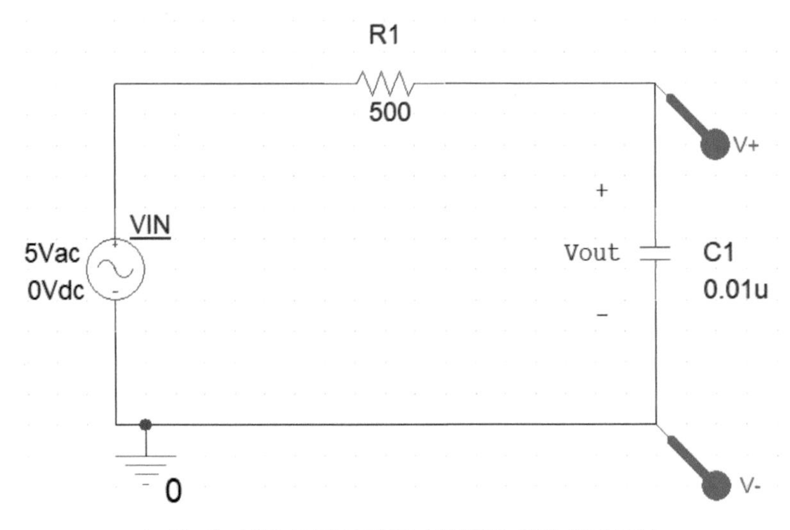

〈그림 4〉 **직렬 RC로 구성된 저역통과 필터 회로 구성**

〈그림 4〉는 직렬 RC로 구성된 저역통과 필터 회로이다. 이때, 출력 전압은 커패시터 양단 전압으로 한다.

2) 〈그림 5〉는 시뮬레이션 설정을 보여준다. 여기에서는 주파수 변화에 따른 커패시터 양단의 전압을 측정하기 위해 해석 방법을 'AC Sweep/Noise'로 한다. 이때, 차단 주파수의 위치를 정확히 파악하기 위해 Total Points는 1000으로 하였다.

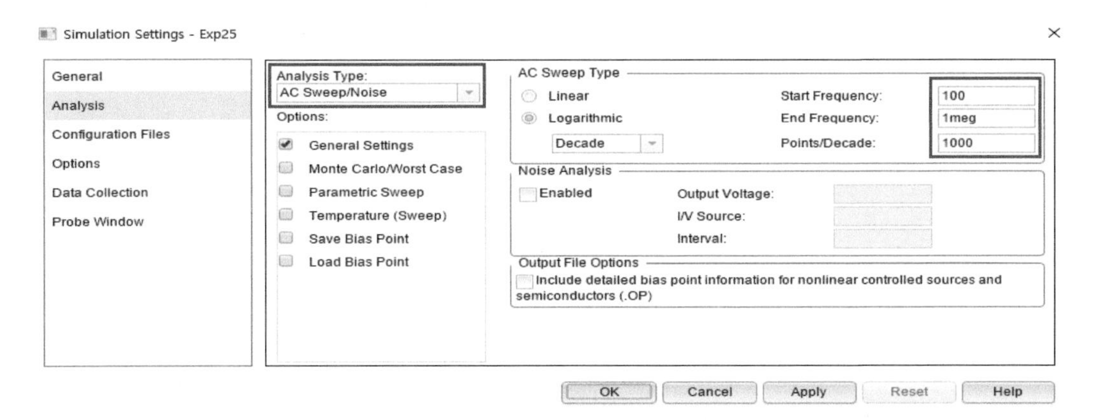

〈그림 5〉 **시뮬레이션 조건 설정**

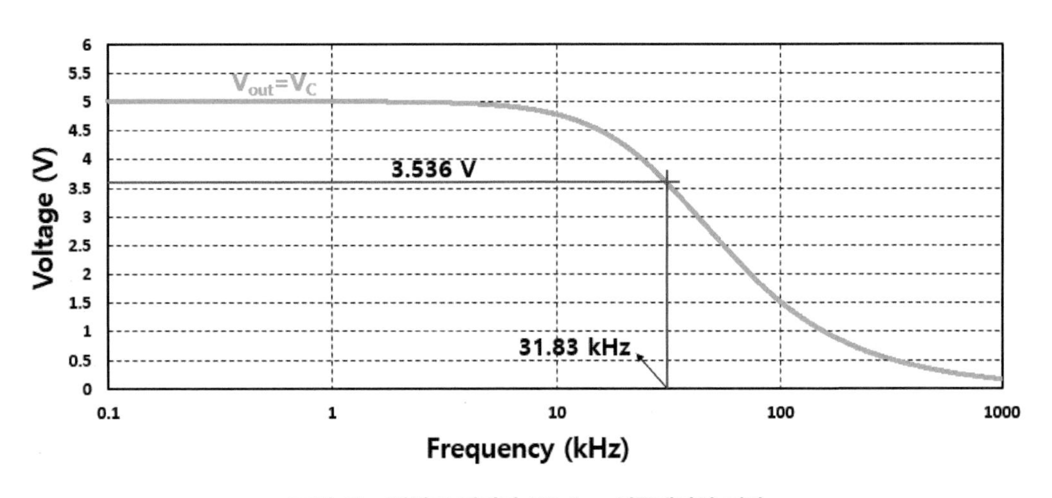

〈그림 6〉 **엑셀로 편집된 PSpice 시뮬레이션 결과**

〈그림 6〉은 직렬 RC로 구성된 저역통과 필터 회로의 시뮬레이션 결과이다. 커패시터는 주파수가 증가할수록 리액턴스가 감소하여 높은 주파수로 갈수록 커패시터 양단 전압이 감소한다. 저역통과 필터의 차단주파수는 출력전압이 입력전압의 0.707배가 되도록 하는 주파수로 정의된다. 이번 실험에서 입력전압이 5 V이므로 차단주파수는 출력전압이 3.536 V가 되도록 하는 주파수이며 〈그림 6〉을 통해 약 31.83 kHz임을 확인하였다. 시뮬레이션 회로의 주어진 조건과 (식 5)를 이용하여 저역통과 필터의 차단주파수($f_{L,C}$)를 구하면 다음과 같다.

$$f_{l,c} = \frac{1}{2\pi RC} = \frac{1}{2\pi \times 500 \times (0.01 \times 10^{-6})} = 31.83\,kHz$$

이는 시뮬레이션 결과와 동일하다.

[실습 1] 고역통과 필터의 출력 특성 확인, AC Sweep/Noise 해석

1) **시뮬레이션의 목적:** AC Sweep 해석법으로 고역통과 필터 회로에서 주파수 f에 따른 출력 전압 V_{out} 확인

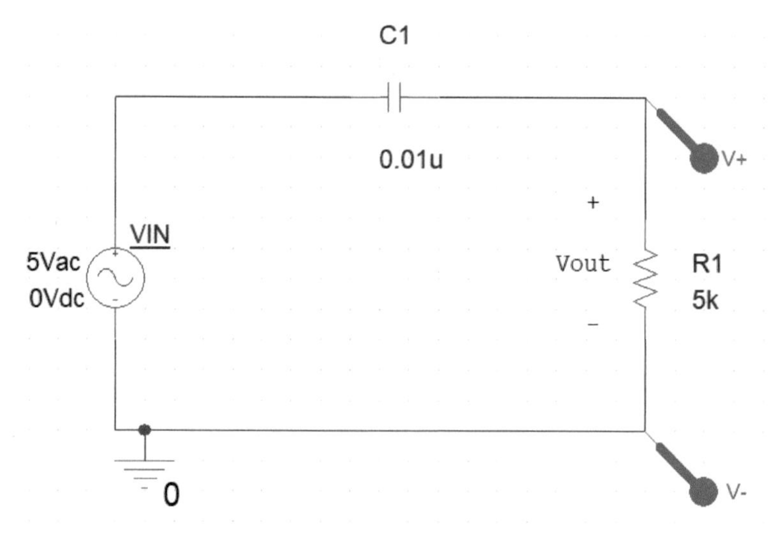

〈그림 7〉 **직렬 RC로 구성된 고역통과 필터 회로 구성**

〈그림 7〉은 직렬 RC로 구성된 고역통과 필터 회로이다. 이때, 출력 전압은 저항 양단 전압으로 한다.

2) 〈그림 8〉은 시뮬레이션 설정을 보여준다. 여기에서는 주파수 변화에 따른 저항 양단의 전압을 측정하기 위해 해석 방법을 'AC Sweep/Noise'로 한다. 이때, 차단 주파수의 위치를 정확히 파악하기 위해 Total Points는 1000으로 하였다.

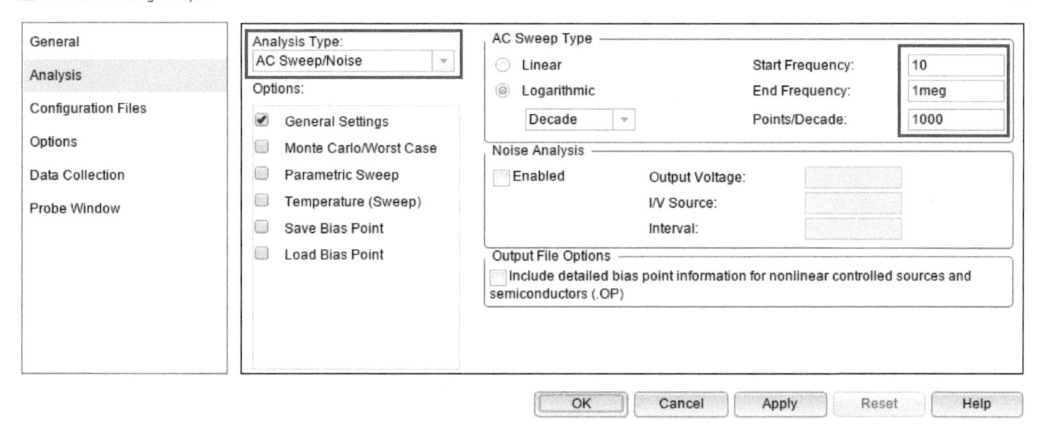

〈그림 8〉 **시뮬레이션 조건 설정**

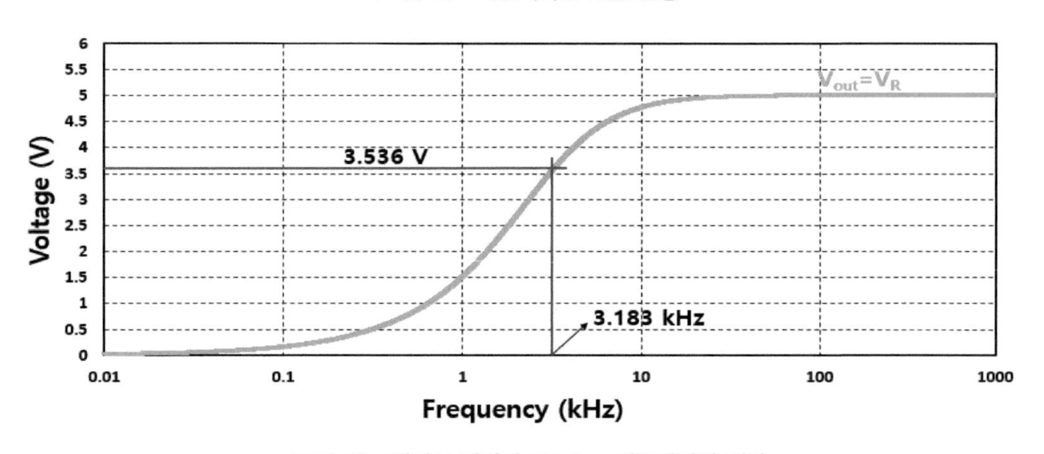

〈그림 9〉 **엑셀로 편집된 PSpice 시뮬레이션 결과**

〈그림 9〉는 직렬 RC로 구성된 고역통과 필터 회로의 시뮬레이션 결과이다. 커패시터는 매우 낮은 주파수 대역에서 큰 리액턴스를 가져 개방처럼 동작하여 저항 양단 전압이 거의 0이 된다. 이후 주파수가 높아질수록 리액턴스가 감소하며 매우 높은 주파수에서 커패시터는 단락처럼 동작하여 저항 양단 전압이 거의 입력전압과 같아진다. 고역통과 필터의 차단주파수는 출력전압이 입력전압의 0.707배가 되도록 하는 주파수로 정의된다. 이번 실험에서 입력전압이 5 V이므로 차단주파수는 출력전압이 3.536 V가 되도록 하는 주파수이며 〈그림 9〉를 통해 약 3.183 kHz임을 확인하였다. 시뮬레이션 회로의 주어진 조건과 (식 10)을 이용하여 고역통과 필터의 차단주파수($f_{h,c}$)를 구하면 다음과 같다.

$$f_{h,c} = \frac{1}{2\pi RC} = \frac{1}{2\pi \times 5000 \times (0.01 \times 10^{-6})} = 3.183\,kHz$$

이는 시뮬레이션 결과와 동일하다.

4. 장비 및 부품

1) 오실로스코프 및 함수발생기
2) 디지털 멀티미터 및 LCR 미터
3) 500 Ω 및 5 kΩ 저항 각 1개, 0.01 μF 커패시터 1개

5. 실험과정

저역 및 고역 통과 필터 확인

1) 저역통과 필터의 특성 확인

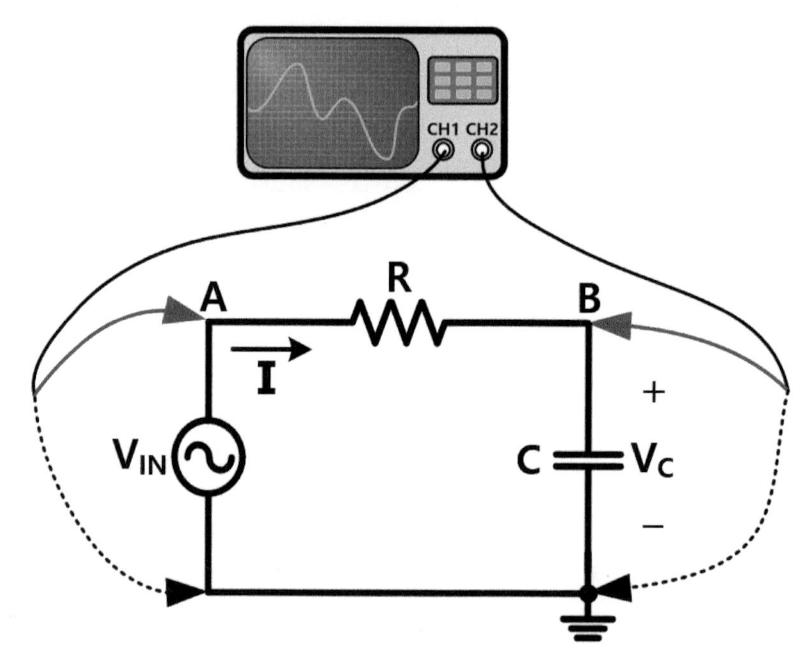

〈그림 10〉 **실험을 위한 저역통과 필터 회로 및 측정 시스템**

(1) 함수발생기와 오실로스코프를 이용하여 〈그림 10〉과 같이 회로를 구성한다. 이때, $R = 500\Omega$, $C = 0.01\,\mu F$이며 $V_{IN} = 10\ V_{PP}$이다.

(2) LCR 미터를 이용하여 저항과 커패시턴스 값을 측정한다.

〈표 1〉 **저항과 커패시턴스 값**

	R=500 Ω	C=0.01 μF
이론값		
측정값		

(3) 저역통과 필터의 차단주파수(f_c)를 계산해 본다.

$f_{l,c}=\dfrac{1}{2\pi RC}$	

(4) 주파수 f가 〈표 2〉와 같을 때, 입력 전압 V_{IN}과 커패시터에 걸린 전압 V_C를 측정하고 표에 기입한다. 또, 엑셀을 이용하여 실험 결과표를 시각화하라.

2) 고역통과 필터의 특성 확인

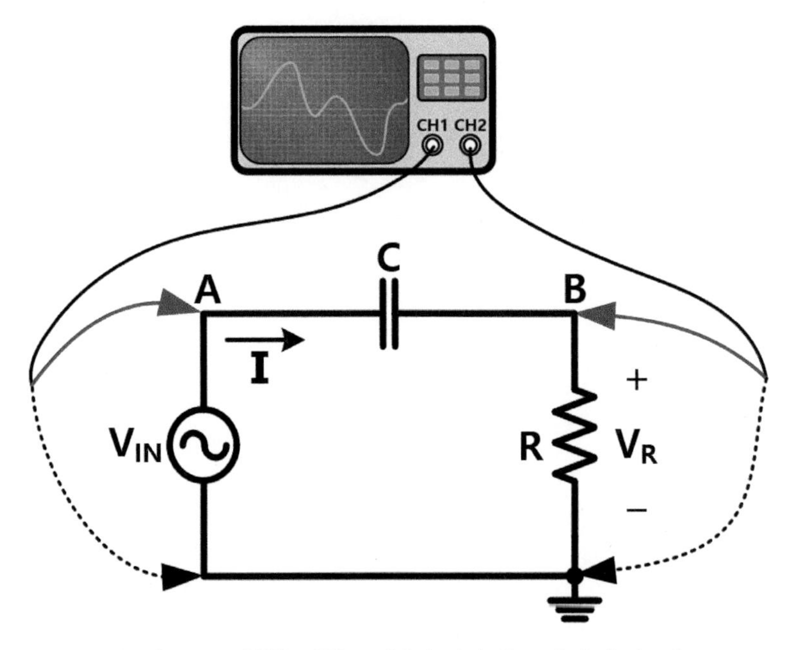

〈그림 11〉 **실험을 위한 고역통과 필터 회로 및 측정 시스템**

1) 함수발생기와 오실로스코프를 이용하여 〈그림 11〉과 같이 회로를 구성한다.
이때, $R = 5\,k\Omega$, $C = 0.01\,\mu F$이며 $V_{IN} = 10\ V_{PP}$이다.

2) 5 kΩ 저항값을 측정한다.

	이론값	측정값
R		

3) 고역통과 필터의 차단주파수($f_{h,c}$)를 계산해 본다.

$f_{h,c} = \dfrac{1}{2\pi RC}$	

4) 주파수 f가 〈표 2〉와 같을 때, 입력 전압 V_{IN}과 저항에 걸린 전압 V_R을 측정하고 표에 기입한다. 측정 결과로부터 고역통과 필터의 차단주파수를 확인하고 계산 값과 비교해 본다.

〈표 2〉 **저역통과 필터 및 고역통과 필터의 출력 전압**

저역통과 필터			고역통과 필터		
$f\ [kHz]$	V_{IN}(max)	V_C(max)	$f\ [kHz]$	V_{IN}(max)	V_R(max)
인가 값	측정 값	측정 값	인가 값	측정 값	측정 값
0.01			0.01		
0.03			0.03		
0.05			0.05		
0.1			0.07		
0.3			0.1		
0.5			0.3		
1			0.5		
1.5			0.7		
2.5			1		
3.5			2		
10			3		
15			3.5		
20			4		
25			4.5		
30			5		
35			6		
50			8		
80			10		
100			15		
200			20		
300			30		
400			50		
500			70		
600			100		

5) 엑셀을 이용하여 실험 결과표를 시각화하라.

6. 실험 고찰

1) 저역통과 필터 및 고역통과 필터의 의미를 설명하라.
2) 차단주파수에서 최대 전력의 1/2이 되는 이유를 설명하라.
3) 측정 결과표를 그래프로 그리고 차단 주파수를 찾아라.

실험 이해도 점검

1) 최대 주파수 응답 크기($|H(w)|$)가 1일 때, 차단 주파수는 출력이 최대 주파수 응답 크기의 (　　)배가 되도록 하는 주파수이다.
2) 고역 통과 필터는 차단 주파수보다 (낮은/높은) 주파수의 신호는 통과시키고 그보다 (낮은/높은) 주파수를 가진 신호는 차단한다.
3) 저역통과 필터는 차단 주파수보다 (낮은/높은) 주파수의 신호는 통과시키고 그보다 (낮은/높은) 주파수를 가진 신호는 차단한다.
4) 〈그림 10〉에서 R=2 kΩ이고 C=0.1 μF일 때, 차단 주파수를 구하라.
5) 〈그림 11〉에서 R=2 kΩ이고 C=0.1 μF일 때, 차단 주파수를 구하라.

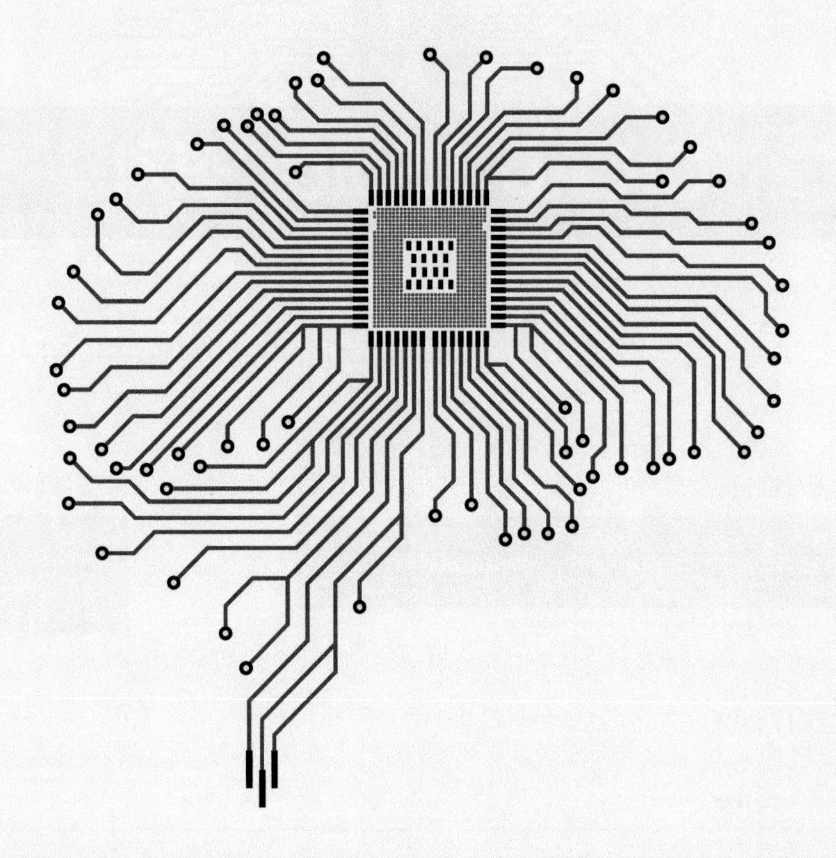

부록

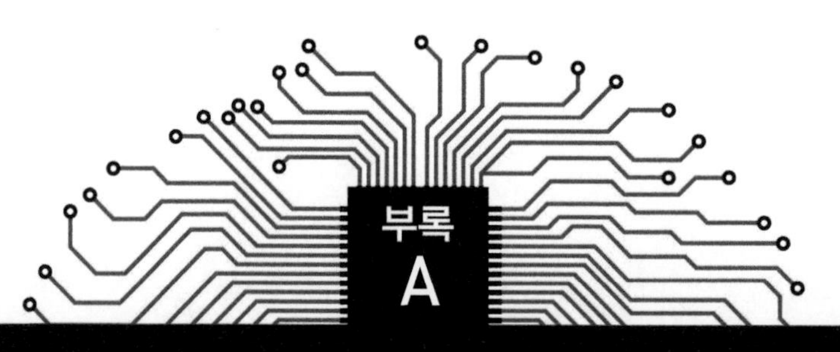

OrCAD PSpice 설치

1. 나인플러스 IT(주) 사이트 회원가입 및 로그인 (URL: https://npit.co.kr/html/)

2. 다운로드/기술지원 → 다운로드 → Demo(Lite) 선택

3. OrCAD 17.2-2016 Lite 프로그램 다운로드

No.	프로그램 명	프로그램 다운로드	등록일	다운로드횟수
5	OrCAD 17.4-2019 Trial (설치방법)		2019-12-20	3,361
4	OrCAD 17.2-2016 Lite (Capture, PSpice)		2018-10-29	43,945
3	OrCAD 17.2-2016 Lite (All Product)		2018-10-29	16,022

4. setup.exe 실행 → Next → I accept … → Next → Only for me → Next → Install 진행

5. Finish (아무것도 선택하지 않음)

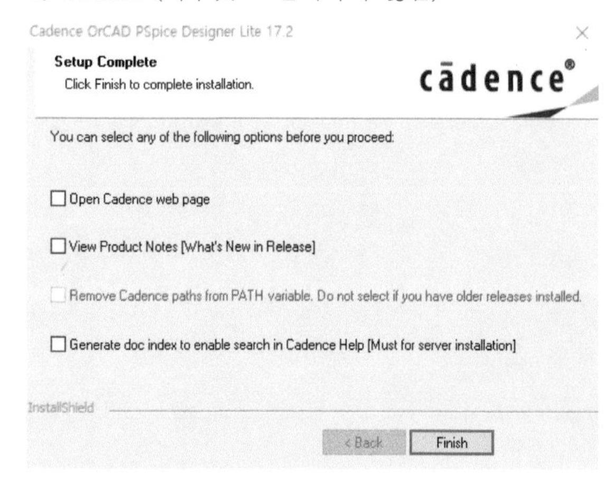

6. 설치 완료 후, Capture CIS Lite 선택

7. New Project 선택

8. Name에 적절한 이름 기입 → PSpice Analog or Mixed A/D → Location 설정 → OK

***주의: "Location"에는 "한글"이 포함되지 않도록 해야 함.**

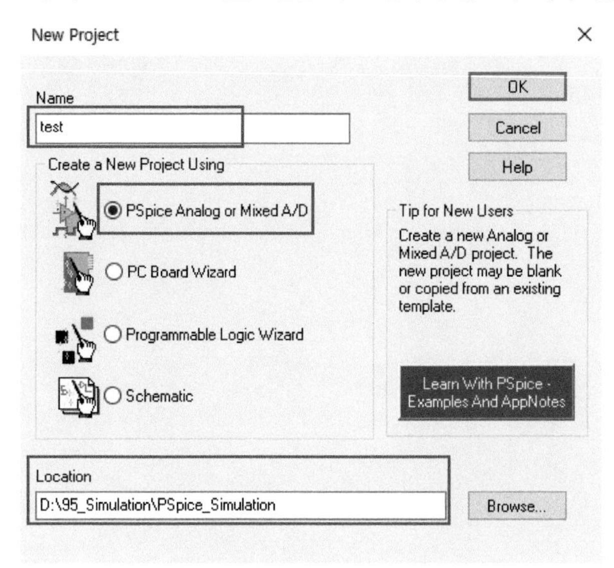

9. Create a blank project 선택

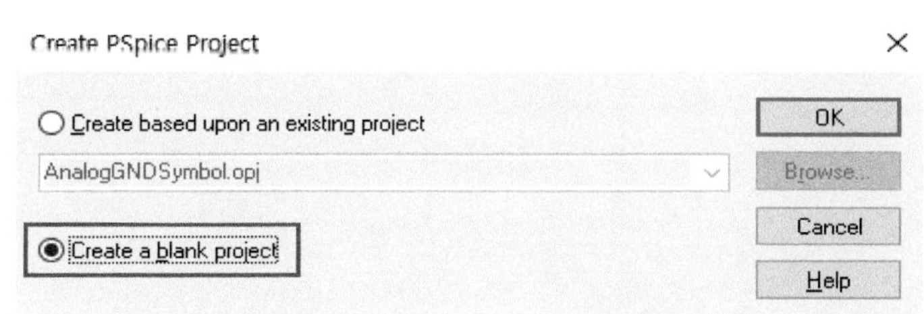

10. 라이브러리 열기(analog.olb, source.olb, special.olb 등)

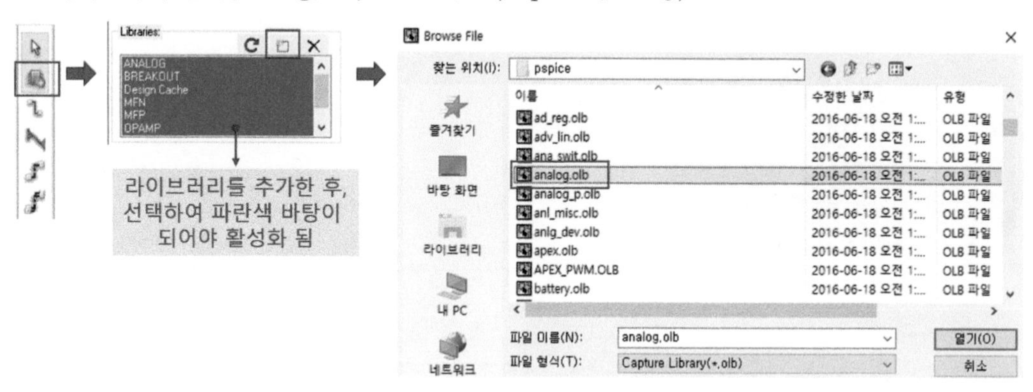

11. 모든 준비가 끝났으므로 회로를 그리고 시뮬레이션을 수행한다.

이기원

원광대학교 전자공학과 교수(학과장)와 국방기술학과 겸임교수로, 한국과학기술원(KAIST) 전기 및 전자공학부에서 공학박사 학위를 취득하였다. SK하이닉스 차세대 메모리 설계팀 TL(Technical Leader)로 근무하며 CMOS 아날로그 및 디지털 회로를 설계하였다. 공동 번역서로 「마이크로 집적 반도체 소자」(한티에듀, 2020), 「Alexander의 회로이론, 7판」(한국맥그로힐, 2021)가 있다.

PSpice와 Excel을 활용한 **기초회로실험**

1판 1쇄 인쇄 2023년 02월 01일
1판 1쇄 발행 2023년 02월 10일
저　　자 이기원
발 행 인 이범만
발 행 처 **21세기사** (제406-2004-00015호)
경기도 파주시 산남로 72-16 (10882)
Tel. 031-942-7861　　Fax. 031-942-7864
E-mail : 21cbook@naver.com
Home-page : www.21cbook.co.kr
ISBN 979-11-6833-073-3

정가 23,000원